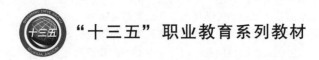

"十三五"职业教育系列教材

现代制造技术与装备

主　编　张仕海
副主编　卢　栋
参　编　刘　冰　窦湘屏
主　审　邓三鹏

机 械 工 业 出 版 社

本书是"十三五"职业教育系列教材，是根据最新的教学标准，同时参考相应职业资格标准编写的。

本书共分5章，介绍了现代制造技术的概念、发展及组成，常用现代制造技术的基本原理和关键技术，现代制造装备的结构及应用，现代制造自动化的方法、系统结构及应用，现代生产与控制的方法及应用，现代制造物流与控制系统的组成及应用等。本书力求知识系统、语言简练，并安排了大量现代制造技术原理、装备等相关图表，辅助对技术及应用的认知和理解。

为便于教学，本书配套有电子教案、助教课件、教学视频等教学资源，选择本书作为教材的教师可来电（010-88379197）索取，或登录 www.cmpedu.com 网站，注册后免费下载。

本书可作为高等学校、职业院校机械制造及自动化、机电一体化等相关专业的教学用书，也可供相关工程技术人员参考。

图书在版编目（CIP）数据

现代制造技术与装备/张仕海主编. —北京：机械工业出版社，2021. 6
（2025. 1 重印）
"十三五"职业教育系列教材
ISBN 978-7-111-57099-8

Ⅰ. ①现⋯ Ⅱ. ①张⋯ Ⅲ. ①机械制造工艺-高等职业教育-教材②机械制造设备-高等职业教育-教材 Ⅳ. ①TH16

中国版本图书馆 CIP 数据核字（2017）第 134524 号

机械工业出版社（北京市百万庄大街 22 号 邮政编码 100037）
策划编辑：齐志刚 责任编辑：王 丹 王莉娜 责任校对：刘秀芝
封面设计：张 静 责任印制：张 博
北京雁林吉兆印刷有限公司印刷
2025 年 1 月第 1 版第 6 次印刷
184mm×260mm·14 印张·339 千字
标准书号：ISBN 978-7-111-57099-8
定价：42. 00 元

电话服务　　　　　　　　　　网络服务
客服电话：010-88361066　　机 工 官 网：www.cmpbook.com
　　　　　010-88379833　　机 工 官 博：weibo.com/cmp1952
　　　　　010-68326294　　金 书 网：www.golden-book.com
封底无防伪标均为盗版　　机工教育服务网：www.cmpedu.com

编审委员会 （按姓氏拼音排序）

前　　言

为贯彻《国务院关于大力发展职业教育的决定》精神，落实关于"加强职业教育教材建设，保证教学资源基本质量"的要求，确保新一轮职业院校教学改革顺利进行，全面提高教育教学质量，保证高质量教材进课堂，全国机械职业教育教学指导委员会、机械工业出版社于2015年11月在杭州召开了此套专业教材启动会。在会上，来自全国该专业的骨干教师、企业专家研讨了新的职业教育形势下该专业的课程体系和内容。本书是根据会议精神及"中国制造2025"的现实需求，结合专业培养目标以及现阶段的教学实际进行编写的。

本书主要介绍现代制造技术的基本理论与原理、发展概况与趋势、技术与装备等方面的内容。本书在内容的编排设计上，力图体现"以就业为导向，以学生为本位"的教学理念，把能力本位放在首位，将现代制造技术与装备的基本原理与生产生活实际应用相结合，注重实践技能的培养，注意反映现代制造技术领域的新知识、新技术、新工艺和新材料。本书重点强调培养认知和工程应用能力，编写过程中力求体现语言精练、理论易懂、实例鲜明等特色。

本书在内容处理上主要有以下几点说明：①以现代制造技术及装备的基本原理为重点，通过丰富的图表加强学生的认知；②贯彻理论实践一体化的教学思想，将"活动"贯穿于教学的始终，通过活动来培养学生的技能，同时通过活动培养学生的观察、协作、思考能力；③建议有条件的学校尽量将本课程安排在专业教室或实验室、实训室开设，将会收到更好的教学效果。

本书建议学时为64学时，学时分配及教学建议详见下表。

章　　节	说明或教学建议	学　　时
绪论	了解制造业及制造技术的发展概况，掌握现代制造技术的内涵、组成、特点及装备	4
第一章　现代制造技术	了解常见现代制造技术的基本概念，掌握常见现代制造技术的基本原理、关键技术、特点和应用	14
第二章　现代制造装备	掌握数控机床基本原理、结构及控制方式，熟悉典型数控机床的结构及应用；了解机器人的分类、发展及应用，掌握工业机器人关键结构及控制系统	16
第三章　现代制造自动化	了解现代设计方法与技术，熟悉现代设计技术的关键技术及应用；了解柔性制造技术的基本概念、特点及应用，掌握柔性制造系统的组成；了解计算机集成制造系统的概念、特点及应用，掌握计算机集成制造系统的组成；了解虚拟制造技术的概念、特点及应用，熟悉虚拟制造系统的结构及关键技术；了解网络化制造的基本概念与特点	12

（续）

章　　节	说明或教学建议	学　　时
第四章　现代生产与控制	了解企业生产管理、经营与生产规划的基本概念,熟悉主生产计划的编制方法,掌握物料需求计划的编制方法,了解制造资源计划、企业资源计划的基本概念	10
第五章　现代制造物流与控制	了解现代制造物流的发展与概念,掌握现代物流系统的组成,熟悉物料搬运与存储设备的组成与原理;了解供应链管理的概念与特征,掌握供应链管理的方法	8

全书共5章,由天津职业技术师范大学张仕海主编。参与编写人员及具体分工如下：天津职业技术师范大学张仕海编写绪论及第一、三章,日照工业学校窦湘屏和聊城市技师学院刘冰编写第二章,常州技师学院卢栋编写第四、五章。全书由邓三鹏指导并主审。

编写过程中,参阅了国内外出版的有关教材和资料,在此一并表示衷心感谢!

由于编者水平有限,书中不妥之处在所难免,恳请读者批评指正。

编　者

目　　录

绪　论

[**内容导入**]　制造是人类社会赖以生存和发展的基石。随着现代科学技术的发展，制造技术已发展成为一个涵盖整个生产过程、跨多个学科且高度复杂的集成技术。本章紧密结合现代科技发展，首先对制造业的发展历程与趋势进行介绍，进而对现代制造技术的内涵、特点、装备、发展趋势等进行概述。

一、制造业的发展与趋势

（一）制造的概念

（1）**制造**（Manufacture）　德国哲学家恩格斯说过，"直立和劳动创造了人类，而劳动是从制造工具开始的。"可以说，制造是伴随着人类的出现而出现的，是人类社会赖以生存和发展的基石。工业革命以前，受制造技术的限制，制造被简单地理解为用手来做。而在机器生产时代，打破了传统的用手制作的概念，制造被理解为将原材料转化为产品的过程。随着社会进步和制造活动的发展，制造的概念不断进化，常见的表述有以下几种。

狭义上的制造是指产品的制作过程，即产品的机械工艺过程或机械加工过程。制造的狭义定义为：制造是使原材料（采掘业的产品和农产品）在物理性质和化学性质上发生变化而转化为产品的过程。

广义上的制造是指产品的整个生命周期过程。制造的广义定义为：包含市场分析、经营决策、产品设计、工艺设计、加工装配、质量控制、市场营销、维修服务以及产品报废后的回收处理等整个产品全生命周期内一系列相互联系的生产活动。

国际生产工程研究学会（CIRP）定义："制造是一个涉及制造工业中产品设计、物料选择、生产计划、生产过程、质量保证、经营管理、市场销售和服务的一系列相关活动和工作的总称。"

由以上制造的定义可以看出，现代制造包含三个主要特点：全过程的概念，即现代制造包括整个生命周期的全过程，涉及产品全生命周期的设计、制造和管理；大范围的概念，即现代制造包括光机电产品、工业流程、材料制备等；高技术的概念，现代制造精密结合科技发展，与高新技术是相互包含的关系。

（2）**制造技术**（Manufacturing Technology）　制造技术是按照人们所要达到的目的，运用知识和技能，利用客观物质工具，使原材料转变为产品的技术总称，也可以说是完成制造活动所需的一切方法、技能和手段的总和。它是人们在长期利用和改造自然的过程中积累起来的知识、经验、技巧和手段。

（3）**制造系统**（Manufacturing System） 制造系统是制造过程及其所涉及的硬件（包括人员、生产设备、材料、能源和各种辅助装置）以及有关的软件（包括制造理论、制造工艺、制造方法、制造信息及管理等），组成的一个具有特定制造功能的有机整体。

国际生产工程研究学会（CIRP）对制造系统的定义：制造系统是制造业中形成制造生产的有机整体，在机电工程生产中，制造系统具有设计、生产、发运和销售的一体化功能。

（4）**制造业**（Manufacturing Industry） 制造业是指对制造资源（物料、能源、设备、工具、资金、技术、信息和人力等），按照市场要求，通过制造过程，转化为可供人们使用和利用的大型工具、工业品与生活消费产品的行业。通常，制造业包括产品制造、设计、原料采购、仓储运输、订单处理、批发经营、零售等相关行业，即所有与制造活动有关的实体或企业机构的总称。

制造业直接体现了一个国家的生产力水平，是国民经济和综合国力的支柱产业，其在国民经济中的地位与作用体现为：一方面，制造业直接创造价值，生产物质财富和新的知识；另一方面，制造业为国民经济各个部门，包括国防和科学技术的进步提供先进的手段和装备。

（5）**制造与加工**（manufacture and machining） 制造与加工是两个不同的概念。从定义上看，制造的原意是用人工或机器使原材料成为可供使用的物品，现指产品的全生命周期过程的全部活动和过程；而加工是指把原材料变换成产品的直接物理过程，它通过改变原材料（或毛坯，或半成品）的形状、性质或表面状态，来达到设计所规定的技术要求。

从狭义上看，制造包括加工和装配，加工与装配是并列的，加工系统是制造系统中的一个主要的子系统。从广义上看，制造包含了物理过程（加工、装配等）、概念过程（设计、计划等）以及原材料和产品的转移过程。制造的概念远大于加工的概念。

"制造""加工"两术语常混淆不清，人们只好根据特定的场合去判断"制造"术语的含义。例如"柔性制造系统"是目前工程领域普遍的称谓，其实称之为"柔性加工系统"或"柔性装配系统"更为合适。既已习惯，则顺其自然。

（6）**制造与生产**（manufacture and production） 制造一般仅指有形产出，即实物产品的生产，较多地被用于工程技术领域；而生产通常包含有形和无形两种产出，更多地被用于经济管理领域。一般不能笼统地说"制造"比"生产"大或小，需根据使用的场合去判断其含义。本书所谈的制造包含生产。

（二）制造业的发展历程

1. 古代制造业

远古时代的制造以手工制作为主，没有清楚分明的制造业，也没有较系统的制造业发展史料。约 600 万年前，人与猿分离，是由于人学会了双足行走和用手制造并使用工具。随着狩猎和采集技术的改进，出现了有组织的石料开采和加工活动，形成了原始制造业；约 1 万年前，人类学会了磨制石器，进入了新石器时代，人类劳动从采集和狩猎转向耕作和畜牧；约 5000 年前，人类学会了铁器的制造和使用，进入了铁器时代。为了满足农业经济的需要，制造以手工作坊的形式出现，主要是利用人力进行纺织、冶炼、铸造各种农耕器具等原始制造活动。

图 0-1 所示的弓形钻是公元 3000 年以前（史前期）的重要工具。它由燧石钻头、钻杆、窝座和弓弦等组成，可用来钻孔、扩孔和取火。弓形钻后来又发展成为弓弦钻床（图 0-2）

和弓弦车床（图 0-3）。

图 0-1　弓形钻　　　　　　图 0-2　弓弦钻床　　　　　　图 0-3　弓弦车床

公元 953 年，我国已能铸造重达 40t 的特大型铸件，如图 0-4 所示的河北沧州铁狮子，长 5.3m、高 5.4m、宽 3m 多。

图 0-4　沧州铁狮子

总之，原始的工具制造是人类社会制造业的最早萌芽。

2. 近代制造业

近代制造业的特点是机器代替手工，作坊变为工厂，单件生产到批量生产。

18 世纪后半叶，以蒸汽机和工具机的发明为特征的产业革命，揭开了近代工业的历史，促成了制造企业的雏形，标志着制造业已完成从手工业作坊式生产到以机械加工厂和分工原则为中心的工厂生产的艰难转变。

19 世纪中期，发明了新型冶炼技术、内燃机技术、电气技术。其中电气技术的发展开辟了电气化的新时代，实现了批量化生产和工业化规范生产的新局面。

20 世纪初，各种金属切削加工工艺方法逐渐形成，近代制造技术已成体系。但是机器的生产方式是作坊式的单件生产，它产生于英国，在 19 世纪先后传到德国和美国，并在美国首先形成了小型的机械加工厂。

另外，兵器和汽车大量生产的方式，以流水线为典型，显著提高了生产率，创造了制造业的辉煌。美国古典管理学家弗雷德里克·温斯洛·泰勒首先提出了以劳动分工和计件工资制为基础的科学管理，成为制造工程科学的奠基人。福特首先推行所有零件都按照一定的公差要求来加工（零件互换技术），1913 年建立了具有划时代意义的汽车装配生产线，实现了以刚性自动化为特征的大量生产方式，对社会结构、劳动分工、教育制度和经济发展，都产生了重大的作用。

20 世纪 20~30 年代，制造系统是机群式生产线，按工序特征组织生产。20 世纪 40~50 年代，制造系统以能量驱动型的刚性生产线为代表，其特点是高生产率、刚性结构，难适应品种变化，零件互换技术发展到了顶峰。

总之，市场需求、科技和生产力发展水平，决定了近代制造业的发展重点是以机床、工艺、刀具和检测为主体的机械制造技术。

3. 现代制造技术

现代制造技术的发展可归纳为图 0-5 所示的五个阶段。

（1）第一阶段是制造设备数控化阶段
1948 年，数字式计算机融入制造领域。1952 年，美国推出了数控机床，世界迈进了数字化制造。20 世纪 60 年代，是计算机技术和制造技术扩大融合的年代。20 世纪 70 年代，自动化技术等为小批量生产方式提供了技术支持。

制造设备数控化经历了硬件数控和计算机数控两个阶段，以及电子管、晶体管、小规模集成电路、小型计算机、微处理器、PC 数控系统六代。目前，开放式数控系统是当前数控系统发展的主流，有专用数控嵌入 PC 主板、PC+运动控制卡、纯 PC 软件型三种常见类型。

（2）第二阶段是制造系统柔性化阶段 20 世纪 80 年代，基于计算机技术发展了各种先进的柔性制造技术，并发展了柔性制造模块

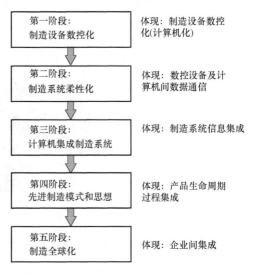

图 0-5　现代制造技术的发展阶段

（FMM），相当于功能齐全的加工中心。柔性制造单元（FMC）属于小型柔性制造系统，由两台机床组成，自动更换刀具，自动上下工件；柔性制造系统（FMS）控制与管理功能比 FMC 强，管理通信要求高；柔性制造生产线（FML）属于数控组合机床设备，专用性强、生产率高，相当于数控自动生产线，用于少品种、中大批量生产，为专用 FMS；柔性制造工厂（FMF）实现了全企业范围生产管理、设计开发、加工制造和物料运储全盘自动化。

（3）第三阶段是计算机集成制造系统（CIMS） 计算机集成制造的概念是 1974 年首先由约瑟夫·哈林顿（Joseph Harrington）博士在《计算机集成制造》一书中提出的，他的基本观点是：企业的各个生产环节是不可分割的，需要统一考虑——“系统的观点”；整个制造过程实质上是对信息的采集、传递、加工处理的过程——“信息化的观点”。近年来，并行工程、人工智能及专家系统技术在 CIMS 中的应用大大推动了 CIMS 技术的发展，增强了 CIMS 的柔性和智能性。随着信息技术的发展，在 CIMS 基础上又提出了各种现代先进制造

系统，诸如精良生产、敏捷技术、全球制造等。

（4）**第四阶段是先进制造模式与思想**　早期的市场竞争主要是围绕如何降低成本，特别是劳动力成本，于是刚性大规模生产线就应运而生。20世纪70年代以来，开始出现了众多先进的制造模式与思想，主要如下：

MRP（物料需求计划），只在需要的时间，向需要的部门按照需要的数量提供该部门所需的物料。

MRPII（制造资源计划），把企业作为一个有机整体，从整体最优的角度出发，通过运用科学方法对企业各种制造资源和产、供、销、财各个环节进行有效的计划、组织和控制，使它们得以协调发展，并充分地发挥作用。

ERP（企业资源计划），以供应链思想为基础，融现代管理思想为一身，以现代化的计算机及网络通信技术为运行平台，集企业的各项管理功能为一身，并能对供应链上的所有资源进行有效控制的计算机管理系统。

JIT（准时生产方式），只在需要的时候按需要的质和量生产所需要的产品。

实际上，计算机集成制造与先进制造模式和思想是相互交融的，计算机集成是先进制造模式的基础，先进制造模式和思想扩大了计算机集成制造的内涵。

（5）**第五阶段是制造全球化**　制造全球化是在全球范围内配置资源和进行产业链分工。随着经济全球化和信息技术的突飞猛进，国际制造业跨国公司根据不同国家和地区的竞争优势，建立起了世界范围的研发、生产、销售体系，实现了全球化制造。

（三）制造业在国民经济中的地位

1. 制造业对人类文明发展有极为重要的影响

制造是人类所有活动的基石，制造业是人类文明发展的标志，在人类通向文明的漫长征途中，每一次制造技术的变革，都给社会创造了巨大的财富，并且极大地推动了社会的发展。

纵观古今，历史上的每一个朝代和社会都有制造业的存在和发展，制造业不仅在过去有着重要的作用，在将来也是如此，甚至作用更大。人类的生活与制造业的发展息息相关，密不可分。人类在大约200万年前经历了第一次革命，为了适应大自然的变化，人类学会了使用天然工具。第二次革命发生在大约50万年前，人类学会了制造和使用简单的木制和石制工具，从事劳动，人类的生活质量有了改善和提高。第三次革命发生在大约15000年前，人类学会了制作和使用简单的机械，开始了农耕和畜牧。18世纪以蒸汽机的发明为代表，引发了一场工业革命，即第四次革命，开创了机械占主导地位的制造新纪元。此次革命促进了西方工业生产的发展，促进了西方的机械文明，奠定了现代工业的基础。第五次革命是计算机的发明导致了一场现代化的工业革命，现在计算机正在改变着人类传统的生活和工作方式。当前世界正在进行着一场新的技术革命，以集成电路为中心的微电子技术的广泛运用给社会和工业结构带来了巨大的影响。

概括起来，在人类历史上，科学技术的每次革命，必然引起制造技术的不断发展，也推动制造业的发展。同样，制造业和制造技术的发展又推动社会、政治、经济的发展和进步，促进人类社会的进步和现代文明的建立。

2. 制造业是创造社会财富的支柱产业

工业是国民经济的支柱产业，而工业生产总收入的60%以上来自制造业，世界发达国家无不具有强大的制造业。

由图 0-6 可见，美国、日本、德国、英国等发达国家的第一产业（农业）比重很小，第二产业（工业）一般占 GDP 的 20%~30%，而第三产业（服务业）占比超过 70%。发达国家制造业占本国经济比重低于中国等发展中国家，但在产业转移中，发达国家保留着技术开发、产品设计、关键核心零部件生产、品牌和销售渠道等高端环节，而将生产、组装、加工等低端环节转移，发展中国家只能分享少部分增加值和微薄的利润。

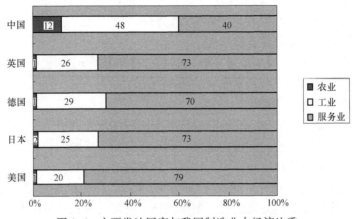

图 0-6 主要发达国家与我国制造业占经济比重

目前，我国制造业整体规模快速增长，总量已居世界第二位，近年来制造业增加值占工业生产总值的 80% 以上。

3. 制造业是发展高新技术的载体和动力

首先，制造业的发展离不开科技进步的支持，制造业发展之后，又反过来进一步推动和促进科学技术的进步。相应地，科学技术的进步同样也离不开制造业的支撑，科学技术获得进步之后，也会进一步推动和促进制造业的发展。制造业与人类科学技术相伴成长。

其次，制造业的发展，离不开制造企业自身的创新与发展。面对激烈的市场竞争，制造企业为了生存和发展，必须不断实施创新与发展的战略。制造企业的创新与发展必将带动制造业的发展。

20 世纪以来，新兴的核技术、空间技术、电子技术、信息技术、生物医学技术等，无一不是通过制造业的发展而产生并转化为规模生产力，其直接结果是导致诸如集成电路、电子计算机、电视机、移动通信设备、国际互联网、智能机器人、科学仪器、生物反应器、医疗仪器、核电站、飞机、人造卫星、航天飞机等产品相继问世，并由此形成制造业中的高新技术产业，使人类社会的生产方式、生活方式、企业与社会的组织结构和经营管理模式乃至人们的思维方式相对于传统文化产生深刻变化，也致使现代制造系统实现制造设备数控化、车间/单元柔性化和制造系统计算机集成化，并进一步向以并行工程为典型代表的先进制造模式和以敏捷制造为主要特征的全球化制造发展。

4. 制造业是国家核心竞争力的重要体现

制造业是国家生产能力和国民经济的基础和支柱，体现了社会生产力的发展水平，体现了一个国家的核心竞争力。

18 世纪，英国发明了纺织机，先后出现了纺织、炼铁、蒸汽机等制造技术，新兴的制造业带动了整个英国经济的快速发展，生产率也跃居到当时世界的最高水平。

第二次世界大战后的日本确立了"技术立国"的政策，产业走了一条"技术引进-自主开发"的发展道路。日本十分重视先进制造技术的引进和运用，并注重将其转化为强大的生产力，可以说战后日本的崛起，主要得益于制造业的发展。20世纪末，日本的微电子芯片成为美国高技术产品的关键元件。1991年海湾战争结束后，日本人说美国赢得这场战争依靠的是日本的芯片，是"日本的芯片打败了伊拉克的钢片"。

20世纪70年代，美国将经济中心由制造业转向服务业等第三产业，结果导致了美国科技优势和经济竞争的衰退。20世纪80年代，发生了轰动一时的"东芝事件"，美国及时醒悟，对制造业发展给予了实质性、有力的支持，强调制造业整体水平与市场竞争力的提高。进入20世纪90年代，美国重新夺回了在制造业上的优势，保持了经济的高速发展。图0-7所示为1963年和1983年美日两国汽车产量比较图，1994年美国汽车产量重新超过日本。

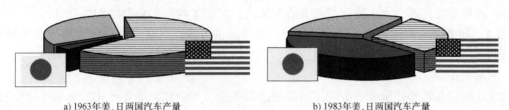

a) 1963年美、日两国汽车产量　　　　　　b) 1983年美、日两国汽车产量

图0-7　美、日两国汽车产量比较

另外，1998年爆发的东南亚经济危机，从另一个侧面反映了一个国家发展制造业的重要。一个国家，如果把经济的基础放在股票、旅游、金融、房地产、服务业上，而无自己的制造业，这个国家的经济就容易形成泡沫经济，一有风吹草动就会产生经济危机。而新加坡、中国台湾都有自己的制造业，因此受经济危机的影响小一些。

由此可见，制造业对于一个国家的现代化建设具有不可替代的重要地位和作用。在科学技术飞速发展，经济全球化和世界竞争日趋激烈的今天，为了保持本国经济的持续增长，并在国际竞争中站稳脚步，发达国家纷纷提出了振兴本国制造业的国家战略和计划，如德国抛出了"工业4.0"，美国制定了"再工业化""制造业复兴""先进制造业伙伴计划"，韩国提出"新增动力战略"，日本开始实施"再兴战略"，英国发布了"未来的制造"。当前，中国正面临高端制造业向发达国家回流、低端制造业向低成本国家转移的压力，中国制造业的升级迫在眉睫。在这种背景下，中国政府提出了"中国制造2025"重大战略。

（四）国际制造业的发展趋势

随着经济全球化和信息技术的突飞猛进，国际制造业正面临着全球竞争加剧，环保、资源和能源形势日益严峻，人才短缺等方面的问题。在此背景下，国际制造业的发展趋势如图0-8所示。

（1）**全球化**　随着经济全球化和信息技术的突飞猛进，国际制造业跨国公司根据不同国家和地区的竞争优势，建立起世界范围的融资、研发、生产、销售和服务体系，实现全球化制造。例如，波音787飞机共有132500个工程部件，是通过分布在全球十多个国家的545个企业生产的，波音公司通过制造环节的全球布局，极大地获得了技术、成本、质量等诸多方面的优势。

（2）**高技术化**　20世纪以来，科学技术突飞猛进，给人类生活带来了巨大的变化。技术的加速发展给制造业带来了深刻的、甚至是革命性的变化。当前与制造业结合最紧密的有信息技术、新材料技术、新能源技术、生物技术和纳米技术等。

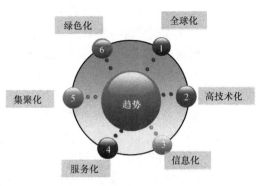

图 0-8　国际制造业的发展趋势

（3）**信息化**　制造业的信息化是信息技术、自动化技术、现代管理与制造技术相结合。信息化对制造业的促进作用主要体现在以下方面。

1）信息化改善了产品研发过程及其管理，提升了创新能力。

2）信息化促进制造企业管理模式和管理手段的变革与创新，大大提高了经营管理能力，加强了与协作企业之间的配合。

（4）**服务化**　制造业正从只提供单一产品向提供包含产品在内的服务和解决方案转变，产品创意、市场营销、客户服务的增值作用明显增强，服务型制造的理念不断深化，这是制造业的重大进步。

建立制造业和现代服务业协调发展的制造服务业，是引领制造业产业升级和可持续发展的重要力量，已成为当今世界制造业发展的大趋势。

（5）**集聚化**　集聚化是现代制造业发展的必然趋势，是提高制造业竞争力的重要源泉。由于优势企业的引领和产业链的延伸，一些地区聚集了紧密关联的企业，形成了具有鲜明特色的产业集聚区。例如，我国珠江三角洲区域已成为全球重要的家用电器、电子及通信设备和计算机制造集中地；以上海为中心的长江三角洲区域是汽车和汽车零部件制造集中地；东北三省是我国重大成套设备制造集中地；西部（包括四川、重庆、陕西等）是国防装备制造集中地。

当今的市场竞争已不再是单个企业的竞争，而是产业链间的竞争，甚至是产业集群区域间的竞争。

（6）**绿色化**　保护环境、节约资源已成为全球密切关注的焦点，为此发达国家正积极倡导"绿色制造"和"清洁生产"，大力研究开发生态安全型、资源节约型制造技术。

目前大力提倡的循环经济模式是追求更少资源消耗、更低环境污染、更大经济效益和更多劳动就业的一种先进经济模式。

二、现代制造技术发展

（一）现代制造技术的产生背景

现代制造技术的产生和发展是与现代高新技术的飞速发展及制造业所面临的市场竞争环境密不可分的。现代制造技术概念最早源于美国，由于美国长期受强调基础研究的影响，忽视了制造技术的发展。到20世纪70年代，日本和德国经济恢复时，美国制造业遇到了强有力的挑战。20世纪80年代初期，美国一批有识之士相继发表言论，对美国制造业的衰退进行了反思，强调了制造技术与国民经济及国力的至关重要的相依关系，强调了制造技术的重要性。在这样一个社会经济背景下，克林顿政府制定了国家关键技术计划，并对其技术政策做了重大调整。

（二）现代制造技术的内涵

现代制造技术是制造业不断吸收机械、电子、信息（计算机与通信、控制理论、人工智能等）、能源及现代系统管理等方面的成果，并将其综合应用于产品设计、制造、检测、管理、销售、使用、服务乃至回收的全过程，以实现优质、高效、低耗、清洁、灵活生产，提高对动态多变的产品市场的适应能力和竞争能力的制造技术的总称。

现代制造技术是使原材料成为产品而采用的一系列先进技术，其外延则是一个不断发展更新的技术体系，不是固定模式。它具有动态性和相对性，因此不能简单地理解为就是CAD、CAM、FMS、CIMS 等各项具体的技术。

现代制造技术在不同发展水平的国家和同一国家的不同发展阶段，有不同的技术内涵和构成。美国机械科学研究院（AMST）提出了一个多层次技术群，其构成的体系如图0-9所示。

图 0-9　现代制造技术群

（1）基础技术　第一层次是优质、高效、节能、清洁基础制造技术。基础技术群包括：精密学科、精密成形、精密加工、精密测量、毛坯强韧化、少（无）氧化热处理、气体保护焊及埋弧焊、功能性防护涂层等。

（2）新型制造单元技术　第二个层次是新型的先进制造单元技术。这是在市场需求及新兴产业的带动下，制造技术与电子、信息、新材料、新能源、环境科学、系统工程、现代管理等高新技术结合而形成的崭新的制造技术。

（3）现代制造集成技术　第三个层次是先进制造集成技术。这是应用信息、计算机和系统管理技术对上述两个层次技术的局部或系统集成而形成的先进制造技术的高级阶段，如柔性制造系统（FMS）、计算机集成制造系统（CIMS）、智能制造系统（IMS）等。

以上三个层次都是先进制造技术的组成部分，但其中每一个层次都不等于现代制造技术的全部。

图 0-9 所示体系结构强调了现代制造技术从基础制造技术、新型制造单元技术到现代制造集成技术的发展过程。

（三）现代制造技术的特点

（1）**先进性** 现代制造技术的核心和基础是经过优化的先进工艺（优质、高效、节能、清洁工艺），它从传统制造工艺发展起来，并与新技术实现了局部或系统集成。

（2）**广泛性** 现代制造技术不单独分割在制造过程的某一环节，而是综合运用于制造的全过程，覆盖了产品设计、生产设备、加工制造、销售使用、维修服务，甚至回收再生的整个过程。

（3）**实用性** 现代制造技术的发展是针对某一具体制造目标（如汽车制造、电子工业）的需求而发展起来的先进、适用技术，有明确的需求导向，不以追求技术高新度为目的，注重最好的实践效果，以提高企业竞争力、促进国家经济增长和综合实力为目标。

（4）**集成性** 现代制造技术由于专业、学科间的不断渗透、交叉、融合，界限逐渐淡化甚至消失，技术趋于系统化、集成化，已发展成为集机械、电子、信息、材料和管理技术为一体的新兴交叉学科，因此可以称其为"制造工程"。

（5）**系统性** 随着微电子、信息技术的引入，现代制造技术能驾驭信息生成、采集、传递、反馈、调整的信息流动过程。现代制造技术是可以驾驭生产过程的物质流、能量流和信息流的系统工程。

（6）**动态性** 现代制造技术不断地吸收各种高新技术成果，并将其渗透到企业生产的所有领域和产品寿命循环的全过程，实现优质、高效、节能、清洁、灵活的生产。

（四）现代制造技术的分类

1. 现代设计技术

现代设计技术是根据产品功能要求，应用现代技术和科学知识，制订方案并使方案付诸实施的技术。它是一门多学科、多专业相互交叉的综合性很强的基础技术。现代设计技术集见表 0-1。

表 0-1 现代设计技术集

现代设计技术	相 关 技 术
计算机辅助设计技术	有限元法、优化设计、反求工程、模糊智能 CAD、工程数据库等
性能优良设计基础技术	可靠性设计、安全性设计、动态分析与设计、防断裂设计、疲劳设计、防腐蚀设计、减摩和耐磨损设计、健壮设计、耐环境设计、维修性设计和维修性保障设计、测试性设计、人机工程设计等
竞争优势创建技术	快速响应设计、智能设计、仿真与虚拟设计、工业设计、价值工程设计、模块化设计等
全寿命周期设计技术	并行工程、面向制造的设计、全寿命周期设计等
可持续性发展产品设计技术	主要有绿色设计
设计试验技术	产品可靠性试验、产品环保性能试验与控制、仿真试验与虚拟试验等

2. 先进制造工艺技术

先进制造工艺技术主要包括精密和超精密加工技术、精密成形技术、特种加工技术、表面改性、制模和涂层技术。先进制造工艺技术集见表0-2。

表 0-2　先进制造工艺技术集

先进制造工艺	相关技术
精密洁净铸造成形工艺	外热冲天炉熔炼、处理、保护成套技术,钢液精炼与保护技术,近代化学固化砂铸造工艺,高效金属型铸造工艺与设备,气化膜铸造工艺与设备,铸造成形工艺模拟和工艺 CAD 等
精确高效塑性成形工艺	热锻生产线成套技术、精密辊锻和楔横轧技术、大型覆盖件冲压成套技术、精密冲裁工艺、超塑和等温成形工艺、锻造成形模拟和工艺 CAD 等
优质高效焊接及切割技术	新型焊接电源及控制技术、激光焊接技术、优质高效低稀释率堆焊技术、精密焊接技术、焊接机器人、现代切割技术、焊接过程的模拟仿真与专家系统等
优质节能洁净热处理技术	可控气氛热处理、真空热处理、离子热处理、激光表面合金化、可控冷却等
高效高精机械加工工艺	精密和超精密加工、高速切削、变速切削、复杂型面的数控加工、游离磨料的高效加工等
现代特种加工工艺	激光加工、复合加工、微细加工和纳米技术、水力加工等
新型材料成形与加工工艺	新型材料的铸造成形、新型材料的塑性成形、新型材料的焊接、新型材料的热处理、新型材料的机械加工等
优质清洁表面工程新技术	化学镀非晶态技术、新型节能表面涂装技术、铝及铝合金表面强化处理技术、超声速喷涂技术、热喷涂激光表面重熔复合处理技术、等离子化学气相沉积技术、离子辅助沉积技术等
快速模具制造技术	锻模 CAD/CAM 一体化技术、快速原型制造技术等

3. 制造自动化技术

制造自动化是指用机电设备工具取代或放大人的体力,甚至取代和延伸人的部分智力,自动完成特定作业,包括物料的存储、运输、加工、装配和检验等各个生产环节的自动化。它是机械制造业最重要的基础技术之一。制造自动化技术集见表0-3。

表 0-3　制造自动化技术集

制造自动化技术	相关技术
数控技术	数控装置、送给系统和主轴系统、数控机床的程序编制
工业机器人	机器人操作机、机器人控制系统、机器人传感器、机器人生产线总体控制等
柔性制造系统(FMS)	FMS 的加工系统、FMS 的物流系统、FMS 的调度与控制、FMS 的故障诊断等
自动检测及信号识别技术	自动检测 CAT、信号识别系统、数据获取、数据处理、特征提取、识别等
过程设备工况监测与控制	过程监视控制系统、在线反馈质量控制等

4. 系统管理技术

系统管理技术包括工程管理、质量管理、管理信息系统等,以及现代制造模式(如精益生产、CIMS、敏捷制造、智能制造等)、集成化的管理技术、企业组织结构与虚拟公司等生产组织方法。系统管理技术集见表0-4。

表 0-4　系统管理技术集

系统管理技术	相关技术
现代制造生产模式	现代集成制造系统(CIMS)、敏捷制造系统(AMS)、智能制造系统(IMS)、精良生产(LP)以及并行工程(CE)等先进的生产组织管理和控制方法

（续）

系统管理技术	相 关 技 术
集成管理技术	并行工程（CE）、物料需求计划（MRP）与准时制生产（JIT）的集成—生产组织方法、基于作业的成本管理（ABC），现代质量保障体系、现代管理信息系统、生产率工程、制造资源的快速有效集成
生产组织方法	虚拟公司理论与组织、企业组织结构的变革、以人为本的团队建设、企业重组工程

三、现代制造技术装备

（一）数控机床

数控机床是数字控制机床（Computer numerical control machine tools）的简称，是一种装有程序控制系统的自动化机床。该控制系统能够逻辑地处理具有控制编码或其他符号指令规定的程序，并将其译码，用代码化的数字表示，通过信息载体输入数控装置，经运算处理由数控装置发出各种控制信号，控制机床的动作，按图样要求的形状和尺寸，自动地将零件加工出来。数控机床较好地解决了复杂、精密、小批量、多品种的零件加工问题，是一种柔性的、高效能的自动化机床，代表了现代机床控制技术的发展方向，是一种典型的机电一体化产品。

（二）工业机器人

工业机器人是一种具有自动控制操作和移动功能，能完成各种作业的可编程操作机。工业机器人应用于机械制造业中代替人完成具有大批量、高质量要求的工作，如汽车制造、摩托车制造、舰船制造，某些家电产品（电视机、电冰箱、洗衣机）、化工等行业自动化生产线中的点焊、弧焊、喷漆、切割、电子装配，以及物流系统的搬运、包装、码垛等作业。

（三）3D打印装备

3D打印装备是指在无须准备任何模具、刀具和工装夹具的情况下，直接接受产品设计（CAD）数据，快速制造出新产品的样件、模具或模型的相关设备。

3D打印装备因快速成形工艺的不同而不同。目前，快速成形的工艺方法已有几十种之多，相应的3D打印装备也有上百种，其中常用的类型主要有光固化成形装备、分层实体制造装备、选择性激光烧结装备和熔融沉积制造装备。

与数控加工技术相比较，3D打印技术具有以下优势：无须准备任何模具、刀具和工装夹具；成形速度快，可迅速响应市场；产品制造过程几乎与零件的复杂程度无关；产品的单价几乎与批量无关，特别适合于新产品开发和单件小批量生产；整个生产过程数字化、柔性化；无切割、噪声和振动等，有利于环保；与传统方法相结合，可实现快速铸造、快速模具制造、小批量零件生产等功能，为传统制造方法注入新的活力等。

（四）微细加工装备

微细加工是指加工微小尺寸零件的生产加工技术。微细加工可进一步细分为微米级加工、亚微米级加工和纳米级加工等。其加工装备随相应的精度等级不同而不同。

微细加工装备包括各种传统精密加工装备和与传统精密加工装备完全不同的装备，如传统的切削加工、磨料加工、电火花加工、电解加工、化学加工、超声波加工、微波加工、等离子体加工、外延生产、激光加工、电子束加工、粒子束加工、光刻加工、电铸加工等相关装备。

就纳米加工而言，其首要技术在于检测，其关键设备多是基于扫描隧道显微镜的基本原理而发展起来的，现在已发展了一系列扫描探针显微镜，如原子力显微镜（AFM）、激光力扫描显微镜（LFM）、磁力显微镜（MFM）、弹道电子发射显微镜（BEEM）、扫描电子电导显微镜（SICM）、扫描近场显微镜（SNOM）、光子扫描隧道显微镜（PSTM）等。

微细加工可以批量制作集微型机构、微型传感器、微型执行器以及信号处理和控制电路、甚至外围接口、通信电路和电源等一体的微型器件或系统，其特征尺寸范围为 1nm~10mm。

除以上提到的装备外，现代制造技术还涉及其他特种加工技术装备，如微细加工中所提到的电火花加工装备、电解加工装备等，具体内容请参考相关教材，这里不再赘述。

练习与思考

1. 制造、制造业及制造系统的区别是什么？
2. 简述制造业在国民经济中的重要地位。
3. 简述国际制造业的发展趋势。
4. 简述现代制造技术的内涵。
5. 简述现代制造技术的发展趋势。
6. 现代制造技术有什么特点？
7. 现代制造技术可分为哪几类？
8. 什么是数控机床？
9. 什么是工业机器人？

现代制造技术

[内容导入] 现代制造技术指在制造过程和制造系统中融合电子、信息、管理以及新工艺等科学技术，使材料转换为产品的过程更有效、成本更低、更能及时满足市场需求的先进工程技术的总称。

随着科学技术的发展，先进的制造技术与工艺不断涌现，本章主要介绍高速与超高速加工、高能束与射流加工、干切削加工、电化学加工、微细加工、快速原型制造等相关技术与工艺。

第一节 高速与超高速加工

一、高速与超高速加工技术概述

（一）高速与超高速加工定义

高速加工是相对常规加工而言的，即用较高的加工速度对工件进行加工，一般认为应是常规加工速度的 5~10 倍。

超高速加工指采用超硬材料刀具、磨具在高速运动的高精度、高自动化、高柔性的制造设备上，极大地提高切削速度来达到提高材料切除率、加工精度和加工质量的现代制造加工技术，通过极大地提高加工速度，提高加工质量和加工精度，降低成本。超高速切削中的"超高速"是一个相对概念，不能简单地用某一具体切削速度或主轴转速数值来定义。

高速加工的速度范围与工件材料和加工方法密切相关，其切削速度范围因不同的工件材料、不同切削方式而异，目前尚无确切的定义。如图 1-1 所示，一般认为，高速加工各种材料的切削速度范围：钢为 600 ~ 3000m/min，铸铁为 900 ~ 5000m/min，铝合金为 2000 ~ 7500m/min，钛合金为 150 ~ 1000m/min，纤维增强材料为 2000 ~ 9000m/min，超耐热镍合金达 500m/min；主轴转速为 10000r/min，快进速度为 40 ~ 60m/min；定位精度可达 0.5 ~ 0.05μm。

各种加工工序的切削速度范围与加工方法密切相关，通常车削为 700 ~ 7000m/min，铣削为 300 ~ 6000m/min，钻削为 200 ~ 1100m/min，磨削为 150m/s 以上。

另外，切削速度随刀具材料的发展也在提高。20 世纪 80 年代以来，新型刀具材料的发展为高速切削的实际应用创造了条件，图 1-2 所示为刀具材料与切削速度的发展情况。

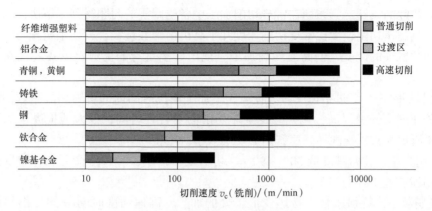

图 1-1 各种材料的切削速度

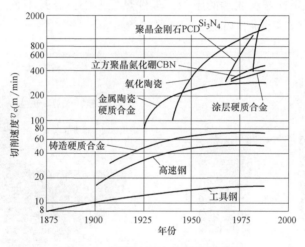

图 1-2 刀具材料与切削速度的发展

（二）高速与超高速加工的特点

20 世纪 20 年代，德国物理学家 Carl. J. Salomon 提出高速加工的理论，即人们常提及的"萨洛蒙曲线"（图 1-3）。

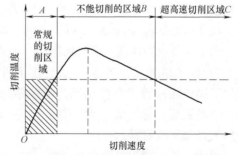

实践证明，切削速度提高 10 倍、进给速度提高 20 倍，远远超越传统的切削"禁区"（图 1-3 中的不能切削的区域）后，切削机理发生了根本的变化。其显著标志是使被加工塑性金属材料在切削过程中的剪切滑移速度达到或超过某一阈值，开始趋向最佳切削条件，因而切削被加工材料所消耗的能量、切削力，工件表面温度、刀具磨具磨损、加工表面质量等均明显优于传统切削速度下的指标，加工效率大大高于传统切削速度下的加工效率。结果是单位功率的金属切除率提高了 30%～40%，切削力降低了 30%，刀具的使用寿命提高了 70%，留于工件的切削热量大幅度降低，切削振动几乎消失，切削加

图 1-3 萨洛蒙曲线

工发生了本质性的飞跃，一系列在常规切削加工中备受困扰的问题得到了解决。

高速与超高速切削速度比常规切削速度几乎高出一个数量级，其切削机理与常规切削不同。由于切削机理的改变，使高速切削加工呈现出许多自身的优势，主要表现在以下几个方面。

1）材料切除率高，进给速度大大提高，增加了单位时间内的材料切除率。同时，机床快速空行程速度大幅度提高，大大减少了非切削的空行程时间，极大地提高了机床的生产率。图 1-4 所示为常规铣削和高速铣削的切削效率对比。

2）切削力小，比常规降低 30%~90%。切削变形减小，刀具寿命延长，特别适合细长及薄壁类刚性较差工件的加工。

3）热变形小，特别适合于易热变形工件的加工；高速切削时 90% 的切削热被切屑带走，减少了传递给工件的热量。如图 1-5 所示，切屑和接触面之间的接触区域产生的高温会导致温度效应并降低工件材料变形的阻力，工件热变形小，温升不超过 3℃，剪切角增大，切削热大部分由切屑快速带走，可避免积屑瘤的产生。

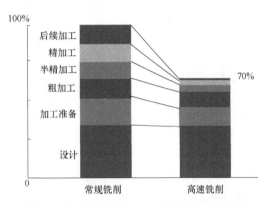

图 1-4　常规铣削和高速铣削的切削效率对比

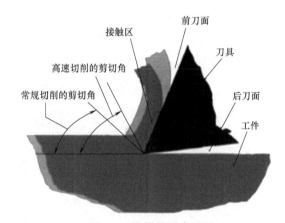

图 1-5　切屑的形成机理

4）加工精度高。由于高速切削具有高切削速度和高进给率，使得激振频率远高于"机床-工件-刀具"系统的固有频率，工件处于平稳振动切削状态，能够获得较高的零件表面加工质量，同时，高速切削可减少后续工序，工件的加工可在一道工序中完成，称为"一次过"技术（One pass machining），有利于保证零件的尺寸和几何精度，提高加工表面质量。

图 1-6 所示为切削速度与切削力、刀具寿命、工件表面质量之间的关系示意图。

5）加工成本低。高速切削可使工件的加工集中在一道工序中完成，单件零件加工时间缩短，加工成本大为降低，可用于加工难加工的材料。

由此可见，高速切削的巨大吸引力在于实现高速切削的同时，促进了机床高效加工和精密制造等先进制造技术的发展。因此，高速切削技术是目前国际数控机床发展的一个重要趋势。

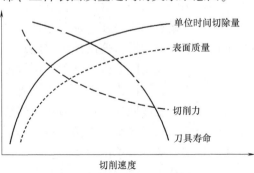

图 1-6　切削速度综合性能

（三）高速切削的应用领域

高速切削反映在其适用领域内，能够满足效率、质量和成本越来越高的要求。在汽车制造业中，高速加工中心将柔性生产线的效率提高到了组合机床生产线的水平。对技术变化较快的汽车零件，越来越多地采用数控加工中心进行高速加工，很多加工中心机床的主轴转速已可达数万转每分钟，如钻镗铝质气缸的进排气导管底孔、底圈底孔的刀具转速大多在 10^4 r/min 以上，线速度可达 1500m/min，有些铣削速度可达 4000m/min 以上；在气缸体与缸盖接合面的加工中，立方氮化硼（CBN）铣刀切削速度可达 2000m/min，比传统的硬质合金面铣刀提高了 10 倍。在航空航天业中，飞机上的零件通常采用"整体制造法"，其金属切除量相当大（一般在 70% 以上），铝合金零件、薄层腹板件等直接采用高速切削加工，不再铆接，可以大大缩短切削时间。在模具制造业中，型腔加工同样有很大的金属切除量，过去一直为电加工所垄断，其加工效率低，现采用高速切削对淬硬钢模具型腔直接进行加工，可省去电加工和手工研磨等工序。

【例 1】 高精度铝质模具型腔加工：在传统铣削加工中，由于铝熔点低，铝屑容易黏附在刀具上，虽经后续的铲刮、抛光工序，型腔也很难达到精度要求，在制时间达 60h。采用高速铣削后，分粗、精两道工序加工，$n_精 = 20000$r/min、$a_p = 0.2$mm、$v_f = 5$m/min，加工周期仅为 6h，完全可达到精度要求。

【例 2】 塑料的轮胎型芯加工：用传统方法（手工）需十几道工序，在制时间 20 天以上，也很难达到复杂轮胎花纹的技术要求。采用高速铣削，$n = 18000$r/min，$a_p = 2$mm，$v_f = 10$m/min，在制时间仅 24h，且完全达到了工艺要求。

此外，在高速切削技术的基础上，开发了干切削、硬切削等新工艺，不仅提高了加工效率，改变了传统的不同切削加工方式的界限，而且引领着切削加工发展的新趋势——绿色制造。

二、高速与超高速加工的关键技术

实现高速与超高速加工技术的关键技术主要有：高性能刀具材料及刀具设计制造技术，高性能机床及其附件，高速主轴（电主轴）系统，快速进给系统，高性能的 CNC 控制系统，先进的机床结构，高速切削的工具系统，机床结构及材料、机床设计制造技术、工件夹紧系统、高效高精度测量测试技术、安全防护技术等。

（一）超高速主轴单元

超高速主轴单元是超高速加工机床的关键部件，包括主轴、动力源、主轴轴承和机架四个部分，涉及的研究内容有主轴材料、结构、轴承、超高速主轴系统动态特性及热态特性，柔性主轴及其轴承的弹性支撑技术，润滑与冷却。

电主轴系统是超高速机床常用的主轴形式，电主轴由转子、轴承、外壳、电机组件和测角系统组成，并配备冷却系统、润滑系统和变频驱动电气装置，形成一个独立的单元，可以直接装配到各种加工中心和超高速磨床上，实现无中间环节的直接传动。

（1）**滚珠轴承高速主轴** 高速切削机床上的主轴多数为滚珠轴承电动主轴，采用高压力角为 15°或 25°的角接触滚珠轴承，精度为 C 级或 B 级，其转速可达 90000r/min。润滑方式为油脂润滑、油雾润滑、喷油润滑。其主轴精度取决于轴承。目前市场上高速主轴的回转精度可达 0.5μm。

（2）**液体静压轴承高速主轴**　与滚珠轴承相比，液体静压轴承的径向刚度较低，轴向刚度高，适于轴向切削力较大的场合，其转速可达 30000r/min。此外，液体静压轴承的油膜阻尼大，动态刚度高，适合于铣削的断续切削过程。其特点是运动精度高，回转误差小于 0.2μm，因而可以延长刀具使用寿命，提高刀具加工精度，降低表面粗糙度值。

（3）**空气静压轴承高速主轴**　空气静压轴承的应用进一步提高了主轴转速和回转精度。其转速达 100000r/min，回转精度为 50nm，可采用金刚石刀具进行镜面铣削，加工形状精度和表面质量要求高的工件。空气静压轴承的缺点是承载能力低，维护费用高。

（4）**磁悬浮高速主轴**　磁悬浮主轴的转子由两个径向和两个轴向的轴承支撑，转子与轴承间的间隙一般在 0.1mm 左右。磁悬浮主轴可采用较大轴径，因而刚性较好，承载能力强。其回转精度取决于主轴内位移传感器的精度和灵敏度及控制电路的控制精度，通常可达 0.2μm。磁悬浮主轴的优点是精度高、转速高、刚性好，缺点是机械结构复杂，需要一套传感器和控制电路，所以价格高，必须有很好的冷却系统。

（二）超高速加工的进给单元

超高速加工进给单元是超高速加工机床的重要组成部分，包括伺服驱动技术、滚动元件技术、检测单元技术和诸如防尘、防噪声、冷却润滑、安全等周边技术，要求能达到高速和瞬间加速及瞬时准停要求。

超高速加工进给单元的关键技术包括高速位置环芯片的研制，高速精密交流伺服系统及电动机的研究，直线伺服电动机的研制，加减速控制技术，超高速进给系统的优化设计、虚拟设计，高精度滚珠丝杠副及大导程滚珠丝杠副的研制，高精度导轨、新型导轨摩擦副的研究等。

超高速进给单元的技术指标包括两个方面：对于滑台驱动系统，其进给速度要求达到 60m/min；对于直线电动机驱动系统，其进给速度要求达到 200m/min。

直线电动机与滑台连在一起，无间隙，惯性小，刚度大而无磨损，通过控制电路可以实现高速和高精度驱动。图 1-7 所示为直线电动机导轨系统的结构简图。

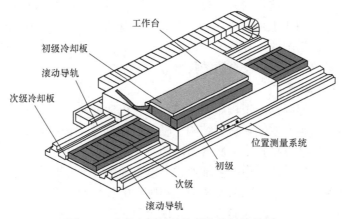

图 1-7　直线电动机导轨系统的结构简图

直线电动机的特点主要有：系统中取消了一些惯性大的机械传动件，进给响应速度快；取消了由于丝杠等机构间隙所带来的传动误差，定位精度高；由于"直接驱动"，避免了起动、变速和换向时系统的弹性变形、摩擦磨损和反向间隙造成的运动滞后，传动刚度高。直线电动机最早用于磁悬浮列车（时速 500km/h），可获得高的加速度，一般可达 2～10g。一般滚珠丝杠的最大加速度只有 0.1～0.5g。因此，直线电动机速度快、加减速过程短；行程长度不受限制，取消了丝杠等传动机构，系统噪声低、效率高。

（三）面向高速切削的切削刀具

在影响金属切削发展的诸多因素中，刀具材料及刀具制造技术起着决定性作用。高速切削刀具的材料除了具有普通刀具材料的要求以外，还要求具备高的可靠性，高耐热性和抗热冲击性，良好的高温力学性能，能适应各种难加工材料和新型加工材料的要求。

目前适用于高速切削的刀具材料主要有涂层硬质合金、金属陶瓷、刀具陶瓷、立方氮化硼（CBN）和聚晶金刚石（PCD）等。其特点是"三高一专"，即高效率、高精度、高可靠性和专用化。

图 1-8 所示为以高强度铝合金做基体的 HSC 面铣刀，该刀具以超细晶硬质铝合金为基体，具备最适宜的刀具结构和刀型设计，并结合精良的制造工艺，可满足航空航天业对刀具的严苛要求，实现高精度和高效率加工。

图 1-9 所示为在基体上焊接刀片（材料 CBN、PCD）的 HSC 刀具，将一块刀片焊接在硬质合金基片的一个角上，经刃磨后形成一个刀尖。在一片可转位刀片上，可以焊接一个刀尖或多个刀尖。转位结构的刀片主要为车刀片和铣刀片，考虑到刀坯成本较高，一般只做一个刀尖。

在超高速切削加工中，一般在刀具系统上开设一个直接供给切削液的通路，并主要采用主轴中心供液的方式进行冷却。图 1-10 所示为采用内部冷却的钻头。

图 1-8　以高强度铝合金做基体的 HSC 面铣刀

图 1-9　在基体上焊接刀片的 HSC 刀具

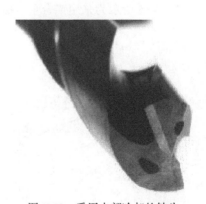

图 1-10　采用内部冷却的钻头

刀柄是超高速加工机床（加工中心）的重要配套件，装夹高速切削刀具时必须满足最小的动不平衡量、最小的径向偏差、高刚性、传递高转矩、高精度、换刀时的高重复精度、高转速下的安全性等。目前超高速切削机床普遍采用的是日本的 BIG-PLUS 刀柄系统和德国的 HSK 刀柄系统。

日本的 BIG-PLUS 刀柄系统如图 1-11 所示，该刀柄系统利用主轴内孔的弹性膨胀锁紧后补偿间隙，缩小了刀柄装入主轴后与主轴端面的间隙，保证了刀柄与主轴端面的配合。

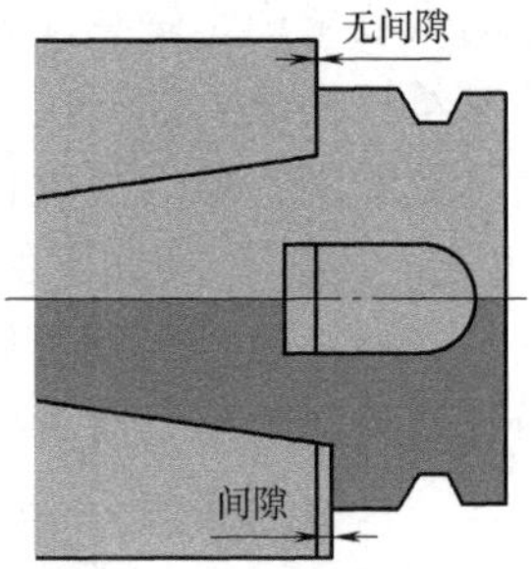

德国的 HSK 刀柄系统如图 1-12 所示。该刀柄系统采用锥面再加上法兰端面的双定位，转速高时，锥体向外扩张，增加了压紧力，而刀柄中空，且连接锥面长度短，使刀柄重量减轻，因此适应主轴的高速运转。

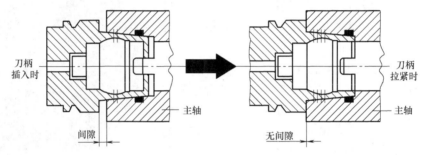

图 1-11 日本的 BIG-PLUS 刀柄系统

（四）面向高速切削的工件夹紧技术

传统的爪式卡盘随着切削速度的提高，工件的夹紧力是越来越小的，甚至会因为夹紧力不足而把工件从卡盘中甩出去，因此对高速切削中的卡盘有特殊要求。图 1-13 所示为爪式卡盘夹紧力与转速之间的关系。

图 1-12 德国的 HSK 刀柄系统

面向高速精密车削的卡盘应该具有较高的夹紧精度，保证较高的转速，且柔性差，可夹紧直径范围小等。图 1-14 所示为带离心力补偿的楔面卡盘，该卡盘的特点是通过离心力补偿机构来降低动力卡盘夹紧力损失，能够使动力卡盘在高的极限转速中依然保持充足的夹紧力，而不至于影响正常加工工件的进程。

图 1-15 所示为采用铝合金、碳纤维加强复合材料做成的轻型卡爪，该卡爪具有轻质的

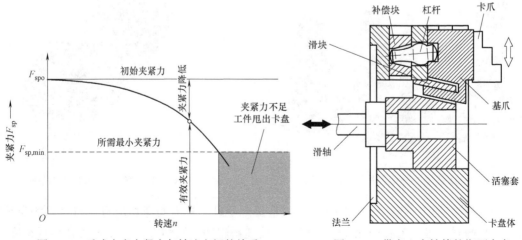

图 1-13 爪式卡盘夹紧力与转速之间的关系

图 1-14 带离心力补偿的楔面卡盘

特点，可以有效地减少卡爪离心力所导致的夹紧力降低。图 1-16 所示为 CFK 绷带式卡盘。

图 1-15 轻型卡爪

图 1-16 CFK 绷带式卡盘

此外，失效卡盘零部件具有高达 30kN·m 的能量，所以从安全角度看，高速切削的防护技术也是非常必要的。

三、超高速加工中心典型实例

近年来，高速、超高速加工的实际应用和实践研究取得了显著成果。在国外许多著名公司的加工中心上，如美国 Cincinnati、Ingersoll、日本牧野、意大利的 Rambaudi 等公司，标准主轴转速配置可达 8000~10000r/min，可选的 20000r/min 以下的主轴单元已处于商品化阶段。

图 1-17 所示的 HALLER HILLE Specht 500L 高速铣床（EMO 1997），机身采用焊接的钢机架，直线电动机进给驱动，滑台采用钢-CFK 三明治体箱中箱、整身全封闭结构，刀卡为 HSK63，最大进给速度为 100m/min，主轴转速为 24000r/min，加速度达 20m/s²。

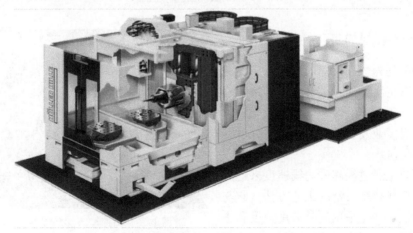

图 1-17 HALLER HILLE Specht 500L 高速铣床

图 1-18 所示为用于模具制造的 DROOP & REIN 加工中心。该加工中心拥有框架结构，主轴转速为 15000r/min，可用于加工板材冲压模具，适用于单件小批量生产，以及难加工材

料的加工。

图 1-19 所示为用于模具制造的 MIK-ROMAT 高速铣床，床身采用高抗热矿物铸铁（Mineralguss），模块化构造，配置高速电动机，主轴转速为 60000r/min，进给速度达 24m/min，刀卡为 HSK63。

图 1-20 所示为高速车床（PTW Darmstadt），床身为聚合混凝土斜床身，使用宽调速交流电动机直接带动主轴，采用滚动轴承支撑，通过气体冷却主轴的大内孔来降低转动惯量，具有单独支承的尾座，其最高转速达 16000r/min。

图 1-18　DROOP & REIN 加工中心

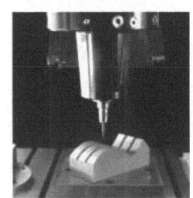

图 1-19　MIKROMAT 高速铣床

四、高速磨削加工

高速磨削是先进制造的前沿技术，在获得高效率、高精度的同时，又能对各种材料和形状进行高表面完整性和低成本加工，因此也正为世界工业发达国家所重视，并已开始进入实用化阶段。

高速磨削是通过提高砂轮线速度来达到提高磨削效率和磨削质量的工艺方法。它与普通磨削的区别在于采用高的磨削速度和进给速度，而高速磨削的定义随时间的不同在

图 1-20　高速车床（PTW Darmstadt）

不断推进。20 世纪 60 年代以前，磨削速度在 50m/s 时即被称为高速磨削；而 20 世纪 90 年代，磨削速度最高已达 500m/s。在实际应用中，磨削速度在 100m/s 以上即被称为高速磨削。

（一）高速磨削加工的特点

高速磨削技术是适应现代高科技需要而发展起来的一项新兴综合性先进技术。日本先进技术研究会把高速加工列为五大现代制造技术之一，国际生产工程学会（CIRP）将高速磨削技术确定为面向 21 世纪的中心研究技术之一。

1）高速磨削的最高磨削速度达 500m/s（实验速度），实际应用的磨削速度为 10～250m/s，大幅度提高了磨削生产率。

2）随着砂轮线速度的提高，目前比磨削去除率已猛增到了 3000mm³/mm·s 以上，可达到与车、铣、刨等切削加工相媲美的金属磨除率。若切除率不变，则单磨粒切削厚度降低，磨削力减小；磨削力小、磨削温度低、工件受力变形小，加工表面完整性好。

3）维持原切削力，可提高进给速度，降低加工时间，大幅度提高磨削效率，可使粗、精加工合而为一，提高生产率。

4）砂轮使用寿命长，降低磨削表面粗糙度值、减小磨削力、提高工件加工精度、降低磨削温度，能实现对难磨材料的高性能加工。

5）近年来各种新兴硬脆材料（如陶瓷、光学玻璃、光学晶体、单晶硅等）的广泛应用，更推动了高速磨削技术的迅猛发展，有助于实现磨削加工的自动化。

6）超高速磨削不仅可对硬脆材料实行延性域磨削，而且对铁合金、镍基耐热合金、高温合金、铝及铝合金等高塑性的材料，也可获得良好的磨削效果。

（二）高速磨削技术

在高速磨削技术方面，为了提高磨削效率，人们还开发了高速重负荷荒磨、缓进给大切深磨削、高速与超高速磨削、高效深切磨削、宽砂轮和多砂轮磨削等技术。

1. 高速重负荷荒磨

高速重负荷荒磨的砂轮线速度普遍达到了 80m/s，有的高达 120m/s；磨削法向力通常达到了 10000～12000N，有的高达 30000N；磨削功率一般为 100～150kW，有的高达 300kW；材料去除率可达 150kg/h。

此法主要用于钢坯的修磨，磨除钢坯的表面缺陷层（夹渣、结疤、气泡、裂纹和脱碳层），以保证钢材成品的最终质量和成材率。

此法的主要特点是：①采用定负荷自由磨削的方式磨除一定厚度的缺陷层金属，背吃刀量和进给量均不确定；②在磨削过程中不修整砂轮，为确保砂轮既有自锐能力，消耗又不致过大，应选择合适的砂轮；③多采用干磨方式，工件表面易烧伤。

2. 缓进给大切深磨削

以较大的背吃刀量（$a_p > 10mm$）和很小的纵向进给速度（$v_w = 3～300mm/min$，普通磨削时 $v_w = 200～2500mm/min$）来磨削工件，故也称深磨削或蠕动磨削。

主要特点：①生产率高；②工件的形状精度稳定；③减小了砂轮的冲击损伤；④扩大了磨削工艺范围；⑤磨床功率大、成本高，工件易产生磨削烧伤。

3. 高速与超高速磨削

砂轮的线速度为 45～50m/s，被称为高速磨削（High Speed Grinding，HSG）。砂轮线速度为 150～80m/s 时，则被称为超高速磨削。

主要特点：①生产率高、砂轮寿命长；②磨削精度高、表面粗糙度值低；③减轻了磨削表面的烧伤和裂纹。

超高速磨削可以大幅度提高磨削生产率、延长砂轮使用寿命或减小磨削表面粗糙度值，并可对硬脆材料实现延性域磨削，对高塑性及其他难磨削材料进行磨削也有良好的表现。

4. 高效深切磨削

高效深切磨削是在背吃刀量为 0.1~0.3mm、工件速度 $v_w = 0.5 \sim 10\text{m/min}$、砂轮速度 $v_s = 80 \sim 200\text{m/s}$ 的条件下进行的磨削。其特点是砂轮速度高，工件进给速度快，磨削深度大，既能达到高的金属切除率，又能获得高质量的加工表面。

高效深切磨削的实现条件：①砂轮应具有良好的耐磨性，高的动平衡性能和抗裂性能；②磨床应具有高动态精度、抗振性和热稳定性；③磨床主轴应具有较高的回转精度和刚度；④磨削液供给方法采用高压喷射法、砂轮内冷却法、空气挡板辅助截断气流法等。

5. 宽砂轮和多砂轮磨削

宽砂轮磨削的外圆磨削砂轮宽度达 300mm，平面磨削砂轮宽度达 400mm，无心磨削砂轮宽度达 800~1000mm；加工公差等级达 IT6，表面粗糙度值为 $Ra0.63\mu\text{m}$。

多砂轮磨削是在一台磨床上安装了多片砂轮，可同时加工零件的几个表面。多砂轮磨削的砂轮片数可多达 8 片以上，砂轮组合宽度达 900~1000mm。在生产线上，采用多砂轮磨床可减少磨床数量和占地面积。多砂轮磨削主要用在外圆和平面磨床上，内圆磨床也可采用同轴多片砂轮磨同心孔。

6. 恒压力磨削

恒压力磨削是切入磨削的一种类型，在磨削过程中无论其他因素（如磨削余量、硬度、砂轮磨钝程度等）如何变化，砂轮与工件之间始终保持预选的压力不变，因此称恒压力磨削，也称控制力磨削。恒压力磨削避免了超负荷切削，工艺系统弹性变形小，有利于获得正确的几何形状与低的表面粗糙度值。

7. 砂带磨削

砂带磨削原理如图 1-21 所示。其主要特点：①设备简单；②可磨削复杂型面；③生产率高；④加工精度高；⑤操作方便。20 世纪 60 年代以来，该技术发展迅猛，在发达国家应用已达 1/2。

（三）高速磨削的技术要求

1）超高速磨床的主轴最高转速在 10000r/min 以上，传递的磨削功率常为几十千瓦，故要求其主轴系统刚性好、回转精度高、温升小、空转功耗低。高速回转的砂轮动不平衡引起的振动会严重影响主轴系统的工作性能和磨削质量，因此高速主轴须配有连续自动动平衡装置。图 1-22 所示为某磨床主轴动平衡系统。

其工作原理：进行动平衡时，主轴的动不平衡振幅值由振动传感器测出，动不平衡相位则通过装在转子内的电子元件测量，相应的电子控制信号驱动两平衡块做相对转动，达到动平衡。

2）高速磨床结构须具有高动态精度、

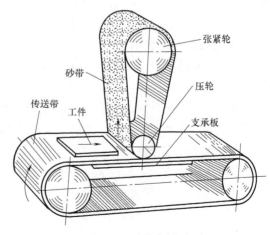

图 1-21　砂带磨削原理

高阻尼、高抗振性和热稳定性。如图 1-23 所示的直线电动机驱动的高速平面磨床，磨削速度达 125m/s，工作台往复运动速度达 1000str/min，是普通磨床的 10 倍。

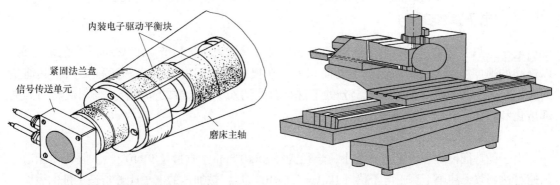

图 1-22 某磨床主轴动平衡系统　　　图 1-23 直线电动机驱动的高速平面磨床

3）高速磨削砂轮应具有良好的耐磨性、高动平衡精度和机械强度、高刚度和良好的导热性等。目前，工业生产中广泛采用陶瓷结合剂、金属结合剂 CBN 砂轮和单层电镀 CBN 砂轮，使用速度可达 200m/s 以上，基体材料常采用合金钢或铝合金。必须考虑砂轮基体受高速离心力作用，砂轮磨粒为立方氮化硼和金刚石。

图 1-24 所示为高速砂轮的典型结构，其特点为：腹板为变截面等力矩结构，无中心法兰孔；以多个小螺孔安装固定，可降低法兰孔应力。

4）此外，高速磨削中，由于砂轮极高速旋转形成的气流屏障阻碍了磨削液有效地进入磨削区，使接触区高温得不到有效的抑制，工件易出现烧伤，严重影响零件的表面完整性和力学性能、物理性能。因此，磨削液供给系统对提高和改善工件质量、减少砂轮磨损至关重要。

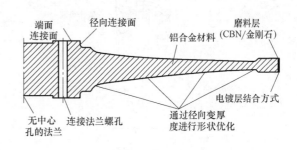

图 1-24 高速砂轮的典型结构

随着超硬磨料磨具的应用和发展，高速大功率精密机床及数控技术、新型磨削液和砂轮修整等相关技术，以及磨削自动化和智能化等技术的发展，使超高速磨削和高效率磨削技术在机械制造领域具有更加重要的地位，发展前景广阔。我国应在现有条件下，大力加强各种新型超高速磨削技术的研究、推广和应用，这对提高我国机械制造业的加工水平具有十分重要的意义。

第二节　高能速与射流加工

高能速与射流加工是利用能量密度很高的电子束、激光束或离子束等去除工件材料的特种加工方法的总称。其研究内容极为丰富，涉及光学、电学、热力学、冶金学、金属物理、流体力学、材料科学、真空学、机械设计和自动控制以及计算机技术等多种学科，是一种典型的多学科交叉技术。高能速与射流加工属于非接触加工，无成形工具，而且几乎可以加工任何材料，在精微加工、航空航天、电子、化工等领域应用极广。

一、电子束加工

电子束加工是在真空条件下，利用聚焦后能量密度极高（$10^6 \sim 10^9 \mathrm{W/cm^2}$）的电子束，以极高的速度冲击到工件表面极小的面积上，在很短的时间（几分之一微秒）内，其能量的大部分转变为热能，使被冲击部分的工件材料达到几千摄氏度的高温，从而引起材料的局部熔化和汽化，并被真空系统抽走。

（一）电子束加工的原理

电子的特征尺寸和质量都非常小，半径为 2.8×10^{-6} nm，质量是 9×10^{-28} g，但其动能通过加速可达到数十甚至上百千电子伏（1keV $= 1.6 \times 10^{-19}$ J），被加速的电子能够冲击进工件的表面。

被加速的电子不是将其能量施于表面的原子，而是施于电子穿透层，而且电子的动能并不直接转化为被撞原子的动能，而是传递给其外部轨道运动的电子。因此电子束加工是以热能的方式去除穿透层表面的原子。

电子束加工在真空中进行，其加工原理如图 1-25 所示。

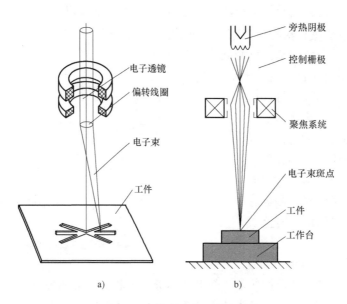

图 1-25　电子束加工原理图

如图 1-25 所示，利用电流加热将阴极发射出来的电子束，经控制栅极初步聚焦后，由加速阳极加速，通过透镜聚焦系统进一步聚焦成极细的、能量密度极高的束流，使能量密度集中在直径为 $5 \sim 10 \mu \mathrm{m}$ 的斑点内。能量密集的电子束高速运动，冲击到工件表面上，被冲击点处形成瞬时高温（几分之一微秒时间内升高至几千摄氏度），动能转化为热能，工件表面局部熔化、汽化并在真空中被抽走，直至被蒸发去除，从而达到去除材料、连接或改性的目的。

（二）电子束加工的装置

电子束加工装置如图 1-26 所示，主要由电子枪、真空系统、控制系统和电源等部分组成。

阴极经电流加热发射电子,带负电荷的电子高速飞向阳极,在飞向阳极的过程中,经过加速极加速,又通过电磁透镜聚焦,而在工件表面形成很小的电子束束斑,完成加工任务。

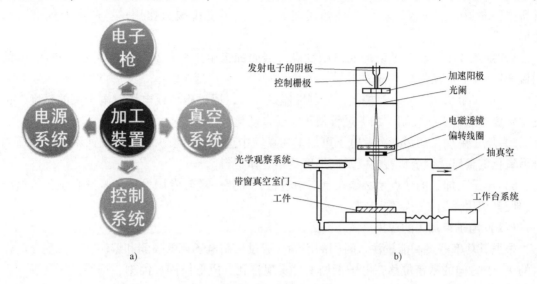

图 1-26 电子束加工装置

1. 电子枪

电子枪的作用是发射高速电子流、完成电子束预聚焦和控制发射强度,其原理如图 1-27 所示。电子枪主要由电子发射阴极、控制栅极和加速阳极等组成。发射阴极一般用钨或钽制成,小功率时用钨或钽做成丝状阴极,大功率时用钽做成块状阴极。控制栅极为中间有孔的圆筒形,其上加以较阴极为负的偏压,既能控制电子束的强弱,又有初步的聚焦作用。加速阳极通常接地,而阴极接很高的负电压。

2. 真空系统

只有在高真空中,电子才能高速运动。此外,加工时的金属蒸气会影响电子发射,产生不稳定现象,因此需要不断地把加工中产生的金属蒸气抽出去。真空系统用于保证在电子束加工时维持 $1.33 \times 10^{-2} \sim 1.33 \times 10^{-4} \mathrm{Pa}$ 的真空度。

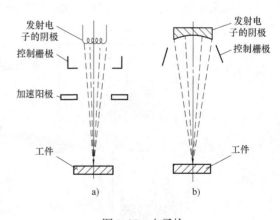

图 1-27 电子枪

3. 控制系统和电源

电子束加工装置的控制系统包括束流聚焦控制 [用于提高电子束的能量(电磁透镜)]、束流位置控制 [用于改变电子束方向(磁偏转)]、束流强度控制以及工作台位移控制等部分。

(三) 电子束加工的特点

1)束径小、能量密度高。电子束能够聚焦到 $0.1\mu\mathrm{m}$ 的尺寸,功率密度可达 $10^9\mathrm{W/cm}^2$

量级。利用电子束加工的加工表面可以很小，可以进行精密微细加工。

2）加工材料范围很广，对非加工部分的热影响小，脆性、韧性、导体、非导体及半导体材料都可加工。电子束能量密度高，使照射部分的温度超过材料的熔化和汽化温度，去除材料主要靠瞬时蒸发，是一种非接触式加工，工件不受机械力作用，不产生宏观应力和变形。

3）加工效率高。电子束的能量密度高，因而加工生产率很高，1s内可在2.5mm厚的钢板上钻50个直径为0.4mm的孔。

4）电子束加工温度容易控制，控制性能好。可以通过磁场或电场对电子束的强度、位置、聚焦等进行直接控制，加工过程便于实现自动化。

5）电子束加工的污染小。电子束加工在真空中进行，污染少，加工表面不氧化，适用于易氧化的金属及合金材料，以及高纯度的半导体材料。

6）电子束加工的缺点是必须在真空中进行，需要一整套专用设备和真空系统，价格较贵，使其应用受到了一定的限制。

（四）电子束加工的应用

根据其功率密度和能量注入时间的不同，通过控制电子束的强弱和偏转方向，配合工作台的 X、Y 方向的精密位移，电子束加工可实现打孔、成形切割、蚀刻、焊接、热处理、表面处理和光刻曝光加工等工艺。

1. 电子束高速打孔

利用电子束可以在0.5mm厚的不锈钢板上加工出3μm的小孔。目前电子束打孔的最小直径已经可达0.001mm左右，加工速度快，孔径误差在±5%以内，而且还能进行深小孔加工，孔的深径比大于10∶1，其深度也可达10cm以上，如孔径在0.5~0.9mm时，其最大孔深已超过10mm，即孔的深径比大于15∶1。电子束打孔孔的密度可连续变化，孔径大小可随时调整，可打斜度的孔，倾斜角可达15°；适合硬度高的材料的打孔。电子束打孔的应用如图1-28所示。

与其他微孔加工方法相比，电子束的打孔效率极高，通常每秒可加工很多个孔。利用电

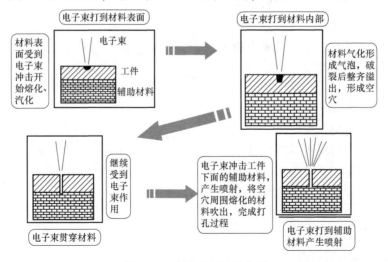

图1-28 电子束打孔的应用

子束打孔速度快的特点，可以实现在薄板零件上快速加工高密度孔，这是电子束微细加工的一个非常重要的特点。电子束打孔已在航空航天、电子、化纤以及制革等工业生产中得到实际应用。

2. 加工型孔及特殊表面

为了使人造纤维的透气性好，更松软和富有弹性，人造纤维的喷丝头型孔往往设计成各种异形截面，这些异形截面最适合采用电子束加工。图 1-29 所示为电子束加工的喷丝头异形孔。利用电子束可以切割 3~6μm 的窄缝，可以在硅片上刻出 2.5μm 宽、0.25μm 深的细槽。

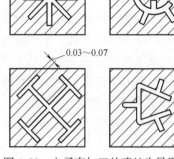

利用电子束在磁场中偏转的原理，使电子束在工件内部偏转，还可以利用电子束加工弯孔和曲面。图 1-30 所示为电子束加工的曲面和弯孔。

3. 电子束刻蚀

利用电子束的加热原理，对工件进行类似铣削的加工，为电子束刻蚀。在微电子器件生产中，为了制造多

图 1-29 电子束加工的喷丝头异形孔

层固体组件，可利用电子束将陶瓷或半导体材料刻出许多微细沟槽和孔来，如在硅片上刻出宽 2.5μm、深 0.25μm 的细槽。电子束刻蚀原理如图 1-31 所示。

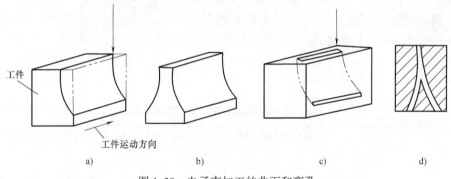

图 1-30 电子束加工的曲面和弯孔

用电子束可以在光敏材料上进行光刻曝光。由于电子束波长比可见光短很多，因此可以得到更高的线条图像分辨率，在大规模集成电路芯片的制造中，可以用电子束光刻曝光法加工出 0.1μm 宽度的线条。现在正在研究用波长更短的 X 射线聚焦后对特殊材料的光敏抗蚀剂进行扫描曝光，便能刻蚀出更精密的线条和图形。

电子束刻蚀还可用于制版，在铜制印刷筒上按色调深浅刻出大小、深浅不一的沟槽或凹坑，大坑代表深色，小坑代表浅色。

4. 电子束焊接

电子束焊接是利用电子束作为热源的一种焊接工

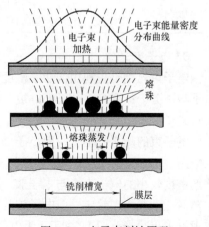

图 1-31 电子束刻蚀原理

艺，在焊接不同的金属和高熔点金属方面显示了很大的优越性，已成为工业生产中的重要特种工艺之一。

由于电子束的能量密度高，所以电子束焊接的焊缝深而窄，焊缝深宽比可达60：1。电子束焊接速度快，易于实现高速自动化；焊件热影响区小，变形小。电子束焊接一般不用焊条，焊接过程在真空中进行，金属不会受到氧、氮等有害气体的影响，焊缝化学成分纯净，焊接接头的强度往往高于母材，焊缝物理性能好。电子束焊接材料范围广，可以焊接难熔金属、化学性质活泼的金属、异种金属和普通金属。电子束焊接可以焊接很薄的工件，也可以焊接几百毫米厚的工件；可实现复杂接缝的自动焊接。

但电子束焊接易受电磁场干扰；被焊工件尺寸和形状受到工作室的限制；焊接时会产生X射线，对人体有害；焊接前对接头的加工、装配要求严格；焊接设备复杂，价格昂贵。

5. 电子束热处理

用电子束将工件表面加热至相变温度以上再快速冷却，从而达到表面热处理的目的，称为电子束热处理。电子束热处理的加热速度和冷却速度都很高，在相变过程中，奥氏体化时间很短，只有几分之一秒乃至千分之一秒，奥氏体晶粒来不及长大，从而能获得一种超细晶粒组织，可使工件获得用常规热处理不能达到的硬度，硬化层深度可达0.3～0.8mm。电子束热处理电热转换效率可达90%，而激光热处理只有7%～10%。电子束热处理的原理如图1-32所示。

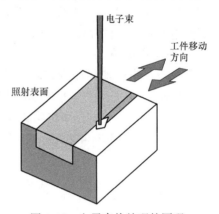

图 1-32　电子束热处理的原理

电子束热处理包括电子束表面热处理和表面熔化处理两个方面，其性能特点见表1-1。

表 1-1　电子束表面热处理和表面熔化处理

项　目	电子束表面热处理（EBT）	电子束表面熔化处理（EBFT）
能量密度/（W/cm^2）	小于 10^3	$10^4 \sim 10^6$
材料	碳的质量分数为0.45%以上的钢、低合金钢、灰铸铁、球墨铸铁等	高合金钢、特殊钢、铝合金、钛合金、灰铸铁、球墨铸铁等
加工特点	加热和冷却的时间极快，淬火温度比正常热处理高，晶粒细小，表面的硬度比正常热处理高	适合高合金与特殊钢的热处理，可提高高温疲劳强度约45%

6. 电子束光刻

电子束光刻是先利用低功率密度的电子束照射被称为电致抗蚀剂的高分子材料，使入射电子与高分子相碰撞，分子的链被切断或重新聚合而引起相对分子质量的变化，也称为电子束曝光。

电子束的能量较小，一般小于30keV，主要用于大规模集成电路（LSI）和超大规模集成电路（VLSI）复杂图形的制备以及光刻掩膜图形的制备。它利用电子束流的非热效应，功率密度较小的电子束流与电子胶（又称电子抗蚀剂）相互作用，电能转化为化学能，产生辐射化学或物理效应，使电子胶的分子链被切断或重新组合而形成相对分子质量的变化以实现电子束曝光。图1-33所示为电子束光刻大规模集成电路的加工工艺过程。

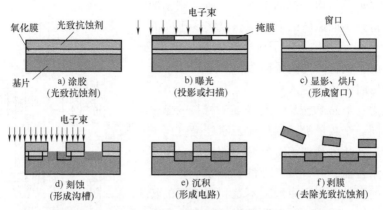

图 1-33 电子束光刻大规模集成电路的加工工艺过程

电子束光刻主要分为两类：扫描电子束曝光，又称电子束线曝光；投影电子束曝光，又称电子束面曝光。电子束扫描是将聚焦到小于 1μm 的电子束斑在 0.5~5mm 的范围内按程序扫描，可曝光出任意图形。扫描电子束曝光除了可以直接描画亚微米图形之外，还可以制作掩膜，这是其得以迅速发展的原因之一。投影电子束曝光的方法是使电子束先通过原版，再按比例缩小投射到电致抗蚀剂上进行大规模集成电路图形的曝光。它可以在几毫米见方的硅片上安排十万个以上的晶体管或类似器件。投影电子束曝光技术具有高分辨率和生产率高、成本低的优点。

图 1-34 所示为中科院电工研究所于 2000 年研制的 DY-7 电子束光刻机 0.1μm 电子束曝光系统制作的"硅表面人工微结构"的 PMMA 胶图形，其最小线宽为 80nm。

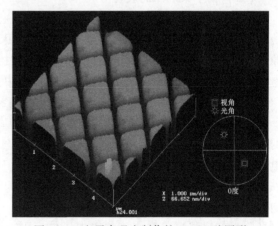

图 1-34 电子束曝光制作的 PMMA 胶图形

二、离子束加工

离子束加工的物理基础是具有一定动能的离子束射到材料（靶材）表面时，可以将表面的原子撞击出来，这就是离子的撞击效应和溅射效应。当离子能量足够大并垂直工件表面撞击时，离子就会钻进工件表面，这就是离子的注入效应。

（一）离子束加工的原理

离子束加工是利用离子束对材料进行成形或表面改性的加工方法，其加工原理和电子束加工基本类似，也是在真空条件下，对离子源产生的离子束进行加速聚焦，使之撞击工件表面，引起材料变形、破坏和分离，从而对工件进行加工。离子束加工的原理如图 1-35 所示。

如图 1-35 所示，惰性气体氩气从入口注入电离室，灼热的灯丝发射电子，电子在阳极的吸引和电磁线圈的偏转作用下，向下高速做螺旋运动。同时，氩气在高速电子的撞击作用下被电离成等离子体。阴极和阳极各有数百个上下位置对齐、直径为 0.3mm 的小孔，形成数百条准直的离子束，均匀打到工件上。通过调整加速电压，可以得到不同速度的离子束，以实现不同的加工（如加速到 1 万~几万电子伏特时为离子铣削，加速到几十万电子伏特时为离子镀膜，加速到几十至几百千伏的电压时为离子注入）。

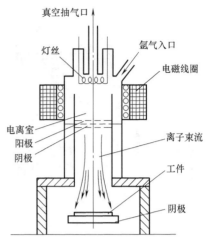

图 1-35　考夫曼型离子源装置

离子直径为 0.1nm 数量级，与被加工材料的原子尺寸和质量为同一个数量级，故其加工原理是将离子的动能直接传递转化为被加工材料原子的动能，使其大于原子间的结合能，即直接将工件表面原子碰撞出去以达到加工的目的。离子束加工不是利用热能的转换，故理论上可以有较高的效率和较高的精度。现在离子束加工已是超精密加工中的一项重要的新技术，成为开发尖端产品、提高关键精密零件功能与特性的不可缺少的手段之一。

离子束加工与电子束加工的本质区别在于：在离子束加工中，加速的物质是带正电的离子而不是电子，其质量比电子大数千、数万倍，如氩离子的质量是电子的 7.2 万倍，所以一旦离子被加速到较高速度时，离子束比电子束具有更大的撞击动能，它是靠高速离子束的微观机械撞击能量，而不是像电子束加工主要靠动能转化为热能的热效应来加工的。

（二）离子束加工的装置

离子束加工装置与电子束加工装置类似，主要包括离子源、真空系统、控制系统和电源等部分。离子源用以产生离子束流。产生离子束流的基本原理和方法是使原子电离：把气态原子电离为等离子体（即正离子数和负电子数相等的混合体），用一个相对于等离子体为负电位的电极（吸极），从等离子体中引出离子束流，而后使其加速射向工件或靶材。

（1）考夫曼型离子源　考夫曼型离子源装置如图 1-35 所示，其原理不再赘述。

（2）双等离子体型离子源　双等离子体型离子源如图 1-36 所示，利用阴极和阳极之间的低气压直流电弧放电，将氩、氖或氙等惰性气体在阳极上方的低真空中等离子体化。中间电极的电位一般比阳极低，它和阳极都用软铁制成，因此在两个电极之间形成很强的轴向磁场，使电弧放电局限在这中间，在阳极小孔附近产生强聚集高密度的等离子体。引出电极将正离子导向阳极小孔以下的高真空区，再通过静电透镜形成密度很高的离子束去轰击工件表面。

（三）离子束加工的特点

1）加工精度高，易于精确控制。离子束加工是所有特种加工方法中最精密、最微细的加工方法，是当代纳米加工技术的基础。离子束可以通过电子光学系统进行精确的聚焦扫描，离子束轰击材料逐层去除原子，其

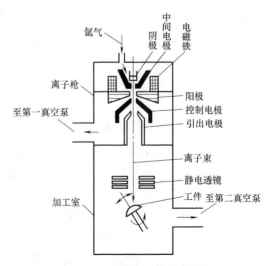

图 1-36　双等离子体型离子源

束流密度及离子能量可以精确控制，可进行"原子级加工"或"纳米级加工"，如离子刻蚀可以达到纳米（0.001μm）级的加工精度，离子镀膜可以控制在亚微米级精度，离子注入的深度和浓度也可被极精确地控制。

2）可加工的材料范围广泛。离子束加工是利用力效应原理工作的，因此对脆性材料、半导体材料、高分子材料等均可进行加工。由于离子束加工是在真空环境下进行的，所以污染小，工件不易被氧化，特别适于易氧化的金属、合金和高纯度半导体材料的加工。

3）加工表面质量高。离子束加工是靠离子轰击材料表面的原子来实现的，是一种微观作用，宏观压力很小，所以加工应力与热变形极小，加工表面质量非常高，适合于各种材料和低刚度零件的加工。

4）离子束加工设备费用大、成本高，加工效率较低，其应用范围受到了一定限制。

（四）离子束加工的应用

目前用于改变零件尺寸和表面物理、力学性能的离子束加工技术主要有离子镀膜、离子溅射沉积、离子电蚀、离子抛光、离子清洗、离子净化、离子束曝光、离子刻蚀以及离子注入技术等，其原理如图1-37所示。

（1）离子刻蚀 离子刻蚀是从工件上去除材料的撞击溅射过程。为避免入射离子与工件材料发生化学反应，必须用惰性元素离子。氩的原子序数高，而且价格便宜，所以通常用氩离子进行轰击刻蚀。离子刻蚀加工是逐个原子剥离的过程，用能量为 0.5 ~ 5keV、直径为十分之几纳米的氩离子倾斜轰击工件，将工件表面的原子逐个剥离（图1-37a），剥离速度大约为每秒一层到几十层原子。这种加工实质上是一种原子尺度的切削加工，所以又称离子铣削。这就是近代发展起来的纳米加工工艺。

由于离子直径很小（约十分之几个纳米），可以认为离子刻蚀的过程是逐个原子剥离的，刻蚀的分辨率可达微米甚至亚微米级，但刻蚀速度很低，剥离速度大约为每秒一层到几十层原子。

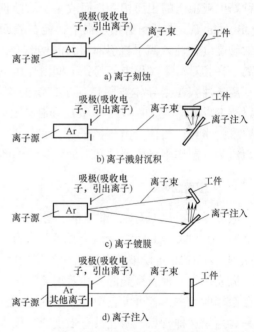

图 1-37 离子束加工的应用

离子刻蚀可用于加工陀螺仪、空气轴承和动压马达上的沟槽、孔、极薄材料及超高精度非球面透镜，其分辨率高，精度、重复一致性好，可使透镜达到其他加工方法不能达到的精度。离子刻蚀还可用于刻蚀高精度的图形，如集成电路等，刻蚀集成光路的光栅和波导。离子刻蚀可以用来致薄材料，比如致薄石英晶体振荡器和压电传感器等。

（2）离子溅射沉积 它采用能量为 0.5~5keV 的氩离子，倾斜轰击某种材料制成的靶，离子将靶材上的原子击出，垂直沉积在靶材附近的工件上，使工件表面镀上一层薄膜（图1-37b）。所以离子溅射沉积实质上是一种镀膜加工工艺。

（3）离子镀膜 离子镀膜也称离子溅射辅助沉积，同样属于一种镀膜加工。它将能量为

0.5~5keV 的氩离子分成两束，在镀膜时同时轰击靶材和工件表面，目的是增强膜材与工件基材之间的结合力（图 1-37c），也可将靶材高温蒸发到工件表面，同时进行离子撞击镀膜。

离子镀膜时工件不仅接受靶材溅射来的原子，还同时受到离子的轰击，这使离子镀膜具有许多独特的优点。如离子镀膜热应力小、附着力强、膜层不易脱落。用离子镀膜的方法对工件进行镀膜时，其绕射性好，使基板的所有暴露表面均能被镀覆，镀层组织细密，针孔气泡少。离子镀膜可镀材料广泛，可在金属或非金属表面上镀制金属或非金属材料，已用于镀制润滑膜、耐热膜、耐蚀膜、耐磨损膜、装饰膜和电气膜等。

（4）**离子注入** 离子注入是采用 5~500keV 的高能量离子束，直接垂直轰击被加工材料，由于离子能量相当大，离子就钻进被加工材料的表面层。工件表面层含有注入离子后，就改变了材料的化学成分，从而改变了工件表面层的力学、物理和化学性能（图 1-37d）。

离子注入是向工件表面直接注入离子，它不受热力学限制，可以注入任何离子，且注入量可以精确控制，注入的离子固溶在工件材料中，质量分数可达 10%~40%，注入深度可达 1μm 甚至更深。根据不同的目的选用不同的注入离子，如磷、硼、碳、氮等，可以显著改善金属表面的耐蚀、耐磨和润滑性能。比如可提高材料的耐蚀性（把铬注入铜中，能得到一种新的亚稳态的表面相，从而改善了耐蚀性），改善金属材料的耐磨性（在低碳钢中注入 N、B、Mo 等，在材料磨损过程中，能在表面不断形成硬化层，提高耐磨性），提高金属材料的硬度（但注入离子将引起材料晶格畸变，缺陷增多），改善金属材料的润滑性能（注入的离子在相对摩擦过程中，起到了润滑作用）。

离子注入在半导体方面得到了广泛的应用。它用硼、磷等"杂质"离子注入半导体，用以改变导电形式（P 型或 N 型）和制造 PN 结，制造一些通常用热扩散难以获得的各种特殊要求的半导体器件。由于离子注入的数量、PN 结的含量、注入的区域都可以精确控制，所以成为了制作半导体器件和大面积集成电路的重要手段。

三、激光加工

激光是 20 世纪以来，继核能、计算机、半导体之后，人类的又一重大发明，被称为"最快的刀""最准的尺""最亮的光""奇异的激光"。它的亮度为太阳光的 100 亿倍。它的原理早在 1916 年已被著名的物理学家爱因斯坦发现，但直到 1958 年激光才被首次成功制造。激光作为一种新型光源，和普通光源的区别在于发光的微观机制不同。激光的光发射是以受激辐射为主，各个发光中心发出的光波都具有相同的频率、方向、偏振态和严格的相位关系。由于这种特点，激光具有强度或亮度高、单色性好、相干性好和方向性好——激光的发散角小等突出优点。激光的特性见表 1-2。

表 1-2　激光的特性

	普 通 光 源	激 光 光 源
亮度	电灯：约 570sb 太阳：约 1.65×10^5 sb	红宝石激光器：约 1.65×10^{15} sb 功率 1000mW/cm^2
方向	无确定方向，发散角大、难汇聚	发散角小到 0.1mrad（近似平行光），光束汇聚焦点处，光斑 10μm
单色性	氪灯的光源谱线宽度为 0.0047Å	激光谱线宽度为 10^{-7} Å
相干性	氪灯的光源相干长度为 78cm	激光的相干长度可达几十千米

激光加工是光束加工中常用的方法。常用的激光有 YAG 激光（$\lambda = 1.06\mu m$）和 CO_2 激光（$\lambda = 10.63\mu m$），由于其波长较长，每个光子的能量太小，对应的能量转化区过大，不适宜于纳米加工。氩离子激光（$\lambda = 0.125\mu m$）的光能可达 $10^{-19}J$，比铁的原子间结合能 $1.6 \times 10^{-20}J$ 大，从理论上讲可以用于纳米级加工。激光加工并非用光能直接碰撞去掉表面原子，其光能首先转化为工件表面原子的外部轨道上电子的势能，然后由原子的热能或动能去掉原子，一般是多个光子撞击一个原子，使其动能超过原子间的结合能，从而达到去除原子的效果。激光加工可以进行小孔加工、切割、刻线、表面处理等。但由于其精度控制较难，现在还没有被用在纳米级加工中。

（一）激光加工的原理

激光加工是一种高能束加工方法，它利用激光固有的高强度、高亮度、方向性好、单色性好的特性，使光能很快转变为热能来蚀除金属，即通过一系列的光学系统将其聚焦成平行度很高的微细光束（直径几微米至几十微米），获得能量密度（$10^8 \sim 10^{10}W/cm^2$）极高的激光束照射到加工材料表面上，一部分从材料表面反射，一部分透入材料内，其光能迅速被工件吸收并转换为热能，照射区域的温度迅速升高（可达 10000℃ 以上），使材料在极短的时间内（千分之几秒甚至更短）熔化甚至汽化和熔融溅出，以达到加热和去除材料的目的。

激光加工阶段大体分为如下几个阶段：激光束照射工件材料、工件材料吸收光能；光能转变为热能使工件材料无损加热；工件材料被熔化、蒸发、汽化并溅出去除；作用结束与加工区冷凝。可以说，激光加工的机理是热效应，激光加工是工件在光热效应下产生高温熔融和受冲击波抛出的综合过程。

（二）激光加工的装置

激光的产生与加工原理如图 1-38 所示。

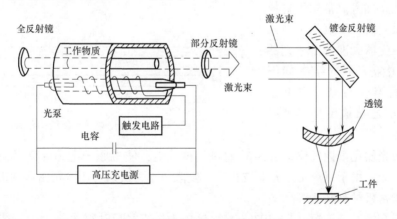

图 1-38　激光的产生与加工原理

由图 1-38 可知，激光加工的基本设备主要包括激光器、电源、光学系统和机械系统四大部分。激光加工设备及其一般组成如图 1-39 所示。

1. 激光器

激光器是激光加工的核心设备，通过激光器可以把电能转化为光能，获得方向性好、能量密度高、稳定的激光束。目前常用的激光器按激活介质的种类可分为固体激光器、气体激光器、液体激光器、半导体激光器和自由电子激光器等。

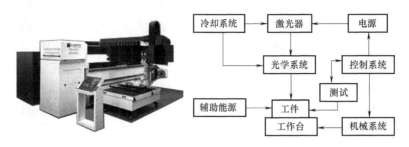

图 1-39　激光加工设备及其一般组成

固体激光器一般采用光激励，能量转化环节较多，其结构原理如图 1-40 所示。光的激励能量大部分转换为热能，所以效率低。为了避免固体介质过热，固体激光器通常多采用脉冲工作方式，并用合适的冷却装置，较少采用连续工作方式。用于激光热加工的固体激光器主要有三种，即红宝石激光器、钕玻璃激光器和掺钕钇铝石榴石激光器（简称 Nd：YAG 激光器）。

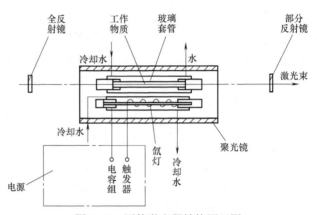

图 1-40　固体激光器结构原理图

气体激光器一般采用电激励，因其效率高、寿命长、连续输出功率大，所以广泛用于切割、焊接，热处理等。常用于材料加工的气体激光器有二氧化碳激光器、氩离子激光器和准分子激光器等。二氧化碳激光器的结构如图 1-41 所示，其连续输出功率可达 10kW，是目前连续输出功率最高的气体激光器。

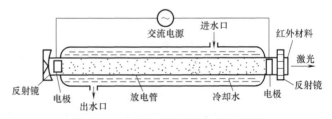

图 1-41　二氧化碳激光器结构示意图

氩离子激光器是惰性气体氩（Ar）通过气体放电，使氩原子电离并激发，实现离子束反转而产生激光。由于氩离子激光器波长短，发散角小，所以可用于精密微细加工，如用于激光存储光盘基板蚀刻制造等。

准分子激光的波长极短（$\lambda = 193nm$），聚焦光斑直径可达微米级，光束能量密度可达 $10^8 \sim 10^{10} W/cm^2$，与利用热效应的二氧化碳、YAG 等激光相比，准分子激光基本属于冷光源，从而在微细加工方面极具发展潜力。

2. 电源

激光器电源根据加工工艺的要求，为激光器提供所需的能量及控制功能，包括电压控制、时间控制及触发器等。

3. 光学系统

光学系统包括激光聚焦系统（将激光引向聚焦物镜，并使其聚焦在加工工件上）和观察瞄准系统（使激光准确地聚焦在加工位置）。

4. 机械系统

激光加工的机械系统包括工件定位夹紧装置、机械运动系统、工件上下料装置、机电控制系统等。由于激光加工属于微细精密加工，其机床传动链要短，尽可能减小传动间隙；为保持工件表面及物镜的清洁，必须及时排除加工产物，因此机床上都设计有吹风和吸气装置。

（三）激光加工的特点

激光加工主要有以下特点。

1）激光加工属于高能束流加工，不存在工具因磨损需更换的问题。

2）加工精度高。激光束易于聚焦导向，输出功率可以调节，光束可聚到微米级（0.001mm），能加工小孔直径（0.001mm）、窄缝，适用于精密微细加工。

3）加工质量好。由于激光能量密度高，热作用时间很短，整个加工区几乎不受热的影响，不接触加工工件，没有明显的机械力，工件变形极小，可加工对热冲击敏感、易变形的薄板和橡胶件等弹性零件。

4）适应性强，加工材料范围广泛。激光的功率密度大，高达 $10^8 \sim 10^{10} \, \mathrm{W/cm^2}$，可加工耐热合金、陶瓷、玻璃、硬质合金、石英、宝石、金刚石等金属和非金属材料，特别是难加工材料。

5）激光可通过玻璃、空气及惰性气体等透明介质进行加工，如对真空管内部元件进行焊接加工。

6）加工速度快、光斑小，强度高、能量集中，热影响区小、加工时不产生振动和噪声，加工效率高，可实现高速打孔和高速切割。

7）通用性强。同一台装置可对工件进行切割、打孔、焊接和表面处理等多种加工。

8）容易实现自动化。激光束传输方便，易于控制，便于与机器人、自动检测、计算机数字控制等先进技术相结合。

9）能节省材料，能量利用率为常规热加工的 10～1000 倍。激光切割可节省材料 15%～30%；经济性好，不需要设计与制造工具，装置简单。

10）加工性能好，工件可以离开加工机械，激光可通过光学透明介质对工件进行加工，不需要真空，不受电磁干扰，与电子束加工相比应用更方便。

由于激光加工是一种瞬时、局部的熔化和汽化的热加工方法，影响因素较多，故其精度和表面粗糙度需反复试验、寻找合理参数才能达到所需要求；微细加工时的重复加工精度和表面粗糙度不易保证；加工高热导率材料比较困难；对表面光泽或透明材料，需要预先进行色化和打毛处理。另外激光对人体有害，应采取防护措施。激光加工的价格也比较昂贵。

（四）激光加工的应用

激光加工可用于刻蚀、打孔、切割、焊接、热处理、表面处理和改性加工、激光打标等。图 1-42 所示为激光加工的典型应用实例。

1. 激光打孔

激光打孔是利用透镜将激光能量聚焦到工件表面的微小区域上，可使物质迅速气化而成微孔。激光打孔可加工精度高、深径比大的微小孔，能加工小至几微米的孔，也可加工异形孔，能在所有金属和非金属材料上打孔。激光打孔的效率极高，适合于自动化连续加工，加

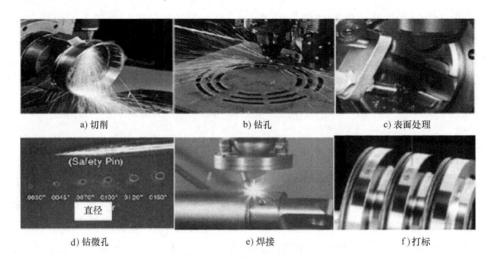

a) 切削   b) 钻孔   c) 表面处理

d) 钻微孔   e) 焊接   f) 打标

图 1-42　激光加工的典型应用

工的孔径可以小于 0.01mm，深径比可达 50：1，加工效率高。

激光打孔已广泛应用于火箭发动机和柴油机的燃料喷油器加工、化纤喷丝板喷丝孔、钟表及仪表中的宝石轴承打孔、金刚石拉丝模加工等方面。图 1-43 所示为激光打孔机的基本结构，主要包括激光发生器、加工头、冷却系统、数控装置和操作盘。

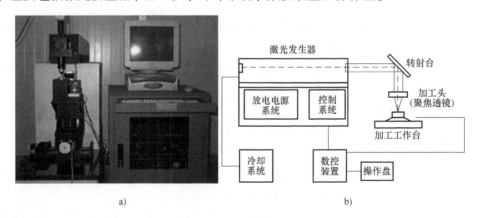

a)   b)

图 1-43　激光打孔机的基本结构示意图

2. 激光切割

激光切割的原理与激光打孔基本相同，所不同的是工件与激光束之间需要相对移动，通过控制二者的相对运动即可切割出不同形状和尺寸的窄缝与工件。切割过程中激光光束聚焦成很小的光斑（最小直径可小于 0.1mm），使焦点处达到很高的功率密度（可超过 10^6 W/cm^2）。

激光切割的特点是：既可以切割金属材料，也可以切割非金属材料，能切割任何难加工的高熔点材料、耐高温和硬脆材料；属于非接触切割，切割精度高、速度高、切割深比高、切割质量优良，更适宜于对细小部件进行各种精密切割；可与计算机数控技术结合，实现自动化加工。激光切割能透过玻璃切割真空管内的灯丝，这是任何机械加工都难以达到的。

图 1-44 所示为激光切割机及激光切割头的结构示意图，除了透镜以外，还有一个喷出辅助气体流的同轴喷嘴。激光切割大都采用重复频率较高的脉冲激光器或连续输出的激光器。但连续输出激光束会因热传导而使切割效率降低，同时热影响层也较深。因此，在精密机械加工中，一般都采用高重复频率的脉冲激光器。

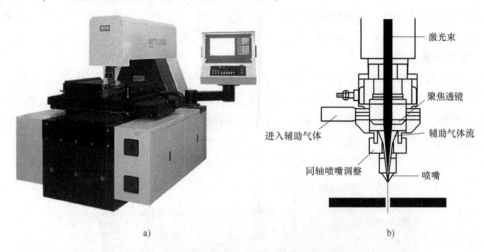

a)　　　　　　　　　　　　b)

图 1-44　激光切割机及激光切割头的结构示意图

3. 激光焊接

激光焊接是一种材料连接技术，主要是金属材料之间的连接技术。它是将激光束直接照射到材料表面，通过激光与材料相互作用，使材料内部局部熔化（这一点与激光打孔、切割时的蒸发不同）实现焊接的。激光焊接以高功率聚焦激光束为热源，一般无需钎料和焊剂，只须将工件的加工区域"热熔"在一起即可。

激光焊接与常规焊接方法相比，具有如下特点：用激光很容易对一些普通焊接技术难以加工的如脆性大、硬度高或柔软性强的材料实施焊接；能量密度高，可对高熔点、高热导率材料、难熔金属或两种不同金属材料进行焊接，焊接厚度大；激光聚焦光斑小，加热速度快，照射时间短，焊接过程极为迅速；热影响区小，热变形可以忽略；在激光焊接过程中无机械接触，无机械应力和机械变形，易保证焊接部位不因热压缩而发生变形；可透过透明体焊接，防止杂质污染和腐蚀工件；激光焊接装置容易与计算机联机；能精确定位，激光束易于控制的特点使得焊接工作能够更方便地实现自动化和智能化。

图 1-45 所示为一种显像管阴极芯的激光焊接设备原理图。

激光焊接按其热力学机制又可分为激光热传导焊和激光深熔焊等。

激光热传导焊的原理：热传导焊时，激光辐射能量作用于材料表面，激光辐射能在表面转化为热量；表面热量通过热传导向内部扩散，

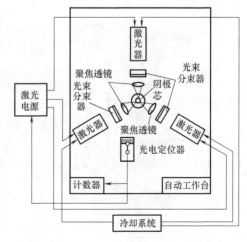

图 1-45　阴极芯的激光焊接设备原理图

使材料熔化，在两材料连接区的部分形成熔池；熔池随着激光束一道向前运动，熔池中的熔融金属并不会向前运动。片状工件激光热传导焊的连接形式有对焊、端焊、中心穿透熔化焊。

激光深熔焊的原理：当激光功率密度达到 $10^6 \sim 10^7 \mathrm{W/cm^2}$ 时，功率输入远大于热传导、对流及辐射散热的速率，材料表面发生汽化而形成小孔，孔内金属蒸气压力与四周液体的静力和表面张力形成动态平衡，激光可以通过孔直射到孔底。

4. 激光表面改性

激光表面改性利用激光对材料表面进行处理，可改变其物理结构、化学成分和金相组织，从而改善材料表面的物理、力学、化学性质，如硬度、耐磨性、耐疲劳性、耐蚀性等。激光表面改性有相变硬化、快速熔凝、合金化、熔覆等表面处理工艺，具有处理速度快、变形小、效率高的特性。

图 1-46 所示为激光热处理机及其对工件表面的热处理。

a)　　　　　　　　　　　　　　　b)

图 1-46　激光热处理机及其对工件表面的热处理

5. 激光打标

激光打标便于对原材料、半成品、在制品、产品进行分类，便于使用，防止假冒。激光打标可标记条码、数字符号等图案。图 1-47 所示为激光打标机及应用实例。

a)　　　　　　　　　　　　　　　b)

图 1-47　激光打标机及应用实例

6. 激光内雕刻

激光内雕刻是在计算机控制下，以激光作为加工手段，在各种形状的透明水晶玻璃中雕刻出各种立体图案、文字、人物肖像等。激光雕刻适用于多种金属/非金属材料、复杂平面艺术图形，主要用于水晶工艺品的制作。激光内雕刻有传统的机械雕刻方法无法比拟的优点：采用计算机控制技术和高精度、高效率的伺服控制系统，适应了现代化生产的高效率、快节奏的要求；采用激光加工手段，在水晶玻璃内部雕刻出由精细明亮的点组成的精美立体图案；利用激光聚焦技术，与水晶体不接触却可在水晶内雕刻出永不消失的立体图案。

激光玻璃内雕刻或标识系统可广泛应用于玻璃装饰行业（如玻璃隔墙、玻璃屏风等）、玻璃制品行业（如玻璃杯、酒杯等）、艺术品行业（如将人像、风景等照片刻入玻璃内）、玻璃家具行业（如玻璃台桌、家具玻璃门等）、防伪（如酒瓶、调味瓶）等。

图 1-48 所示为激光内雕刻机及其应用实例。

图 1-48 激光内雕刻机及其应用实例

7. 激光的其他应用

激光还可以用于快速成形加工、医学应用（眼科手术等）、军事应用（对抗演习、雷达、高能束武器）、信息技术（激光存储-光盘）、光纤通信等。

四、高压水射流加工

水射流切割（Water Jet Cutting，WJC）是于 20 世纪 60 年代末逐步发展起来的一项通用的新技术、新工艺，是由喷嘴喷出不同形状的高速水流束，通过其所具有的高压能量对工件的冲击作用来去除材料，有时简称水切割，或俗称水刀。近年来，水射流工业切割已经由试验研究走向了商品化市场。

（一）高压水射流加工的原理

高压水射流加工以水作为携带能量的载体，使压力为 300~1000MPa（最高可达1500MPa）的高压水，从孔径为 0.05~0.40mm 的蓝宝石或金刚石喷嘴中以每秒数百米甚至1000m 以上的高速喷出，使压力能转变为动能，形成一股高能量密度的射流冲击工件，使材料破碎而被去除，常用于人造宝石、陶瓷、碳化钨喷嘴。

水射流加工一般有纯水射流切割（喷嘴磨损慢，切割能力较低，适合于切割软质材料）和磨料射流切割（喷嘴磨损快，结构复杂，适于切割硬质材料）。高压水射流和磨料射流不仅可应用于金属与非金属切割，还可用于车削、磨削、铣削、钻孔、抛光等，通称为水射流加工技术。由于射流对靶材没有选择性，故而特别适用于那些难于加工的材料，如复合材料、高强度合金、陶瓷等。

图1-49所示为水射流切割的原理图，水或带有添加剂的水经水泵通过增压器增压后，从孔径为0.1~0.5mm的人造蓝宝石喷嘴喷出，直接压射在工件加工部位上，以500~900m/s的高速冲击工件进行加工或切割。其加工深度取决于水喷射的速度、压力以及压射距离（靶距）。被水流冲刷下来的"切屑"随着液流排出，入口处水流的功率密度可达$10^6 W/cm^2$。贮液蓄能器的作用是使脉动的液流平稳。

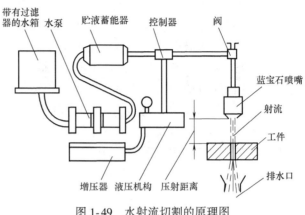

图1-49　水射流切割的原理图

（二）高压水射流加工的设备

高压水射流加工系统主要由增压系统、控制系统、过滤设备、机床床身、喷嘴等构成。

1. 增压系统

要求增压系统使液体的工作压力达到100~400MPa，高出普通液压传动装置液体工作压力的10倍以上，以保证加工的需要。因此增压系统中的管路和密封要可靠，以保障切割过程的稳定性、安全性。增压水管采用高强度不锈钢厚壁无缝管或双层不锈钢管，接头处采用金属弹性密封结构。

2. 控制系统

可根据具体情况选择机械、数字、气压和液压控制系统，目前普遍采用程序控制和数字控制系统。图1-50所示为高压水射流的液压系统，图中油压部分的作用是实现对工作水的增压。

3. 过滤设备

过滤设备用于对工业用水进行处理和过滤，可以减少对喷嘴的磨损及腐蚀，延长增压系统、密封装置、宝石喷嘴等的寿命，提高切割质量，提高运行的可靠性。

4. 机床床身

机床床身结构通常采用龙门式、悬臂式或动梁式机架结构。通过喷嘴和关节式机器人手臂或三轴数控系统控制的结合，可以加工出复杂的立体形状。

5. 喷嘴

常用的喷嘴有蓝宝石喷嘴和金刚石喷嘴。为了保证喷嘴与工件距离的恒定，以保证加工质量，需要在喷嘴上安装一只传感器，实现喷嘴与工件距离的反馈。

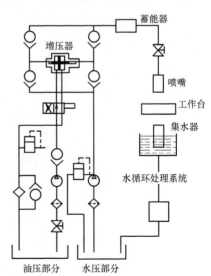

图1-50　高压水射流的液压系统

图 1-51 所示为常用的喷嘴和磨料射流切割头。

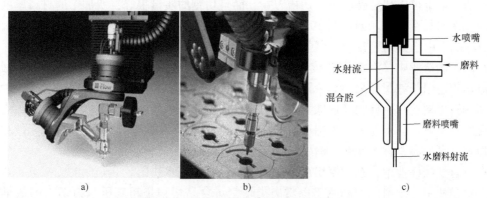

水喷嘴

水射流

磨料

混合腔

磨料喷嘴

水磨料射流

a)　　　　　　　b)　　　　　　　c)

图 1-51　常用的喷嘴和磨料射流切割头

（三）高压水射流加工的特点

（1）**适用范围广**　可以说，高压水射流加工对被加工材料无选择性，几乎可以加工所有的材料，因而能做到一机多用，可在水中或几百米深的水下切割。加工缝隙窄，可节约材料和降低加工成本。

（2）**加工精度、质量高**　切口质量好且窄，切口宽度只有 0.075~0.400mm，公差可达到 0.06~0.25mm；几乎无飞边、毛刺，表面粗糙度值可达 $Ra2~7\mu m$，切割面垂直、平整，不必二次修整，可节省材料和工时。

（3）**生产率高**　切割速度高，如切割厚度为 6.4mm 胶合板的切割速度可达 1.7m/s；一套系统可配置多喷嘴同时作业，可一次达到工件尺寸要求；水刀在加工过程中不会变钝，减少了刀具准备、刃磨等时间。

（4）**加工能力强**　具有很强的切割力，可切断 180mm 厚的钢板、250mm 厚的钛板、470层每层厚达 65mm 的石墨环氧树脂合成板、5m 厚的石材或混凝土等。

（5）**没有热反应区**　不会改变被加工材料的力学性能，因为是冷切割，对材料无热损伤，也无热变形，这对许多高性能或热敏感材料尤为可贵，是其他加工方法，如火焰加工、激光加工、等离子加工、锯削等所无可比拟的。

（6）**工作环境友好**　因为是湿法加工，切屑被液体带走，不产生有害人体健康的有毒气体、粉尘、烟雾、火花、气味等，属于清洁安全加工，噪声不超过 90dB。

（7）**便于自动控制**　因为是点能源加工，反力很小，只有一百几十牛，因而可以灵活地选择加工起点和部位，可通过数控系统，进行复杂形状的自动加工，实现柔性加工。

（8）**设备维护简单**　操作方便。

水射流加工的缺点：设备功率大；喷嘴磨损快；加工表面质量较差；不适合于大型零件及去除超大毛刺的加工；对软材料及弹性材料加工不理想；环境比较潮湿等。

（四）高压水射流加工的应用

水射流加工的液体流束直径为 0.05~0.38mm，可以加工很薄的金属和非金属材料，如陶瓷、硬质合金、模具钢、钛合金、钨钼钴合金、铜、铝、铅、塑料、木材、橡胶、纸、复合材料，以金属为基体的纤维增强金属（FRM）、纤维增强橡胶（FRR）等，不锈钢、高硅铸铁及可锻铸铁等材料和纸品。

1. 水射流切割

水射流切割可以代替硬质合金切槽刀具，而且切割的质量很好，所加工的材料厚度少则几毫米，多则几百毫米。如切割 19mm 厚的吸声天花板，采用的水压为 310MPa，切割速度为 76m/min。由于其切缝较窄，可节约材料，降低加工成本。

在汽车制造业中，汽车内部装饰材料采用水射流切割的占水射流加工的 40%。此外，水射流切割还用于汽车后架、车轮罩和隔热材料等的切割。美国汽车工业中，常用水射流切割来切割石棉制动片、橡胶基地毯、复合材料板、玻璃纤维增强塑料等。

在航天工业中，水射流切割用于切割高级复合材料、蜂窝状夹层板、钛合金元件和印制电路板等，可提高零件的疲劳寿命。

在石材及陶瓷业中，水射流切割主要用于切割各种艺术拼图。

在食品业中，水射流切割用于家禽肉类切割。食品切割是超高压水刀切割的最早应用之一。

在零件加工中，水中加砂可切割任何材料而不产生热效应或机械应力，可实现精密切割。

2. 去毛刺

利用水射流加工技术（稍降低压力或增大喷距等）能够十分方便地去除毛刺，而且质量好，具有独特的效果，主要用于各种小型精密零件上交叉孔、内螺纹、窄槽、不通孔等去毛刺。

3. 打孔

水射流可用于在各种材料上打孔以代替钻头钻孔，不仅质量好，而且加工速度快。如在厚 25mm 的铝板上打一个孔，仅需 30s。不过水射流所能加工的孔径大小，尤其是孔径的最小值受喷嘴孔径和磨料粒度的限制。

4. 划线

由于水射流加工温度较低，因而可以加工木板和纸品，还能在一些用化学方法加工的零件保护层表面上划线。

5. 开槽

加磨料水射流可用来在各种金属零件上开凹槽，如用于堆焊的凹槽及用以固定另一个零件的槽道等。

6. 清焊根和清除焊接缺陷

利用水射流加工不产生热量、不损伤工件材质的特点，可对热敏感金属的焊接接头进行背面清根、清除焊缝中的裂纹等缺陷。

第三节 干切削加工

一、干切削加工技术及应用

在传统的材料切削加工中，需要将大量切削液浇淋在切削区，以起到冷却、润滑、清洗、排屑等作用。随着高速加工技术的迅猛发展，加工过程中使用的切削液用量越来越大，其流量有时高达 80～100L/min。但高速切削时切削液实际上很难到达切削区，也很难起到冷却作用。大量切削液的使用使零件的生产成本大幅度提高，如在零件加工的总成本中，切削液费用约占16%，而刀具的费用只占总成本的4%。同时，切削液对环境有严重污染，直接危害车间工人的身体健康等。随着环境保护意识的提高，人们不禁会提出这样一个问题：机械加工中能不能不用或少用切削液呢？这就需要一种对环境污染最小且资源利用率最高的绿色制造技术。干切削（Dry Cutting）加工技术就是在这样的历史背景下应运而生，并从20世纪90年代中期迅速发展起来的。

干切削加工技术是一种在加工过程中不用或微量使用切削液的新的加工技术，它是相对于采用切削液的传统湿式加工而言的，是一种对环境污染源头进行控制的清洁、环保的制造工艺。它作为一种新型绿色制造技术，不仅环境污染小，而且可以省去与切削液有关的装置，简化生产系统，能大幅度降低产品生产成本，同时形成的切屑干净清洁，便于回收处理。

与湿式切削相比，干切削加工的优势如图1-52所示。

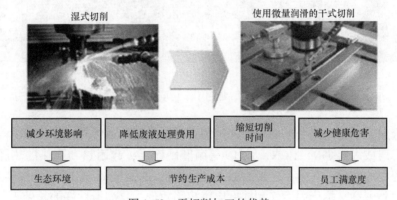

图1-52 干切削加工的优势

（一）干切削的关键技术

在湿切削工艺中，切削液起着三个主要作用：吸收并带走大量切削热，使传给刀具和工件的切削热非常少；在刀具与工件以及刀具与切屑之间的界面上形成润滑膜，既减少了摩擦又可防止切屑粘到刀具上；把切屑冲走。干切削技术要在没有切削液的条件下创造与湿切削相同的切削条件，这涉及机床、刀具、工件、加工方法与切削参数等多个方面。

1）干切削对刀具有严格的性能要求：首先，刀具要具有优良的热硬性和耐磨性，干切削时刀具要承受比湿切削更高的温度，热硬性高的刀具材料才能有效地承受切削过程中的高温，保持良好的耐磨性（一般刀具硬度为工件硬度的4倍以上），具有较低的摩擦因数，降低刀具与切屑、刀具与工件表面之间的摩擦因数，一定程度上可替代切削液的润滑作用，抑制切削温度上升；其次，刀具要具有较高的高温韧性，干切削的时切削力比湿切削要大，并且干切削的切削条件差，因此刀具应具有较高的高温韧性；再次，刀具要具有较高的热化学稳定性，在干切削的高温下，刀具仍要保持较高的化学稳定性，这样可减小高温对化学反应的催化作用，从而延长刀具寿命。另外，还要求刀具要具有合理的刀具结构，这样不但可以降低切削力，抑制积屑瘤的产生，降低切削温度，而且还有断屑和控制切屑流向的功能，保证了排屑顺畅，易于散热。

目前，干切削刀具的主要材料有超细颗粒硬质合金、聚晶金刚石、立方氮化硼、SiC晶须增韧陶瓷及纳米晶粒陶瓷等。图 1-53 所示为常用于干切削的刀具。

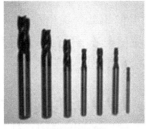
a) 超细颗粒硬质合金刀具

b) 聚晶金刚石刀具　　　　　　　c) 立方氮化硼镗刀

d) 晶须陶瓷刀片

e) 陶瓷刀片

图 1-53　常用于干切削的刀具

另外，涂层刀具也是当今干切削最常用的刀具，其基体通常是韧性较好的硬质合金，在基体上涂上一层或多层 TiN、TiCN、TiAlN 等耐磨硬涂层，起耐热和隔热的热屏蔽作用。为减小切削过程中的摩擦与黏附，在硬涂层之上再涂上 MoS_2、WC/C 等起润滑作用的软涂层，使其集硬涂层硬度高、热稳固性好和软涂层摩擦因数低、自润滑性好的长处于一身。

2）干切削对机床的隔热性能、排屑速度、防尘洗尘效果、精度及刚度、热特性等提出了严格的要求。干切削机床最好采取立式布局，起码床身应是倾斜的，理想的加工方法是工件在上、刀具在下，并在一些滑动导轨副上方配置可伸缩的角形盖板，操作台上的倾斜盖板可用耐热材料制成，总的原则是尽可能依靠重力排屑。干切削易出现金属悬浮颗粒，故机床常加装真空吸尘装置和对重要部位进行密封。干切削机床的主要部件要采取热对称布局，并由热胀系数小的材料制成，必要时还应进一步采取热均衡和热补偿等办法。图 1-54 所示为全球首台实现完全干式切削的齿轮加工机床。

对难加工的材料，有利用激光辅助进行干切削的。图 1-55 所示为用激光对金属工件进行预热和软化，可以使切削加工更容易、更快速，同时还能延长刀具寿命 。在

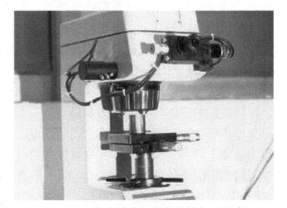
图 1-54　完全干式切削的齿轮加工机床

加工时，通过光纤或其他光束传导装置将激光束投射到工件上，正好位于刀具前面。激光产生的热量可使工件软化，使其变得易于切削。该方法可用于难加工材料如铬镍铁合金（Inconel）、镍基高温合金（Waspaloy）或陶瓷等的切削加工。在激光辅助加工中，可以采用常规的 CBN 刀具或陶瓷刀具，由于工件材料变得易于切削，因此刀具寿命可以大大延长。

3）干切削加工的工艺要求。干切削时切削区的温度显然高于湿切削，所以干切削加工比湿切削加工时的切削用量要小。另外，在高速切削条件下，95%的切削热将被切屑带走，切削力也可降低30%。因此，高速切削也是干切削的成长方向之一。

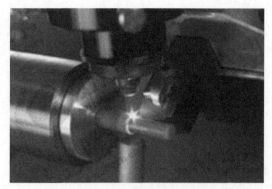

图 1-55　激光辅助加工

在高速干切削方面，美国 Makino 公司发起"红月牙"（Red Crescent）干切工艺。其机理是由于切削速率很高，产生的热量集于刀具前部，使切削区周围工件达红热状态，导致屈服强度显著降低，从而增加材料的去除率。实现"红月牙"干切工艺的要点在刀具，目前主要采用 PCBN 和陶瓷等刀具来实现这种工艺，如用 PCBN 刀具干车削铸铁车盘时切削速度已达到 1000m/min。图 1-56所示为 PCBN 刀具车削齿轮的工艺革新。

图 1-56　PCBN 刀具车削齿轮

（二）干切削技术应用

干切削的难易程度与加工要领和工件材料的配合密切相关。从实际环境看，车削、铣削、滚齿等加工应用干切削较多，由于这些加工要求切削刃外露，切屑能很快离开切削区。对封闭式的钻削、铰削等加工，干切削就相对困难一些。不过也已有不少此类孔加工刀具出售，如德国 Titex 公司可提供实用于干切削的特别钻头 Alpa22，其钻深与直径之比可达 7～8。

就工件材料而言，铸铁由于熔点高、传热系数小，最适合进行干切削；钢的干切削特别是高合金钢的干切削较困难，但经过大量试验也已取得重大突破，采用国产陶瓷刀片干车削淬硬钢已很普遍。

模具工业发展如此迅速，在很大程度上也得益于干切削技术的进步，它不仅缩短了模具制造周期，更重要的是提高了经济效益。

在 P1600/2000 带有内齿铣头的高效滚齿机上加工 107 齿、模数为 9、螺旋角为 8°、齿宽 120mm、42CrMoS4 材料的内齿轮，采用干切削的铣齿时间为 135min（一次性切削），而用插齿方法在普通机床上获得同样的切除量，至少也得两三天。

（三）干切削技术的前景

干切削技术是金属切削领域的一场革命，是对传统制造观念和生产方式的一种挑战和重大创新，是一种崭新的清洁制造技术，其推广和应用必将引起广泛而深远的影响。世界各国日益严格的环保法规，有利于加速干切削技术的推广与应用；各种超硬、耐高温刀具材料及其涂层技术的发展，也为干切削技术创造了极为有利的条件；微量润滑装置有效应用于各种小孔加工，标准刀具的出现，也使准干切削铝合金和各种难加工材料孔加工获得了越来越多的应用。

国外对干切削加工技术的研究与应用成效卓著，有目共睹。而我国还处于起步阶段，差距较大，幸而政府有关部门、行业协会及各界人士审时度势，逐渐开始重视和推广干切削加工技术，这将有利于干切削加工技术在我国的普及和提高。图1-57所示我国首台全数控齿轮干切削机。

图 1-57　我国首台全数控齿轮干切削机

二、准干切削

干切削有对环境无污染、对人体无危害，形成的切屑干净、易回收，省去了切削液及相关费用等优点。但干切削加工需要具有较好性能的刀具和相应的制冷设施，这就使得总成本提高，所以干切削在实用化方面存在不容忽视的弊端。而准干切削技术既可满足加工要求，又可使与切削液相关的费用降至最低。

（一）准干切削技术

准干式切削（Near Dry Machining）是相对于干式切削和湿式切削而言的，是介于湿式切削与干式切削之间的加工技术。其工作机理是在保持切削工作的最佳状态（即不缩短刀具寿命，不降低加工表面质量等）的同时，使得切削液的用量最少，即在切削刀具的切削刃上喷上一层润滑油，润滑油在刀具和工件间形成一层油膜，保护刀具和工件，减少热量的产生，提高工件加工精度，特别是在精密加工中应用较多。

准干切削技术的具体优势在于：用少量的切削液或润滑油借助压缩空气或者冷风对切削部位进行冷却，加工后刀具、工件、切屑仍保持干燥，不需要进行废液处理，对人体无危害，对环境无污染；节约资源，减少了刀具与工件、刀具与切屑的摩擦，抑制了温升，可防止黏接，延长刀具寿命，提高加工表面质量；由于使用切削液量非常少，因此系统结构简单，占地面积小，易布局。

准干切削技术和涂层刀具相结合，能够取得最好的效果。例如，用高速钢涂层钻头加工X90CrMoV18 合金钢，当用 TiAlN 涂层高速钢钻头进行干钻削时，钻 3.5mm 的深度后钻头便被损坏，采用（TiAlN+MoS$_2$）复合涂层钻头和最小润滑法，其钻削深度可增加到 115mm。

（二）准干切削技术的发展

目前国内外对准干切削的研究主要集中在雾化冷却润滑切削技术、低温切削技术（液氮冷却润滑切削及冷风冷却润滑切削）和微量润滑切削技术等方面。

1. 雾化冷却润滑切削技术

雾化冷却润滑切削技术的原理是利用雾滴汽化来进行散热冷却的，当雾滴落于高温的加工表面时，就会产生雾化中心，带动雾滴液体剧烈运动，使雾滴进一步汽化，把热量带走，细小水珠产生相变，变成蒸汽，从而达到冷却的效果。

对比传统的浇淋方法，雾化冷却方法具有以下特点：高速气流带着微小水珠很容易就渗透到加工面，有效地降低了摩擦和摩擦热，延长了刀具寿命；在降低摩擦的同时，使高精密加工成为可能，更容易实现工件的微米级精加工；润滑效果明显，当冷却润滑液中的水分蒸发后，润滑成分就留在了工作区，在加工表面上形成润滑薄膜，同时也保持了机床的干燥。

喷雾的实现方式一般是切削液在高压气体的作用下形成雾状的气雾混合体，经过收缩喷嘴以高速喷向加工区域，对加工区进行冷却和润滑。但由于从喷嘴喷出的切削液成雾状，虽然大部分喷到切削区，但也会有少量弥散在空气中，所以为了避免环境污染以及对操作者造成伤害，不要选用含有亚硝酸钠和三乙醇胺等对人体有害成分的切削液。图 1-58 所示为油雾直接输送到切削区的示例。

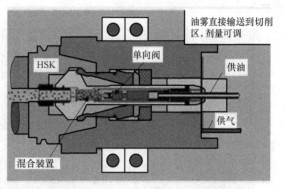

图 1-58 油雾直接输送到切削区示例

2. 低温切削技术

低温切削技术是指在机械加工中采用不同的冷却方法，在工件材料的切削区处于低温下进行切削加工的方法。根据冷却介质的不同，低温切削可分为液氮冷却切削、低温冷风冷却切削和静电冷却切削。

液氮冷却切削是使用低沸点介质，在压力作用下，将氮气发生装置所生成的氮气以液氮的形式送入切削点，代替大量油剂的切削方法。

液氮冷却切削主要有两种应用形式，一种是利用瓶装压力将液氮像切削液一样直接喷射到切削区；另一种是利用液氮受热蒸发循环来间接冷却刀具或工件。氮气是大气中含量最多的成分，氮气作为制氧工业的副产品，资源十分丰富，而且液氮使用后直接挥发成气体返回大气中，不会留下任何污染。试验结果表明，与传统的切削方法相比，液氮冷却切削刀具磨损明显减少，切削温度可降低 30%，工件表面加工质量得到很大改善。图 1-59 所示为在加工钛合金材料时，采用液氮冷却可以明显降低刀具的磨损程度，尤其是可以提高切削参数水平。

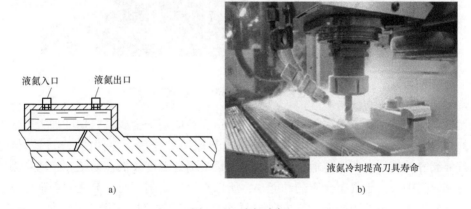

图 1-59 液氮冷却

低温冷风冷却切削技术是一种用低温的冷风（−100～−10℃）经由尽量靠近切削点的风嘴喷至切削区，并混入微量的植物性润滑剂，可使切削区的温度大大降低，同时引起被加工材料的低温脆性，使切削过程变得较为容易进行，并相应改善刀具磨损状况的切削方法。目前低温冷风冷却切削主要应用于钛合金、高锰钢、淬硬钢等难加工材料的加工中。图 1-60

所示为低温冷风冷却切削示例。

图 1-60 低温冷风冷却切削示例

静电冷却切削是苏联在 20 世纪 80 年代发明的干切削技能，其基本原理是利用电离器将压缩空气离子化、臭氧化（所损耗的功率不超出 25W），然后通过喷嘴送至切削区，在切削点周围形成特别的气体氛围。静电冷却切削不但降低了切削区的温度，更能在刀具与切屑和刀具与工件加工面上形成起润滑作用的氧化薄膜，并使被加工面呈压缩压力（可延长零件使用寿命）。图 1-61 所示为静电冷却切削示例。

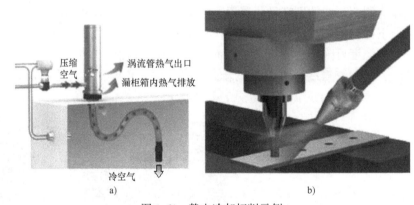

图 1-61 静电冷却切削示例

虽然低温切削技术具有很多优点，但是它却很少被应用于金属材料切削加工中。低温切削技术的缺陷为：液氮冷却切削中，由于金属的热胀冷缩作用，零件的加工尺寸会发生误差，而且液氮容易挥发，所以传输比较困难，而且喷嘴处温度较低，易结冰，堵塞喷嘴；低温冷风冷却切削中，由于气态介质的动能小，所以在流向切削区时，易受到切削位置、工件形状、刀具和机床部位的阻碍而改变方向，而且刀具和工件之间润滑较差，切屑收集困难，噪声等问题也很严重，低温气体产生装置也比较复杂。因此，有必要在低温冷却技术领域对液态氮冷却的优势潜力及其应用继续进行深入的研究，为将来的工业化应用创造条件。

3. 微量润滑切削技术

纯粹的干切削有时很难进行，此时可采用最小量润滑技术（Minimal Quantity Lubrication，MQL）。微量润滑切削技术是国内外比较重视的一种准干式切削方法，它将压缩空气与少量的润滑剂混合雾化后，形成毫米、微米级气雾，然后喷向切削区，对刀具与切屑和刀具与工件的加工部位进行润滑，以减少摩擦和防止切屑粘到刀具上，同时也冷却了切削区（油雾在切削区汽化也会吸收不少切削热），并有利于排屑，从而显著地改善了切削加工条件。比如铝及铝合金虽然是难于进行干切削的材料，但采取 MQL 润滑的准干高速切削，在处理切屑与刀具粘连及铝件热变形方面得到了突破，实际生产中已有加工铝合金零件的准干切削生产线在运行。图 1-62 所示为微量润滑切削的示例。

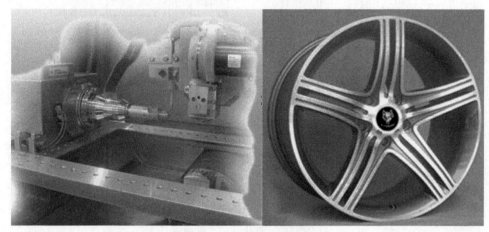

图 1-62　微量润滑切削示例

　　MQL 技术可以大大减少"刀具-工件"和"刀具-切屑"之间的摩擦，起到抑制温升、降低刀具磨损、防止切屑与刀具粘连和提高工件加工质量的作用。MOL 法所使用的润滑液量非常少，且采用对人体康健无害的植物油或脂油，用量一般为 0.03 ~ 0.2L/h，约为湿切削的 1/6 万，但效果却十分显著，加工后刀具、工件和切屑都保持干燥，省去了后期的处理工作，清洁和干净的切屑经过压缩还可以回收再用，既提高了工效，又不会对环境造成污染。

　　准干切削技术是绿色制造技术中一个重要的组成部分，它在减少环境污染的同时，减小了切削过程中的摩擦，降低了温度，减小了刀具磨损，提高了工件加工质量。绿色制造是未来制造业的发展方向，准干切削由于其自身的优越性必将得到更加广泛的重视和推广。

第四节　电化学加工

　　电化学加工是应用范围很广的加工方法。它的最初试验是苏联人进行的，但由于当时技术水平的限制，难以发展。第二次世界大战后，为对喷气发动机及人造卫星等所使用的具有高硬度和高韧性的耐热钢等难加工材料进行加工，美国对电化学加工进行重新评估，研制出了最早的电化学加工机。电化学加工现已用于打孔、切槽、雕模、去毛刺等方面。

一、电化学加工的基本原理、分类及特点

（一）电化学加工的基本原理
电化学加工是利用电极在电解液中发生的化学作用（氧化与沉积），即金属在电解液中

产生阳极溶解的电化学原理对金属材料进行成形加工的一种工艺方法。电化学加工原理如图1-63所示。

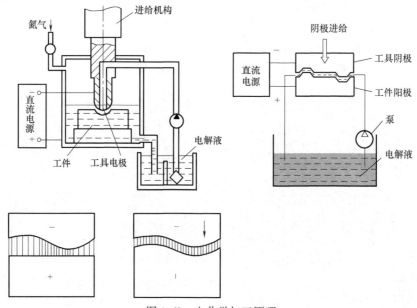

图 1-63　电化学加工原理

加工时，工件接直流稳压电源正极，工具接负极，两极间保持 0.1~1mm 的间隙，具有一定压力（0.5~2.5MPa）的电解液从两极间隙中高速（5~60m/s）流过。加工过程中，工具阴极的凸出部分与工件阳极的电极间隙最小，此处的电流密度最大，单位时间内消耗的电量最多。根据法拉第定律，金属阳极的溶解量与通过的电量成正比。因此，工件上与工具阴极凸起部位的对应处比其他部位溶解得更快。随着工具阴极不断缓慢地向工件进给，工件则不断地按工具端部的型面溶解，电解产物不断被高速流动的电解液带走，最终工具电极的形状就"复制"在工件上。

（二）电化学加工的分类

电化学加工按其作用原理可分为三大类：第一类是利用电化学反应过程中的阳极溶解来进行加工的，主要有电解加工和电化学抛光等；第二类是利用电化学反应过程中的阴极沉积来进行加工的，主要有电镀、电铸等；第三类是利用电化学加工与其他加工方法相结合的电化学复合加工工艺进行加工的，目前主要有电解磨削、电化学阳极机械加工（其中还含有电火花放电作用）。

（三）电化学加工的特点

电化学加工的特点主要有：为无残余应力加工，工件不变形；无飞边、毛刺，加工表面质量好；工具和工件不接触，工具阴极原理上不消耗，无磨损；生产率高，是电火花加工的5~10 倍；加工范围广，不受材料硬度的限制，凡是导电材料，不论硬度、强度、韧性多高，均可加工；生产率、表面质量之间无相互制约的关系等。它最大的优点则是可以加工复杂形状零件且一次成形，生产率高，比如加工复杂的三维曲面，不像一般的金属切削那样会留下刀痕；采用不锈钢制造的阴极工具，可以把许多初步成形的零件加工到具有极精确的外形尺寸。但是电化学加工也面临着不能加工非导电材料以及有尖锐的内角（$r<0.2mm$），因为在

尖点上的电流密度很大;在实心材料上不能一步加工出不通孔(工作液不流动);以及电化学加工设备的腐蚀和生锈等问题。

二、典型电化学加工技术

电化学加工的设备主要包括机床,电源,工具、工件及电化学加工液循环系统三大部分,其原理如图1-64所示。电化学加工机床的作用是安装夹具、工件和阴极,并实现其相对运动。电源与机床配套,提供合适的额定电压和电流,足够的稳压精度和抗干扰能力。电解液系统作为导电介质,参加电化学反应,起到排除反应产物和冷却工件的作用。

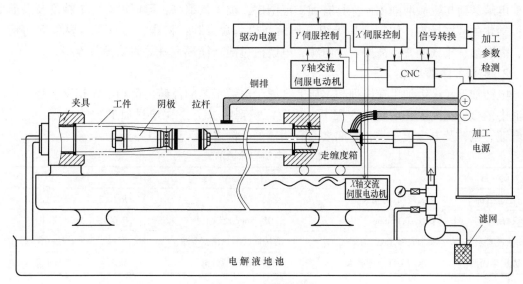

图1-64 电化学原理

目前电化学加工主要用于:复杂三维曲面的端面和外圆加工;刻模,特别是深窄的槽和孔;靠模加工和特殊形状仿形;多孔加工;深孔扩孔加工;型孔、型腔加工;拉孔;切断;套料加工;叶片加工;电解刻字、抛光;电解倒棱去毛刺;磨削;珩磨;数控展成电解加工等。

1. 电化学磨削

电化学磨削是一种电解与机械的复合加工方法。它是靠金属的电解(占95%~98%)作用和机械磨削(占2%~5%)作用相结合进行加工的。它比电解加工的精度高,表面粗糙度值小,比机械磨削的生产率高。

电化学磨削加工因工件的形状、加工精度及加工批量的大小而不同,根据磨轮的种类和电流的供给方式,其工作原理可分为三种方式。

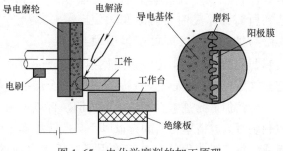

图1-65 电化学磨削的加工原理

(1)**电化学与机械联合作用** 用金属结合剂黏接或用电化学沉积金刚石磨轮及导电磨轮进行磨削,其加工原理如图1-65所示。

加工过程中，磨轮（砂轮）不断旋转，磨轮上凸出的砂粒与工件接触，形成磨轮与工件间的电解间隙。随着电解液的不断供给，磨轮在旋转中将工件表面由电化学反应生成的钝化膜除去，继续进行电化学反应，如此反复不断，直到加工完毕。

（2）**机械磨削**　经过上述的粗加工、半精加工后，切断电解电源，只用机械磨削方法进行加工，达到提高加工精度的目的。这种方法主要是利用电化学磨削高效率的优点，达到加工余量之后停止电化学加工，不必更换磨轮就能进行精密磨削。

（3）**电解磨削**　电解磨削通常用于磨削一些高硬度的零件，如各种硬质合金刀具、量具、拉丝模、轧辊等。

电解磨削与机械磨削相比，具有加工范围广，加工效率高；可以提高加工精度及表面质量；砂轮的磨损量小；加工刀具等刃口不易磨得非常锋利；机床、夹具等需要采取防锈措施，需要吸、排气装置，需要直流电源，电解液过滤、循环系统等附属设备等特点。

2. 电铸和涂镀加工

电铸加工和涂镀加工在原理和本质上都属于电镀工艺的范畴，都和电解相反，是利用电镀液中的金属正离子在电场的作用下，镀覆沉积到阴极上去（增材加工）的过程，主要包括电镀、电铸及电涂镀三类，它们之间有明显的不同之处，见表1-3。

表1-3　电铸和涂镀加工

项　目	电　镀	电　铸	涂　镀
工艺目的	表面装饰、防锈蚀	复制、成形	增尺寸、改善表面性
镀层厚度	$0.01 \sim 0.05$mm	$0.05 \sim 5$mm 及以上	$0.001 \sim 0.5$mm 或以上
精度要求	要求表面光亮、光滑	有尺寸及形状精度要求	有尺寸及形状精度要求
镀层牢固度	要求与工件牢固黏接	要求与原模能分离	要求与工件牢固黏接

（1）**电铸加工**　电铸加工的原理如图1-66所示，在直流电源的作用下，金属盐溶液中的金属离子在阴极获得电子而沉积在阴极母模的表面。阳极的金属原子失去电子而成为正离子，源源不断地补充到电铸液中，使溶液中的金属离子浓度基本保持不变。当母模上的电铸层达到所需的厚度时将其取出，使电铸层与型芯分离，即可获得型面与

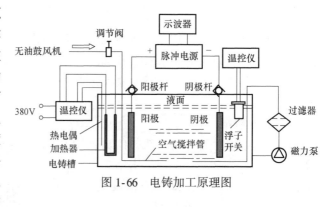

图1-66　电铸加工原理图

型芯凹、凸相反的电铸模具型腔零件的成形表面。电铸加工的工艺过程为原模表面处理→电铸至规定尺寸→衬背处理→脱模→清洗干燥→成品。

电铸加工的基本设备包括电铸槽、直流电源、搅拌和循环过滤系统、加热和冷却的恒温控制装置。电铸槽材料的选取以不与电解液作用引起腐蚀为原则，一般用钢板焊接，内衬铅板或聚氯乙烯薄板等。电铸采用低电压大电流的直流电源，常用硅整流，电压为$6 \sim 12$V，并可调。设置搅拌和循环过滤系统，是为了降低电铸液的浓差极化，加大电流密度，减少加工时间，加快生产速度，最好在阴极运动的同时加速溶液的搅拌。搅拌的方法有循环过滤

法、超声波或机械搅拌法等。循环过滤法不仅可以搅拌溶液，而且可以在溶液不断反复流动时进行过滤。电铸时间很长，所以必须设置恒温控制设备，包括加热设备（加热玻璃管、电炉等）和冷却设备（冷水或冷冻机等）。

电铸加工的特点主要有复制精度高，能准确、精密地复制复杂型面和细微纹路；能获得尺寸精度高、表面粗糙度值 Ra 小于 $0.1\mu m$ 的复制品，同一原模生产的电铸件一致性极好；借助石膏、石蜡、环氧树脂等作为原模材料，可把复杂零件的内表面复制为外表面，外表面复制为内表面，然后再通过电铸复制，适应性广泛。但电铸时，金属沉积速度缓慢，制造周期长；电铸层厚度不易均匀，且厚度较薄，仅为 $4\sim8mm$；有时存在一定的原模制造和脱模困难。

电铸加工主要用于复制精细的表面轮廓花纹，如唱片模，工艺美术品模，纸币、证券、邮票的印制版；复制注射用的模具、电火花型腔加工用的电极材料；制造复杂、高精度的空心零件和薄壁零件，如波导管等；制造表面粗糙度标准样块、反光镜、表盘、异形孔喷嘴等特殊零件。

（2）**涂镀加工**　涂镀加工的原理如图 1-67 所示，镀液中金属正离子在电场作用下在阴极表面获得电子而还原沉积到工件（阴极）上。

涂镀加工的基本设备主要有电源（直流电源和电解电镀等所用电源相似）、镀笔、镀液、泵和回转台。镀笔由手柄和阳极两部分组成，阳极由不溶性的石墨块组成，在石墨块外面包有脱脂棉和耐磨的涤棉套。镀液有 0 号电镀液、1 号电镀液、2 号电镀液。涂镀的工艺过程为：表面预处理→清洗、脱脂、除锈→电净处理→活化处理→镀底层→镀尺寸镀层和工作镀层→镀后清洗。

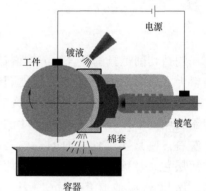

图 1-67　涂镀加工原理图

涂镀加工具有不需要镀槽，可以对局部表面涂镀，设备操作简单，机动灵活性强，可在现场就地施工，不易受工件大小、形状的限制，甚至不必拆下零件即可对其局部刷镀；涂镀液种类、可涂镀的金属比槽镀多，一套设备可镀积金、银、铜、铁、锡、镍、钨、钼等多种金属，选用、更改方便，易于实现复合镀层；镀层与基体金属的结合比槽镀牢固，且速度快（镀液中离子浓度高），镀层厚薄可控性强；因工件与镀笔之间有相对运动，故一般都需人工操作，效率低，很难实现高效率的大批量、自动化生产的特点。

涂镀加工主要用于修复零件磨损表面，恢复尺寸和几何形状，实施超差品补救，如各种轴、轴瓦、套类零件磨损后，以及加工中尺寸超差报废时，可用表面涂镀恢复尺寸；填补零件表面上的划伤、凹坑、斑蚀、孔洞等缺陷，如机床导轨、活塞液压缸、印制电路板的修补；大型、复杂、单个小批工件的表面局部镀镍、铜、锌、钨、金、银等防腐层、耐蚀层等，改善表面性能，如各类塑料模具表面涂镀镍层后，很易抛光至获得 $Ra0.1\mu m$ 甚至更佳的表面粗糙度值。

（3）**复合镀**　复合镀是在金属工件表面镀复金属镍或钴的同时，将磨料作为镀层的一部分也一起镀到工件表面上去，故称为复合镀。

依据镀层内磨料尺寸的不同，复合镀层的功用也不同，一般可分为两类：获得耐磨层和制造切削工具。

作为耐磨层的复合镀：磨料为微粉级。电镀时，随着镀液中的金属离子镀到金属工件表面的同时，镀液中带有极性的微粉级磨料与金属离子络合成离子团也镀到工件表面。这样，在整个镀层内将均匀分布有许多微粉级的硬点，使整个镀层的耐磨性增加好几倍，一般用于高耐磨零件的表面处理，如图 1-68 所示。

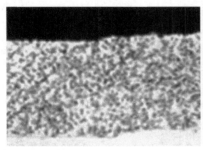

a) 获得耐磨层：复合镀层(Ni–SiC)   b) 获得耐磨层：复合镀层(Ni–PTFE$^\ominus$)齿轮

图 1-68 获得耐磨层

制造切削工具的复合镀或镶嵌镀：磨料为人造金刚石（或立方氮化硼），粒度一般为 0.18~0.06mm。电镀时，控制镀层的厚度稍大于磨料尺寸的一半左右，使紧挨工件表面的一层磨料被镀层包覆、镀镶嵌，形成一层切削刃，用以对其他材料进行加工。图 1-69 所示为用复合镀方法制造的各种精密金刚石砂轮。

图 1-69 用复合镀方法制造的各种精密金刚石砂轮

3. 电化学抛光

电化学抛光是利用阳极溶解的原理，如图 1-70 所示，使电极与工件距离几十到几百毫米，电流密度小，表面微观不平引起电场畸变，凸凹处电力线密度大、场强大，首先溶解，达到表面平整的目的。图 1-70a 中阳极金属表面上凸出部分在电解过程中的溶解速率大于凹陷部分的溶解速率，经一段时间的电解可使表面达到平滑而有光泽的要求。此过程如图 1-70b 所示。

以钢铁制件为例。电化学抛光时，工件作为阳极，铅板作为阴极，在含有磷酸、硫酸和铬酐（CrO_3）的电解液中进行电解，阳极（工件）铁溶解：

$$Fe-2e \rightarrow Fe^{2+}$$

然后 Fe^{2+} 与溶液中的 Cr_2O_7 离子（CrO_3 在酸性介质中形成 Cr_2O_7）发生下述氧化还原反应：

$$6Fe^{2+}+Cr_2O_7^{2-}+14H \longrightarrow 6Fe^{3+}+2Cr^{3+}+7H_2O$$

Fe^{3+} 进一步与溶液中的磷酸氢根和硫酸根离子形成 $Fe_2(HPO_4)_3$ 和 $Fe_2(SO_4)_3$。随着阳

$\ominus$ PTFE：聚四氟乙烯。

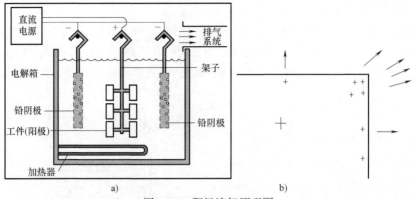

图 1-70 阳极溶解原理图

极附近盐的浓度不断增加，在金属表面形成一黏性薄膜，从而使电解液浓度增大，导电性降低。由于在金属不平表面上的液膜厚度分布不均匀，凹入的部分膜较厚，因而电流密度小，Fe 不易溶解而呈钝化状态；凸起的部分膜较薄，电流密度较大，Fe 易于溶解而呈活化状态。这样凸起部分比凹入部分溶解要快，使粗糙表面逐渐得以平整。

电化学抛光与电化学加工相比，主要特点有：工件和工具之间的加工间隙大，有利于表面的均匀溶解；电流密度小；电解液一般不流动；设备比较简单，主要包括直流电源，清洗槽和电解抛光槽等部分，不需要昂贵的电解液循环、过滤系统，阴极结构也简单。

电化学抛光特点主要有：抛光效率高，在通常情况下，利用电化学抛光要比手工抛光效率高 10 倍以上；一致性强，抛光均匀性好，工件边角处均能有效地被抛光；表面质量好，抛光后工件表面形成致密的氧化膜，表面细化程度较高，比用电火花成形加工获得的型腔表面质量要提高一个等级；不产生加工变质层，不造成新的表面残余应力；不受材料硬度和强度影响，是采用电化学腐蚀原理抛光的，与材料硬度无关。

影响电化学抛光质量的因素主要有电解液的成分和比例、电参数（阳极电位和阳极电流密度）、电解液温度及其搅拌情况以及金属的金相组织与原始表面状态。

电化学抛光主要用于表面光整加工。

4. 电化学辅助在线削锐磨削

电化学辅助在线削锐磨削的原理如图 1-71 所示。它使用 ELID 磨削，切削液为一种特殊电解液。通电后，砂轮结合剂发生氧化，氧化层阻止电解进一步进行。在切削力作用下，氧化层脱落，露出了新的锋利磨粒。由于电解修锐连续进行，砂轮在整个磨削过程中保持同一锋利状态，进而保证加工精度的要求。

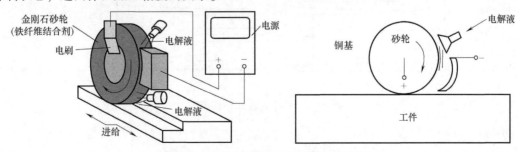

图 1-71 电化学辅助在线削锐磨削的原理

5. 电化学机械光整加工

电化学机械光整加工是利用阳极溶解和机械切削的原理，如图 1-72 所示，使用钝性电解液 $NaNO_3$，阳极溶解后在工件上形成钝化膜，阻止进一步溶解砂条，用机械力刮掉钝化膜，露出新鲜金属，促使阳极进一步溶解。图 1-73 所示为用电化学机械光整加工方法抛光轧辊。

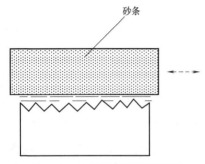

图 1-72　电化学机械光整加工

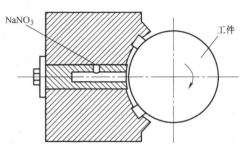

图 1-73　用电化学机械光整加工方法抛光轧辊

6. 深孔扩孔加工

深孔扩孔加工按阴极的运动形式，可分为固定式和移动式两种。

固定式深孔扩孔加工（图 1-74）即工件和阴极之间无相对运动，其优点是设备简单，操作方便，加工效率高。但阴极较工件长，所需电源功率较大，同时电解液在进出口处的温度、电解产物不同，容易引起表面粗糙度和尺寸精度不均匀的现象。

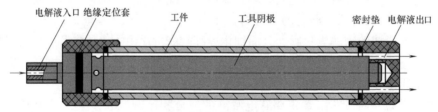

图 1-74　固定式深孔扩孔加工

移动式深孔扩孔加工（图 1-75）通常是将零件固定在机床上，阴极在零件内部做轴向移动。移动式深孔扩孔加工的阴极较短，精度要求较低，制造容易，可加工任意长度的零件而不受电源功率的限制。但它需要有效长度大于工件长度的机床，同时加工过程中加工面积不断变化，会出现收口和喇叭口，须采用自动控制。

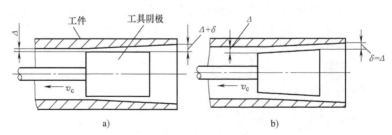

图 1-75　移动式深孔扩孔加工

7. 型孔加工

型孔加工用于形状复杂、尺寸较小的异形通孔和不通孔零件的加工。型孔的加工一般采用端面进给法，为避免锥度，阴极侧面要绝缘。图 1-76 所示为端面进给式型孔加工示意图。

8. 套料加工

套料加工用于等截面大面积异形孔或异形零件的加工，采用端面进给加工方式，如图 1-77 所示。其零件尺寸精度由阴极片内腔口保证，偶尔短路烧伤时，只须更换阴极片。

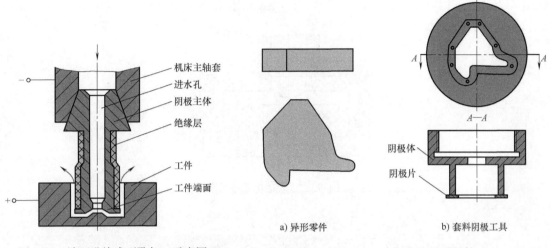

图 1-76 端面进给式型孔加工示意图

a) 异形零件　　b) 套料阴极工具

图 1-77 套料加工异形零件

9. 叶片加工

叶片型面复杂，精度要求较高，加工批量大，采用电解加工效果好，加工方式有单面加工和双面加工，机床有立式和卧式两种，多用 NaCl 电解液采用混气加工。

电解加工整体叶轮（图 1-78）已普遍应用，直接在轮坯上套料加工叶片（等截面），叶轮强度高，质量好，加工周期大大缩短。

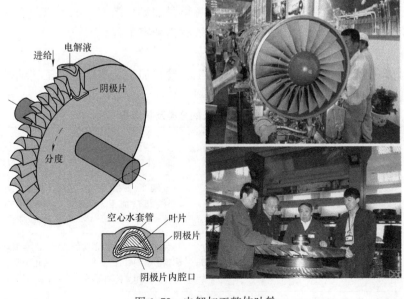

图 1-78 电解加工整体叶轮

10. 电解倒棱去毛刺

电解倒棱去毛刺是利用尖角处电流密度最高的原理来倒棱去毛刺的。机加工中去毛刺的工作量很大，而电解去毛刺效率高，节约费用。电解去毛刺时间与加工电压、加工间隙及电解液参数有关。图 1-79 所示为齿轮的电解去毛刺。

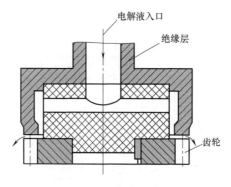

图 1-79　齿轮的电解去毛刺

第五节　精密与超精密加工

精密与超精密加工技术，是现代机械制造业最主要的发展方向之一，是衡量一个国家先进制造技术水平的重要指标，也是先进制造技术的基础和关键，在提高机电产品的性能、质量和发展高新技术中起着至关重要的作用。

一、精密与超精密加工技术概述

精密加工与超精密加工指的是在一定的发展时期，加工精度与表面质量达到较高程度和最高程度的工艺与技术，它包括了精密加工、超精密加工、微细加工，以及广为流传的纳米加工，它追求加工精度和表面质量的极限，可统称为精密工程。

（一）精密与超精密加工技术内涵及范畴

按加工精度来分，机械机工可分为普通加工、精密加工、超精密加工、纳米加工等。表 1-4 为机械加工的分类及其应用。

表 1-4　机械加工的分类及其应用

分类	加工精度	表面粗糙度值	加工方法	应用
普通加工	$1\mu m$	$Ra0.3\mu m$	车、铣、刨、磨、镗、铰等	汽车、拖拉机和机床等
精密加工	$0.1\sim1\mu m$	$Ra0.3\sim0.03\mu m$	金刚车、研磨、珩磨、金刚镗、超精加工、镜面磨削等	精密机床、精密测量仪器中的关键零件，如精密齿轮、精密丝杠等
超精密加工	高于 $0.1\mu m$	$Ra0.03\sim0.005\mu m$	金刚石刀具超精密切削、超精密磨料加工、超精加工特种加工和复合加工等	光学玻璃镜基片、陀螺仪超精密轴承、磁盘路基底、非球面反射镜等
纳米加工	$\leqslant1nm(1nm=10^{-9}m)$	$Ra<0.005\mu m$	非传统加工方法	微型机械等

随着新技术、新工艺、新设备以及新的测试技术和仪器的采用，加工精度也在不断地提高，从 18 世纪的 1mm 到 19 世纪末的 0.05mm，经过 20 世纪初的微米级过渡，于 20 世纪 50 年代末实现了微米级的加工精度，目前已达到 10nm 的精度水平。图 1-80 所示为各种加工机床和测量仪器的加工精度随时代发展的情况。

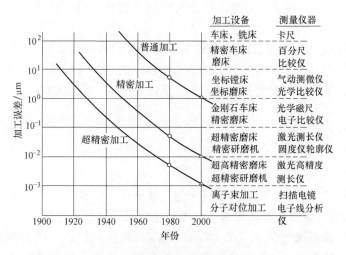

图 1-80　各种加工机床和测量仪器的加工精度随时代发展的情况

（二）超精密加工技术涉及的技术领域

超精密加工的实现需要具备超精密机床设备和数控刀具、超稳定的工作环境、超精密测量技术及仪器、用计算机技术进行实时检测和误差补偿等。

超精密加工技术所涉及的技术领域主要包含了以下几个方面。

1) 加工技术即加工方法与加工机理，主要有超精密切削、超精密磨料加工、超精密特种加工及复合加工。

2) 材料技术即加工工具和被加工材料，如超精密加工刀具、磨具材料制备及刃磨技术。例如，用金刚石刀具进行超精密切削，值得研究的问题主要有金刚石刀具的晶面选择和刃口的研磨半径。前者影响刀具的使用性能，后者关系到切削变形和最小切削厚度，因而影响加工表面质量。金刚石刀具的超精密刃磨，其刃口钝圆半径应达到 2~4nm，同时应解决其检测方法。刃口钝圆半径与切削厚度关系密切，切削的厚度欲达到 10nm，则刃口钝圆半径应为 2nm。还有立方氮化硼或金刚石砂轮的修整问题。另外，工件材料对超精密切削也有重要影响。

3) 加工设备的质量与基础部件。对精密和超精密加工所用的加工设备有高精度、高刚度和抗振性、高稳定性和高自动化的要求。高精度包括高的静精度和动精度，主要的性能指标有几何精度、定位精度和重复定位精度、分辨率等，如主轴回转精度、导轨运动精度、分度精度等。高刚度包括高的静刚度和动刚度，除本身刚度外，还应注意接触刚度，以及由工件、机床、刀具、夹具所组成的工艺系统刚度。稳定性指设备在经运输、存储以后，在规定的工作环境下使用，应能长时间保持精度，抗干扰，稳定工作。高自动化指了保证加工质量，减少人为因素影响，加工设备多采用数控系统实现自动化。如主轴系统采用精密空气静压轴承，回转精度为 0.02~0.1μm；精密直线运动单元使用液体或空气静压导轨（0.02~

0.2μm/100mm）提高精度，防止低速爬行导轨；刚度微进给机构采用磁致伸缩；支承件多采用人造花岗岩，有良好的耐磨性、抗振性等。此外，夹具、辅具等也要有相应的高精度、高刚度和高稳定性。

4）测量技术和误差补偿技术（爬行问题）。必须有相应级别的测量技术和装置，即超精密加工测量装置的测量精度要比加工精度高一级，具有在线测量和减少加工误差的预防、补偿策略。

5）工作环境建造技术。加工环境条件的极微小变化都可能影响加工精度，使超精密加工达不到预期目的。因此，超精密加工必须在超稳定的加工环境条件下进行，如符合恒温、净化、防振和隔振等要求（温度 1~0.02℃ 甚至 0.0005℃，湿度 55%~60%，洁净度 1000~100 级）。

6）工件的定位与夹紧。

7）人的技术水平等。

（三）超精密加工机床设备

超精密加工的机床质量主要取决于机床的主轴部件、床身导轨及驱动部件等的质量。

1）精密主轴部件主要有滚动轴承、液体静压轴承、空气静压轴承等。滚动轴承的回转精度应达 1μm，表面粗糙度值为 $Ra0.04~0.02μm$。液体静压轴承的回转精度应≤0.1μm，刚度阻尼大，转动平稳。空气静压轴承能提供极高的径向和轴向旋转精度。由于没有机械接触，磨损程度降到了最低，从而确保精度始终保持稳定。

2）床身要求抗振，热膨胀系数低，尺寸稳定性好。床身材料多采用人造花岗岩，尺寸稳定性好、热膨胀系数低、硬度高、耐磨、不生锈、可铸造成形，克服了天然花岗岩有吸湿性的不足。

3）精密导轨要有高直线精度，不得爬行，一般有液体静压导轨、空气静压导轨。

4）微量进给装置要求分辨率达到 0.001~0.01μm；精微进给与粗进给要分开；具有低摩擦和高稳定性；末级传动元件必须有很高的刚度；工艺性好，容易制造；应能实现微进给的自动控制，动态性能好。

图 1-81 所示为压电陶瓷微进给装置，其工作原理是压电陶瓷器件在预压应力状态下与刀夹和后垫块弹性变形载体通过黏接安装，在电压作用下陶瓷伸长，推动刀夹做微移动。其最大位移为 15~16μm，分辨率为 0.01μm，静刚度为 60N/μm。

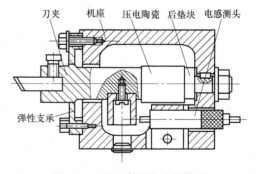

图 1-81　压电陶瓷微进给装置

（四）超精密加工环境

超稳定环境条件主要是指恒温、防振、超净和恒湿四个方面的条件。

1）超精密加工必须在严密的恒温条件下进行，即不仅放置机床的房间应保持恒温，还要对机床采取特殊的恒温措施。据统计，在精密加工中，由热变形产生的误差占全部加工误差的 50% 以上，因此超精密加工和测量必须在恒温条件下进行。恒定的温度环境即 100mm 长铝合金零件，温度变化 1℃ 将产生 2.25μm 的误差。若要保证 0.1~0.01μm 的加工精度，温度变化应小于 ±0.1~0.01℃。若要求确保

0.1μm 的加工精度，环境温度变化应保持在±0.05℃范围内。当前，已有±0.01℃的恒温环境，需多级恒温。

2）较好的抗振动干扰环境：要求防振，即消除自身振动干扰；要求隔振，即阻止外部振动。为了提高超精密加工系统的动态稳定性，除了在机床设计和制造上采取各种措施之外，还必须用隔振系统来保证机床不受或少受外界振动的影响。

3）超精密加工还必须有超净化的空气环境。1μm 直径的尘埃会拉伤磁盘表面而不能正确记录信息。100 级超精密加工的空气洁净度要求为大于等于 0.5μm 直径的尘埃个数 ≤100 个/(ft)³（1ft = 0.3048m），而办公室通常为 100 万个/(ft)³，手术室为 5 万个/(ft)³。对超精密加工车间，1(ft)³ 的空气中直径大于 0.3μm 的尘埃数应小于 100 个（百级）。国外已研制成功对 0.1μm 的尘粒有 99.999% 净化效率的高效过滤器。

4）超精密加工必须在严密的恒湿条件下进行，即不仅放置机床的房间应保持恒湿，还要对机床采取特殊的恒湿措施。

（五）超精密加工的应用和需求

为了更好地提高产品性能和质量，提高稳定性和可靠性，促进产品的小型化，增强零件的互换性，提高装配生产率，超精密加工技术的应用越来越广泛。

（1）国防工业上的需求 超精密加工技术与国防工业关系密切，如 1kg 陀螺的质心偏离 0.5nm，会引起 100m 导弹射程误差，50m 轨道误差；民兵Ⅲ型洲际导弹陀螺仪误差为 0.03°~0.05°，命中精度误差为 500m，而 MX 战略导弹陀螺仪精度提高一个数量级，命中精度误差为 50~150m；红外线探测器反射镜，其抛物面反射镜形状误差为 1μm，表面粗糙度值为 $Ra0.01μm$，其加工精度直接影响导弹的引爆距离和命中率；激光核聚变用的曲面镜，形状误差小于 1μm，表面粗糙度值小于 $Ra0.01μm$，其质量直接影响激光的光源性能；大型天体望远镜的透镜，直径达 2.4m，形状误差为 0.01μm，如著名的哈勃太空望远镜，能观察距离地球 140 亿光年的天体。

（2）信息产品中的需求 计算机上的芯片、磁板基片、光盘基片等都需要用超精密加工技术来制造。录像机的磁鼓、复印机的感光鼓、各种磁头、激光打印机的多面体、喷墨打印机的喷墨头等都必须采用超精密加工，才能达到质量要求。

（3）民用产品中的需求 现代小型、超小型的成像设备，如摄像机、照相机等上的各种透镜，特别是光学曲面透镜，激光打印机、激光打标机等上的各种反射镜，都要靠超精密加工技术来完成。至于超精密加工机床、设备和装置，当然更需要采用超精密加工技术才能制造。

超精密加工将向高精度、高效率、大型化、微型化、智能化、工艺整合化、在线加工检测一体化、绿色化等方向发展。

二、超精密切削加工实例

超精密加工以精密元件为加工对象，主要加工对象包括激光聚焦腔、高密度磁盘、磁鼓、雷达、陀螺和 IC 相关技术等。超精密加工必须具有稳定的加工环境，即必须在恒温、超净、防振等条件下进行。另外，精密测量是超精密加工的必要手段，否则无法判断加工精度。

超精密切削加工主要有超精密车削、镜面切削和磨削等。

（一）超精密车削加工

在超精密车床上用经过精细研磨的单晶金刚石车刀进行微量车削，切削厚度仅 1μm 左右，常用于加工有色金属材料的球面、非球面和平面的反射镜等高精度、表面高度光洁的零件。例如加工核聚变装置用的直径为 800mm 的非球面反射镜，最高精度可达 0.1μm，表面粗糙度值为 Ra0.05μm。

目前超精密切削加工零件主要有感光鼓、磁盘、多面镜、遗迹平面、球面和非球面的激光发射镜等，工件材料多为铜、铝及其合金、非电解镀镍层、塑料以及陶瓷等硬脆材料。图 1-82 所示为高精密和超精密机床。

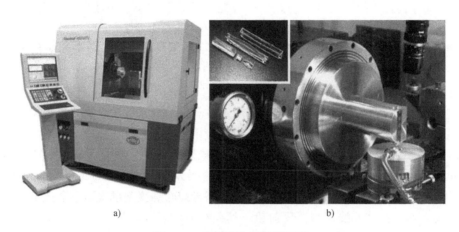

a)   b)

图 1-82　高精密和超精密机床

（二）镜面切削

镜面铣削和金刚石车削是最常用的两种超精密加工方法。镜面铣削的切削速度一般在 30m/s 以上，可加工塑性材料如铜、铝、镍等，也可加工脆性材料如硅、锗、CaF_2 和 ZnS 等。镜面铣削的主要应用领域是光学元器件的加工。

镜面切削要求刀具具有极高的硬度、极高的耐用度和极高的弹性模量，保证刀具寿命和尺寸耐用度；刃口能磨得极其锋锐，刃口半径 ρ 值极小，能实现超薄切削；切削刃无缺陷，避免刃形复印在加工表面上；抗粘结性好、与材料的化学亲和性小、摩擦因数低、能得到极好的加工表面完整性。如天然单晶金刚石刀具有极高的硬度，达 6000~10000HV，而 TiC 仅为 2400HV，WC 为 2400HV；能磨出锋锐刃口，刃口半径可达纳米级，普通刀具仅为 5~30μm；与有色金属摩擦因数低、亲和力小，与铝的摩擦因数仅为 0.06~0.13；耐磨性好，切削刃强度高，刀具磨损极慢，刀具寿命极高。天然单晶金刚石被公认为不能代替的超精密切削刀具材料，但仅用于有色金属的切削加工。

三、超精密磨削加工

超精密磨削是在一般精密磨削基础上发展起来的一种镜面磨削方法，其关键技术是金刚石砂轮的修整，使磨粒具有微刃性和等高性。超精密磨削的加工对象主要是脆硬的金属材料、半导体材料、陶瓷、玻璃等。磨削后，被加工表面留下大量极微细的磨削痕迹，残留高度极小，加上微刃的滑挤、摩擦、抛光作用，可获得高精度和低表面粗糙度值的加工表面。当前超精密磨削能加工出圆度误差为 0.01μm、尺寸精度为 0.1μm 和表面粗糙度值为 Ra0.005μm 的圆柱形零件。表 1-5 为精密磨削加工的几种典型精密零件的加工精度。

表 1-5　精密磨削加工的几种典型精密零件的加工精度

零件	加工精度	表面粗糙度值
激光光学零件	形状误差 0.1μm	Ra0.01~0.05μm
多面镜	平面度误差 0.04μm	Ra<0.02μm
磁头	平面度误差 0.04μm	Ra<0.02μm
磁盘	波度 0.01~0.02μm	Ra<0.02μm
雷达导波管	平面度、垂直度误差<0.1μm	Ra<0.02μm
卫星仪表轴承	圆柱度误差<0.01μm	Ra<0.002μm
天体望远镜	形状误差<0.03μm	Ra<0.01μm

当前磨具主要采用金刚石微粉砂轮，这种砂轮有磨料粒度、粘结剂、修整等问题，通常采用粒度为 0.5~20μm 的微粉金刚石，粘结剂采用树脂、铜、纤维铸铁等。

超精密磨削和磨料加工是利用细粒度的磨粒和微粉主要对黑色金属、硬脆材料等进行加工，可分为固结磨料和游离磨料两大类加工方式。其中固结磨料加工主要有超精密砂轮磨削和超硬材料微粉砂轮磨削、超精密砂带磨削、ELID 磨削、双端面精密磨削以及电泳磨削等。

1. 超精密砂轮磨削技术

超精密砂轮磨削的关键在于砂轮的选择、砂轮的修整、磨削用量和高精度的磨削机床。

超精密砂轮磨削技术即加工精度在 0.1μm 以下，表面粗糙度值 Ra0.025μm 以下的砂轮磨削方法，此时因磨粒去除切屑极薄，将承受很高的压力，其切削刃表面受到高温和高压作用，因此需要用人造金刚石、立方氮化硼（CBN）等超硬磨料砂轮。金刚石砂轮有较强的磨削能力，较高的磨削效率，磨削速度为 12~30m/s；CBN 砂轮有较好的热稳定性和化学惰性，价格较贵，磨削速度为 80~100m/s。采用 CBN 砂轮时，砂轮线速度一般为 60m/s 以上，工件进给速度在 5m/min 以上，修整进给量为 0.03mm/r，表面粗糙度值可达 Ra0.1~0.5μm。

超硬磨料砂轮结合剂有树脂结合剂（能保持良好的锋利性，磨粒保持力小）、金属结合剂（耐磨性好，磨粒保持力大，自锐性差，砂轮修整困难）、陶瓷粘结剂（化学稳定性高，耐热、耐酸碱，脆性较大）。

2. 超精密砂带磨削技术

砂带的带基材料为聚碳酸酯薄膜，其上植有细微砂粒。砂带在一定的工作压力下与工件接触并做相对运动，进行磨削或抛光，有开式和闭式两种形式，可磨削平面、内外圆表面、曲面等。图 1-83 所示为几种常见的砂带磨削形式。

砂带磨削的特点如下：

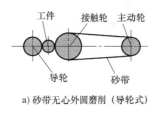 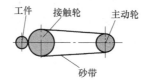 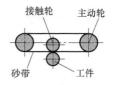

a) 砂带无心外圆磨削（导轮式）　b) 砂带定心外圆磨削（接触轮式）　c) 砂带定心外圆磨削（接触轮式）

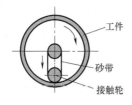 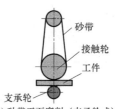

d) 砂带内圆磨削（回转式）　e) 砂带平面磨削（支承板式）　f) 砂带平面磨削（支承轮式）

图 1-83　几种常见的砂带磨削形式

1）砂带与工件柔性接触，磨粒载荷小且均匀，工件受力、热作用小，加工质量好，表面粗糙度值 Ra 可达 $0.02\mu m$。

2）静电植砂，磨粒有方向性，尖端向上（图 1-84），摩擦生热少，磨屑不易堵塞砂轮，磨削性能好。

3）强力砂带磨削磨削比（切除工件重量与砂轮磨耗重量之比）高，有高效磨削之称。

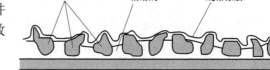

4）制作简单，价格低廉，使用方便。

5）可用于内外表面及成形表面加工。

图 1-84　静电植砂砂带结构

3. ELID（电解在线修锐法）精密镜面磨削技术

ELID 精密镜面磨削的尺寸精度和几何精度主要靠精密磨床保证，可以达到亚微米级精度，在某些超精密磨床上可以磨出数十纳米精度的工件。

图 1-85 所示为电解在线修锐法（ELID）的原理磨削出的优质镜面，即通过电解液腐蚀作用去除超硬磨料砂轮的结合剂，达到修锐的效果。

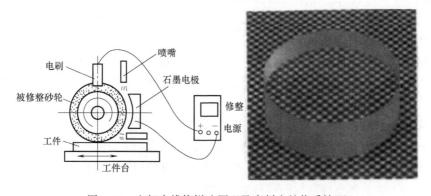

图 1-85　电解在线修锐法原理及磨削出的优质镜面

4. 双端面精密磨削技术

近年新出现的做平面研磨运动的双端面精密技术为平面磨削，工件既公转又自传，磨具的磨料粒度也很细，一般为 $1\sim5\mu m$。该技术正取代金刚石车削成为磁盘基片等零件的主要超精密加工方法。

5. 电泳磨削技术

电泳即带电粒子在电场中向与自身带电相反的电极运动的现象。电泳磨削的机理是在加工过程中，磨粒在电场力的作用下向磨具表面运动，并在磨具表面沉积形成一层细磨粒吸附层，利用该吸附层对工件进行磨削加工，同时新的磨粒又不断补充，使磨粒微刃保持锋利。如果磨粒表面凹凸不平，则凹陷处电流大，新磨粒更容易在凹陷处沉积，从而保证沉积层平整。

6. 超精密研磨和抛光技术

超精密研磨和抛光技术指使用超细粒度的自由磨料，在研具的作用和带动下冲击加工表面，产生压痕和微裂纹，依次去除表面的微细凸出处，加工出表面粗糙度值 $Ra0.01\sim0.02\mu m$ 的镜面。超精密研磨技术精度为 $0.1\mu m$，表面粗糙度值 $Ra\leq0.02\mu m$，用于块规、球面空气轴承、半导体硅片、光学镜头的研磨。

超精密抛光技术的典型技术包括弹性发射加工、液体动力抛光、机械化学抛光等。

弹性发射加工利用的是微切削和被加工材料的微塑性流动作用，其工作原理（图1-86a）是抛光轮与工件表面形成小间隙，中间放置抛光液，靠抛光轮高速回转造成磨料的"弹性发射"进行加工。抛光轮由聚氨基甲基酸（乙）酯制成，磨料直径为 $0.1\sim0.01\mu m$。

液体动力抛光的机理是微切削作用（图1-86b），其工作原理是在抛光工具上开有锯齿槽，靠楔形挤压和抛光液的反弹，增加微切削作用。

机械化学抛光的机理是机械和化学作用（图1-86c），称为"增压活化"，其工作原理为活性抛光液和磨粒与工件表面产生固相反应，形成软粒子，以便于加工。

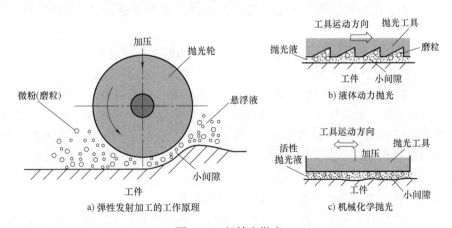

图 1-86　超精密抛光

超精密研磨和抛光技术在超精密加工中应用广泛，不仅可以得到很小的表面粗糙度值，而且可以得到很高的平面度（或要求的曲面形状精度），控制好时可以使加工表面变质层极小。现在大规模集成电路的硅基片、标准量块、光学平晶、光学平面镜、棱镜、高精度钢球、计量用的标准球等，都将研磨抛光作为最后的精加工工序。

超精密研磨和抛光技术还大量应用于曲面的最后精加工，各种光学透镜和反射镜最后的精加工，一般都使用研磨抛光，以便能加工出表面粗糙度值 Ra 为 $0.01 \sim 0.002 \mu m$ 的镜面。

第六节 微纳加工

前面讲到的精密和超精密加工，主要指表面的加工，是对平面、规则曲面与自由曲面的光整加工技术。本节主要讲述在很小或很薄的工件上进行小孔、微孔、微槽、微复杂表面的加工，即微纳加工技术。

一、微细加工技术

(一) 微细加工技术概述

1. 微机电系统概念

MEMS 是 Micro Electro Mechanical Systems 的缩写，即微机电系统。它指可以批量制作的集微型机构、微型传感器、微型执行器以及信号处理和控制电路、甚至外围接口、通信电路和电源等于一体的微型器件或系统，其特征尺寸范围为 1nm ~ 10mm。

MEMS 是在微电子技术的基础上发展起来的，融合了硅微加工、精密机械加工等多种微加工技术，并应用现代信息技术构成的微型系统。它包括感知和控制外界信息（力、热、光、生、磁、化等）的传感器和执行器，以及进行信号处理和控制的电路。

一般来说，MEMS 具有以下几个非约束性的特征。

1）尺寸在毫米到微米范围之内，区别于一般宏（Macro），即传统的、大于 1cm 尺度的"机械"，但并非进入物理上的微观层次。

2）基于（但不限于）硅微加工（Silicon Microfabrication）技术制造。

3）与微电子芯片类同，可大批量、低成本生产，性能价格比传统机械制造技术大幅提高。

4）MEMS 中的"机械"不限于狭义的机器与机构的统称，它代表一切具有能量转化、传输等功能的效应，包括力、热、声、光、磁，乃至化学、生物能等。

5）MEMS 的目标是微"机械"与 IC 集成的微系统——有智能的微系统。

用以上特征衡量，用微电子技术（但不限于此）制造的微小机构、器件、部件和系统等，都属于 MEMS 范畴，微机械和微系统只是 MEMS 发展的不同层次，有关的科学技术都可统称为 MEMS 技术。

2. 微细加工的概念

目前对于微细加工的定义主要有广义和狭义两个角度。

广义角度：微细加工包含了各种传统精密加工方法和与传统精密加工方法完全不同的新方法，如切削加工、磨料加工、电火花加工、电解加工、化学加工、超声波加工、微波加工、等离子体加工、外延生长、激光加工、电子束加工、离子束加工、光刻加工、电铸加工等。

狭义角度：微细加工主要指半导体集成电路制造技术，因为微细加工和超微细加工是在半导体集成电路制造技术的基础上形成并发展起来的，它们是大规模集成电路和计算机技术的技术基础，是信息时代、微电子时代、光电子时代的关键技术之一。其加工方法多偏重于指集成电路制造中的一些工艺，如化学气相沉积、热氧化、光刻、离子束溅射、真空蒸镀以及整体微细加工技术。

与传统的微电子和机械加工技术相比，微细加工技术具有以下几个显著的特点。

（1）**微型化** MEMS 技术已经达到微米乃至亚微米量级，利用 MEMS 技术制作的器件具有体积小、耗能低、惯性小、频率高、响应时间短等特点，可携带性得以提高。

（2）**集成化** 微型化利于集成化，把不同功能、不同敏感方向和制动方向的传感器、执行器集成于一体，形成传感器阵列，甚至可以与 IC 一起集成为更复杂的微系统。

（3）**以硅为基本材料** 主要有晶体硅和氮化硅等，其力学特性良好，具有高灵敏性、强度、硬度和弹性模量与铁相当，密度同铝，仅为铁的 1/3，热传导率接近铜和钨。

（4）**生产成本低** 在一片硅片上可同时制作出成千上万的微型部件或 MEMS，制作成本大幅度下降，有利于批量生产。

3. 微细加工的发展

19 世纪的照相制版技术，诞生了光制造技术；1959 年，诺贝尔物理奖获得者 Richard P. Feynman 提出微型机械的概念；1962 年，加利福尼亚和贝尔实验室开发出微型硅压力传感器；20 世纪 70 年代开发出硅片色谱仪、微型继电器；20 世纪 70~80 年代利用微机械技术制作出多种微小尺寸的机械零部件；1988 年，uc2Muller 小组制作了硅静电电动机，1989 年 NSF 召开研讨会，提出了将"微电子技术应用于电（子）机系统"。自此，MEMS 成为一个世界性的学术用语，MEMS 技术的研究开发日益成为国际上的一个热点。目前，每年在美、日、欧轮流举办名为"IEEE 国际微机电系统年会"的会议。

（二）微细加工技术的原理与分类

1. 微细加工的机理

微细加工为微量切削，又可称为极薄切削，其切削机理与一般普通切削有很大的区别。

微细加工的机理如图 1-87 所示，由于工件尺寸很小，从强度和刚度上不允许有大的吃刀量，同时为保证工件尺寸精度的要求，最终精加工的表面切除层厚度必须小于其精度值，因此切屑极小，吃刀量可能小于晶粒的大小，切削就在晶粒内进行，晶粒就被作为一个一个的不连续体来进行切削，这时切削不是晶粒之间的破坏，而是切削力一定要超过晶体内部非常大的原子、分子结合力，切削刃所承受的切应力急速地增加，从而在单位面积上产生很大的热量，使切

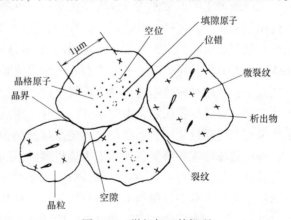

图 1-87 微细加工的机理

削刃尖端局部区域的温度极高，因此要求采用耐热性好、高温硬度高、耐磨性强、高温强度好的切削刃材料，即超高硬度材料，最常用的是金刚石等。

由以上分析可知，微小尺寸和一般尺寸加工是不同的，其不同点主要表现在以下几个

方面。

（1）**精度的表示方法**　在微小尺寸加工中，由于加工尺寸很小，精度就必须用尺寸的绝对值来表示，即用取出的一块材料的大小来表示，从而引入加工单位尺寸的概念。

（2）**微观机理**　以切削加工为例，从工件的角度来讲，一般加工和微细加工的最大区别是切屑的大小。一般认为金属材料是由微细的晶粒组成的，晶粒直径为数微米到数百微米。一般加工时，吃刀量较大，可以忽略晶粒的大小，而将其作为一个连续体来看待，由此可见，一般加工和微细加工的机理是不同的。

（3）**加工特征**　微细加工和超微细加工以分离或结合原子、分子为加工对象，以电子束、激光束、粒子束为加工基础，采用沉积、刻蚀、溅射、蒸镀等手段进行各种处理。

基于微细加工的尺寸要求，微细加工技术应满足下列要求。

1）为达到很小的单位去除率（UR），需要各轴能实现足够小的微量移动，对于微细的机械加工和电加工工艺，微量移动应可小至几十纳米，电加工的 UR 最小极限取决于脉冲放电的能量。

2）高灵敏的伺服进给系统，它要求低摩擦的传动系统和导轨主轴承系统以及高精度跟踪性能的伺服系统。

3）高平稳性的进给运动，尽量减少由于制造和装配误差引起的各轴的运动误差。

4）高的定位精度和重复定位精度。

5）低热变形结构设计。

6）刀具的稳固夹持和高的重复夹持精度。

7）高的主轴转速和极小的动不平衡。

8）稳固的床身构件并隔绝外界的振动干扰。

9）具有刀具破损和微型钻头折断的敏感监控系统。

2. 微细加工的材料及加工方法

在微细加工中通常使用硅作为功能材料，这是由于硅具有下列特点：比铝轻，比不锈钢的抗拉强度高，硬度高，弹性好，抗疲劳；在许多环境下，不生锈，不溶解，耐高温；可借用现有的集成电路加工设备及工艺技术，很容易制作出微米程度的微构造，从而大大降低 MEMS 的研制费；利用集成电路技术可把微机械同微处理器、传感器等电路巧妙地集成到一片硅片上；利用光刻技术和自动生产线可廉价大量生产；资源丰富，市场上有大量的高纯度硅片出售；对微构造而言，由硅制作的膜片、梁或弹簧呈现出很好的弹性且无塑性变形，其机械强度和可靠性比同样形状和尺寸的金属微结构更为优异。

根据微细加工材料及各种加工方法机理的不同，微细加工可分为 3 大类。

分离加工，即将材料的某一部分分离出去的加工方式，如切削、分解、刻蚀、溅射等。分离加工大致可分为切削加工、磨料加工、特种加工及复合加工等。

结合加工，即同种或不同种材料的附加或相互结合的加工方式，如蒸镀、沉积、生长、渗入等。结合加工可分为附着、注入和接合三类。附着是指在材料基体上附加一层材料；注入是指材料表层经处理后产生物理、化学、力学性能的改变，也可称为表面改性；接合则是指焊接、黏接等。

变形加工，即使材料形状发生改变的加工方式，如塑性变形加工、流体变形加工等。

3. 微细加工的关键技术

微系统设计技术：主要指微结构设计数据库、有限元分析、CAD/CAM 仿真和拟实技术、微系统建模等。计算机辅助设计（CAD）是微系统设计的主要工具。

微细加工技术：主要指高深度比、多层微结构的硅表面加工和体加工技术，是微机电系统技术的核心技术。

微机械材料：包括用于敏感元件和致动元件的功能材料、结构材料，具有良好电气、力学性能，适应微型加工要求的材料。

微系统测量技术：涉及材料的缺陷、电气和力学性能、微结构、微系统参数和性能测试。在测量的基础上，建立数学、力学模型。

微系统的集成和控制：包括系统设计、微传感器和微执行器与控制、通信电路以及微能源的集成等。

微系统组装与封装技术：材料的黏接、硅玻璃静电封装等。

微传感器：MEMS 最重要的组成部分。如今，微传感器主要包括面阵触觉传感器、谐振力敏传感器、微型加速度传感器以及真空微电子传感器等。已研究或形成的器件主要有力、加速度、速度、位移、pH 值、微陀螺、触觉传感器等。

微压力传感器将被用在未来机器人的人造皮肤上，使机器人具有敏锐的触觉，机器人的四肢将变得和人的四肢一样灵巧。

汽车安全气囊的核心部件是微型加速度传感器，另外，未来机器人的运动平衡系统也将用到这种传感器，使机器人的运动像人一样稳健和灵活。

微致动器：微致动器是电子式能量转换器之一，其功能是将电能转换成物理量。微致动器的主要种类有微机电、微开关、微谐振器、微阀门和微泵等。微执行器的驱动力主要有静电、压力、电磁和热。以静电作为动力的微执行器，用静电间的吸引力改变极间的电压，就可以推动某一板做机械运动。进一步将微型执行器分布成阵列，即系列化，则可以做很多事，如物体的搬运、定位等。

4. 微细加工具体技术

（1）光刻加工　光刻加工又称光刻蚀加工，是刻蚀加工的一种。该技术主要是针对集成电路制作中得到高精度微细线条所构成的高密度微细复杂图形。其基本原理是：利用光致抗蚀剂（或称光刻胶）感光后因光化学反应而形成耐蚀性的特点，将掩模板上的图形刻制到被加工表面上。因此，光刻加工可以分为两个阶段，第一阶段为原版制作，即生成工作原版或工作掩膜；第二阶段为光刻过程，两者统称为光刻加工。

光刻加工工艺：在集成电路生产中，要经过多次光刻。虽然各次光刻的目的要求和工艺条件有所不同，但其工艺过程是基本相同的。光刻工艺如图 1-88 所示，一般都要经过涂胶、曝光、显影、烘片、刻蚀、沉积和剥膜 7 个步骤。

1）涂胶，即在 SiO_2 或其他薄膜表面涂一层粘附良好、厚度适当且均匀的光刻胶膜。涂胶前的基片表面必须清洁干燥。生产中最好在氧化或蒸发后立即涂胶，此时基片表面清洁干燥，光刻胶的粘附性较好。胶膜太薄，则针孔多，抗蚀能力差；胶膜太厚，则分辨率低；因此涂胶的厚度要适当，在一般情况下，可分辨线宽为膜厚的 5~8 倍。

2）曝光，即对涂有光刻胶的基片进行选择性的光化学反应，使曝光部分的光刻胶在显影液中的溶解性改变，经显影后在光刻胶膜上得到和掩模相对应的图形。

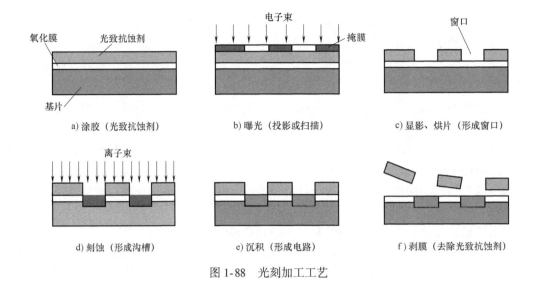

图 1-88 光刻加工工艺

3）显影，即把曝光后的基片放在适当的溶剂里，将应去除的光刻胶膜溶除干净，以获得刻蚀时所需要的光刻胶膜的保护图形。

4）烘片，即在一定温度下对显影后的基片进行烘焙，除去显影时胶膜所吸收的显影液和残留的水分，改善胶膜与基片的粘附性，增强胶膜的抗蚀能力。

5）刻蚀，即用适当的刻蚀剂，对未被胶膜覆盖的 SiO_2 或其他薄膜进行刻蚀，以获得完整、清晰、准确的光刻图形，达到选择性扩散或金属布线的目的。光刻工艺对刻蚀剂的要求是：只对需要除去的物质进行刻蚀，而对胶膜不进行刻蚀或刻蚀量很小；要求刻蚀图形的边缘整齐、清晰，刻蚀液毒性小，使用方便。

6）沉积，即将金属加热到其沸点，直接汽化，再沉积至电极装置上面，形成电路。

7）剥膜，即在 SiO_2 或其他薄膜上的图形刻蚀出来后，把覆盖在基片上的胶膜去除干净。

（2）LIGA 和准 LIGA 技术　LIGA（Lithographie Galvanoformung Abformung）技术于 1986 年起源于德国，是一种基于 X 射线光刻技术的 MEMS 加工技术（其工艺流程见图 1-89），主要包括 X 光深度同步辐射光刻、电铸制模和注模复制三个工艺步骤，具体如下：

1）以同步加速器放射的短波长（<1nm）X 射线作为曝光光源，在厚度达 0.5mm 的光致抗蚀剂上生成曝光图形的三维实体。

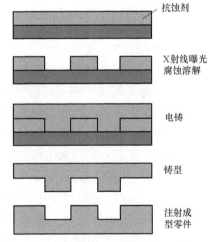

图 1-89　LIGA 工艺

2）用曝光蚀刻图形实体做电铸模具，生成铸型。

3）以生成的铸型作为模具，加工出所需微型零件。

LIGA 微细加工技术的特点：高深宽比（1μm 宽，1000μm 深），需要由功率强大的回旋加速器产生的软 X 射线做光源，对掩膜版要求高，成本高，难于与 IC 集成制作。

（3）**高能束流微细特种加工技术** 高能束流微细特种加工是利用能量密度很高的电子束、激光束或离子束等去除工件材料的特种加工方法的总称。高能束流用于微细加工的特点：属于非接触加工，无成形工具，而且几乎可以加工任何材料。

高能束流微细特种加工技术原理前文已述。

LIGA 和高能束流微细加工技术均属于微制造中的材料去除技术。

（4）**快速成形技术** 快速成形技术是一种基于离散堆积成形思想的新型成形技术，是由 CAD 模型直接驱动的快速完成任意复杂形状三维实体零件制造的技术的总称。快速成形技术可用于微机电系统的复杂机构或零部件的制作。

快速成形技术具体包括立体光刻（Stereolithography，SLA）工艺，分层实体制造（Laminated Object Manufacturing，LOM）工艺，熔融沉积制造（Fused Deposition Modeling，FDM）工艺，选择性激光烧结（Selective Laser Sintering，SLS）工艺等。其具体技术原理将在后文详述。

（三）微细加工的应用领域

微细加工在各领域的应用见表 1-6。

表 1-6 微细加工在各领域的应用

应用领域	具体应用
军事领域	用于武器制导和个人导航的惯性导航组合；用于超小型、超低功率无线通信（RF 微米/纳米和微系统）的机电信号处理；用于军需跟踪、环境监控、安全勘察和无人值守分布式传感器；用于小型分析仪器、推进和燃烧控制的集成流量系统；武器安全、保险和引信；用于有条件保养的嵌入式传感器和执行器；用于高密度、低功耗的大量数据存储器件；用于敌友识别系统、显示和光纤开关的集成微光学机械器件；用于飞机分布式空气动力学控制和自适应光学的主动的、共型表面等
信息领域	全光通信网：光开关和开关阵列、光可变衰减器、光无源互连耦合器、可调滤波器、光相干探测器、光功率限幅器、微透镜、光交叉连接器 OXC、光分插复用器 OADM 和波分复用器 无线电话：MEMS 电容、电感、传输线、RF MEMS 滤波器、RF MEMS 振荡器、MEMS 移相器、微波收发机 MEMS 集成化射频前端 计算机：摄像头、鼠标等 其他：投影仪、喷墨打印机、数据存储等
航空领域	改进飞机性能，保证飞机安全、舒适，减少噪声
航天领域	天际信息网、微重力测量
生物、医疗领域	生物芯片、Lab on Chip、血压计、新型喷雾器、可在血管内操作和检测的微型仪器等
汽车工业	每部汽车内可安装 30 余个传感器，包括气囊、压力、温度、湿度、气体等传感器；微喷嘴；智能汽车控制系统等
其他	自动化控制中的探测器、无人值守大气环境监测网、高速公路环境监测网、摄像机、洗衣机、虚拟现实目镜、游戏棒、智能玩具等

二、纳米加工技术

（一）纳米概述

纳米（nm）是一种长度单位，$1nm = \frac{1}{10亿}m$，人的一根头发丝的直径相当于 6 万 nm。纳米小得可爱，却威力无比，它可以对材料性质产生影响，并发生变化，使材料呈现出极强的活跃性。科学家们说，纳米这个"小东西"将给人类生活带来的震撼，会比被视为迄今为止影响现代生活方式最为重要的计算机技术更深刻、更广泛、更持久。

纳米技术是指在 1~100nm 这一尺度范围内对原子、分子进行操纵和加工的技术，包括纳米结构和纳米材料。

（二）纳米技术的发展

1959 年，诺贝尔奖获得者、量子物理学家理查德·费曼（Richard Feynman）提出可以从单个分子甚至单个原子开始组装制造物品，这是关于纳米科技的最早的梦想和预言。

20 世纪 50 年代末，物理学家开始认识到"物理学的规律不排除一个原子一个原子地制造物品的可能性"。

1974 年，日本学者谷口纪男（Taniguchi Norio）在 CIRP 上首次提出"Nano-technology"概念，并预测 2000 年加工精度将达到 1nm。

1981 年，科学家发明研究纳米的重要工具——扫描隧道显微镜，为人类揭示了一个可见的原子、分子世界，对纳米科技发展产生了积极的促进作用。

1984 年，德国学者格莱特（Gleiter），把粒径 6nm 的金属粉末压成纳米块，并且详细研究了它的内部结构，指出了其界面的奇异结构和特异功能。

1990 年，IBM 公司使用扫描探针移动 35 个原子，组成了 IBM 三个字母，创造了人类最"微乎其微"的伟大奇迹，纳米神话令世界震惊。

1991 年，碳纳米管被人类发现，它的质量是相同体积钢的 1/6，强度却是钢的 10 倍，成为纳米技术研究的热点。诺贝尔化学奖得主斯莫利教授认为，纳米碳管将是未来最佳纤维的首选材料，也将被广泛用于超微导线、超微开关以及纳米级电子线路等。

1997 年，美国科学家首次成功地用单电子移动单电子，利用这种技术可望在 20 年后研制成功速度和存储容量比现在提高成千上万倍的量子计算机。

1999 年开始，纳米技术产业逐步走向全面商业化，2000 年纳米产品的营业额达到 500 亿美元。

（三）纳米材料的结构及性能

纳米级别的物质材料，表面原子或分子占了相当大的比例，已经无法区分它们是长程有序（晶态）、短程有序（液态），还是完全无序（气态）了，而成为物质的一种新的状态——纳米态。并且，人们很早就注意到这种纳米态的性质不是主要取决于其体内的原子或分子，而是主要取决于表面或界面上分子排列的状态，因为它们具有量子力学上的强关联性，而表现出完全不同于宏观和微观世界的介观性质。纳米材料的主要特性表现如下：

（1）**表面效应** 纳米材料的表面效应是指纳米粒子的表面原子数与总原子数之比随粒径的变小而急剧增大后所引起的性质上的变化。

粒子直径减小到纳米级，不仅引起表面原子数的迅速增加，而且纳米粒子的表面积、表面能都会迅速增加。例如，金属纳米粒子在空气中会燃烧，非金属纳米粒子在大气中会吸附气体并与气体进行反应。

（2）**体积效应** 由于纳米粒子体积极小，所包含的原子数很少，相应的质量极小，因此许多现象就不能用通常有无限个原子的块状物质的性质加以说明，这种特殊的现象通常被称为体积效应。

（3）**量子尺寸效应** 大块材料的能带可以看成是连续的，而介于原子和大块材料之间的纳米材料的能带将分裂为分立的能级。能级间的间距随颗粒尺寸减小而增大。当热能、电场能或者磁场能比平均的能级间距还小时，就会呈现出一系列与宏观物体截然不同的反常特性，称为量子效应。

当纳米粒子的尺寸下降到某一值时，金属粒子费米面附近的电子能级由准连续变为离散能级；且纳米半导体微粒存在不连续的最高被占据的分子轨道能级和最低未被占据的分子轨道能级，使得能隙变宽的现象，称为纳米材料的量子尺寸效应。

（4）**小尺寸效应** 纳米材料是一种具有极小的粒径的亚稳态物质，微粒表面原子比例高，比表面积大，因而能表现出一种独特的体积效应与表面效应，其电子运动状态也与普通材料不同，呈现出一定的量子尺寸效应和宏观量子隧道效应。

随着颗粒尺寸的量变，在一定条件下会引起颗粒性质的质变。由于颗粒尺寸变小所引起的宏观物理性质的变化称为小尺寸效应，如金属纳米颗粒对光吸收显著增加，并产生吸收峰的等离子共振频移。

小尺寸纳米颗粒的磁性与大块材料有明显的区别，它由磁有序态向磁无序态、超导相向正常相转变。

与大尺寸固态物质相比，纳米颗粒的熔点会显著下降，如 2nm 的金颗粒熔点为 600K，随着粒径增加，其熔点迅速上升，块状金的熔点为 1337K。

（5）**宏观量子隧道效应** 微观粒子具有贯穿势垒的能力称为隧道效应。近年来人们发现，一些宏观量，如微颗粒的磁化强度、量子相干器件中的磁通量以及电荷等也具有隧道效应，它们可以穿越宏观系统的势垒而产生变化，故称为宏观的量子隧道效应（Macroscopic Quantum Tunneling，MQT）。这一效应与量子尺寸效应一起，确定了微电子器件进一步微型化的极限，也限定了采用磁带磁盘进行信息储存的最短时间。

以上效应是纳米粒子与纳米固体的基本特性，它使纳米粒子和固体呈现许多奇异的物理性质和化学性质，出现一些"反常现象"，如金属是导体，但纳米金属微粒在低温时由于量子尺寸效应会呈现电绝缘性；纳米磁性金属的磁导率是普通金属的 20 倍；化学惰性金属铂制成纳米微粒（箔黑）后，却成为活性极好的催化剂等。

（四）纳米材料的制备

纳米材料的制备方法主要有以下几种。

（1）**真空冷凝法** 用真空蒸发、加热、高频感应等方法使原料汽化或形成等粒子体，然后骤冷。其特点是纯度高、结晶组织好、粒度可控，但对设备技术要求高。

（2）**物理粉碎法** 通过机械粉碎、电火花爆炸等方法得到纳米粒子。其特点是操作简单、成本低，但产品纯度低，颗粒分布不均匀。

（3）**机械球磨法** 采用球磨方法，控制适当的条件，得到纯元素、合金或复合材料的纳米粒子。其特点是操作简单、成本低，但产品纯度低，颗粒分布不均匀。

（4）**气相沉积法** 利用金属化合物蒸气的化学反应合成纳米材料。其特点是产品纯度高，粒度分布窄。

（5）**沉淀法** 把沉淀剂加入到盐溶液中反应后，将沉淀热处理得到纳米材料。其特点是简单易行，但产品纯度低，颗粒半径大，适合制备氧化物。

（6）**水热合成法** 高温高压下在水溶液或蒸汽等流体中合成，再经分离和热处理得到纳米粒子。其特点是产品纯度高，分散性好，粒度易控制。

（7）**溶胶凝胶法** 金属化合物经溶液、溶胶、凝胶而固化，再经低温热处理而生成纳米粒子。其特点是反应物种类多，产物颗粒大小均一，过程易控制，适于氧化物和Ⅱ～Ⅵ族化合物的制备。

（8）**微乳液法**　两种互不相溶的溶剂在表面活性剂的作用下形成乳液，在微泡中经成核、聚结、团聚、热处理后得到纳米粒子。其特点是粒子的单分散和界面性好，Ⅱ～Ⅵ族半导体纳米粒子多用此法制备。

（五）纳米级加工技术

1. 纳米级加工技术概述

纳米级加工技术是指纳米级精度的加工和纳米级表层的加工，即原子和分子的去除、搬迁和重组，是纳米技术的主要内容之一。

纳米级加工的实质就是要切断原子间的结合，实现原子或分子的去除。切断原子间结合所需要的能量，必然要超过该物质的原子间结合能。

按加工方式，纳米级加工可分为切削加工、磨料加工（分固结磨料和游离磨料）、特种加工和复合加工四类。

纳米级加工还可分为传统加工、非传统加工和复合加工。传统加工是指刀具切削加工、固有磨料和游离磨料加工；非传统加工是指利用各种能量对材料进行加工和处理；复合加工是多种加工方法的复合作用。

2. 扫描隧道显微镜加工技术

扫描隧道显微镜由在 IBM 瑞士苏黎世实验室工作的 G. Binning 和 H. Rohrer 于 1981 年发明，可用于观察物体纳米级的表面形貌，被列为 20 世纪 80 年代世界十大科技成果之一，1986 年获诺贝尔物理学奖。

扫描隧道显微镜（scanning tunneling microscope，STM）的工作原理基于量子力学的隧道效应。当两电极之间的距离缩小到 1nm 时，由于粒子波动性，电流会在外加电场的作用下，穿过绝缘势垒，从一个电极流向另一个电极。当一个电极为非常尖锐的探针时，由于尖端放电使隧道电流加大。

STM 是一种扫描探针显微技术工具，它可以让科学家观察和定位单个原子，具有比同类原子力显微镜更加高的分辨率。此外，扫描隧道显微镜在低温下（4K）可以利用探针尖端精确操纵原子，因此它在纳米科技领域既是重要的测量工具又是加工工具。图 1-90 所示

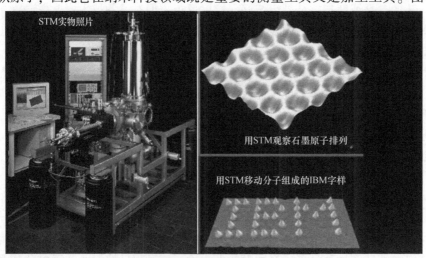

图 1-90　STM 实物及其应用实例

为 STM 实物及其在测量和加工中的应用实例。

STM 的测量原理为：当探针与试件表面距离达 1nm 时，形成隧道结（图 1-91）。

当偏压 U_b 小于势垒高度 ϕ 时，隧道电流密度为

$$j = \frac{e^2}{h}\frac{k_a}{4\pi^2 d}U_b e^{-2k_0\phi}$$

$$\phi = \frac{\phi_1 + \phi_2}{2}$$

式中　h——普郎克常数；

e——电子电量；

k_a、k_0——系数。

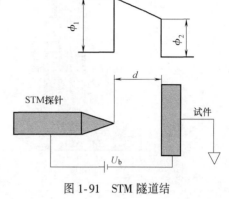

图 1-91　STM 隧道结

由上式可见，探针与试件表面距离 d 对隧道电流密度非常敏感，这正是 STM 的基础。基于以上原理，STM 有两种测量模式，如图 1-92 所示。

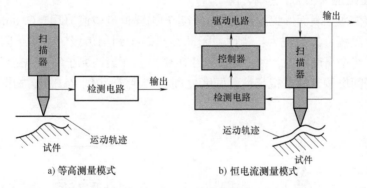

a) 等高测量模式　　　　b) 恒电流测量模式

图 1-92　STM 的测量模式

（1）**等高测量模式**（图 1-92a）探针以不变高度在试件表面扫描，隧道电流随试件表面起伏而变化，从而得到试件表面形貌信息。

（2）**恒电流测量模式**（图 1-92b）探针在试件表面扫描，使用反馈回路驱动探针，使探针与试件表面之间距离（隧道间隙）不变，探针移动直接描绘了试件表面形貌。此种测量模式隧道电流对隧道间隙的敏感性转移到反馈电路驱动电压与位移之间的关系上，避免了非线性，提高了测量精度和测量范围。

STM 的加工原理（图 1-93）：当显微镜的探针对准试件表面某个原子并非常接近时，试件上该原子受到两个力，一个是探针尖端原子对它的原子间作用力；另一个是试件其他原子对它的原子间结合力。如探针尖端原子和它的距离小到某极小距离时，探针针尖可以带动该原子跟随针尖移动而又不脱离试件表面，实现试件表面的原子搬迁。

如图 1-93 所示，在显微镜探针针尖对准试件表面某原子时，再加上电偏压或加脉冲电压，使该原子成为离子而被电场蒸发，以去除电子形成空位。实验证明，无论正脉冲还是负脉冲，均可以抽出单个硅原子，说明硅原子既可以正离子也可以负离子的形式被电场蒸发。在有脉冲电压的情况下，也可以从针尖上发射原子，达到增添原子填补空位的目的。

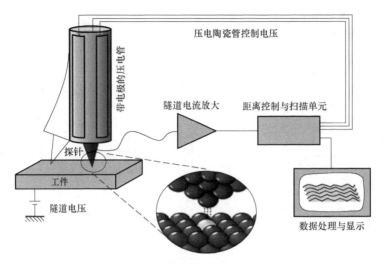

图 1-93　STM 的加工原理

3. 原子力显微镜（AFM）技术

为解决非导体微观表面形貌测量问题，借鉴扫描隧道显微镜原理，C. Binning 于 1986 年发明了原子力显微镜。其原理为：当两原子间距离缩小到纳米级时，原子间作用力显示出来，造成两原子势垒高度降低，两者之间产生吸引力。而当两原子间距离继续缩小至原子直径时，由于原子间电子云的不相容性，两者之间又产生排斥力。AFM 实物图片及其结构原理如图 1-94 所示。

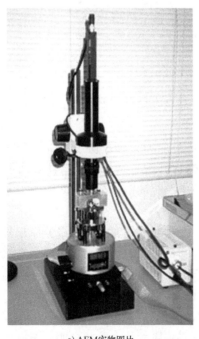

a) AFM实物图片

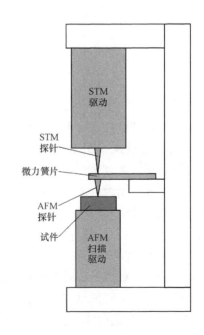

b) AFM结构原理

图 1-94　AFM 实物图片及其结构原理

AFM 有两种测量模式。

（1）**接触式**　探针针尖与试件表面距离<0.5nm，利用原子间的排斥力工作。由于其分辨率高，目前采用较多。其工作原理是：保持探针与被测表面间的原子排斥力一定，探针扫描时的垂直位移即反映被测表面形貌。

（2）**非接触式**　探针针尖与试件表面距离为 0.5~1nm，利用原子间的吸引力工作。

（六）**纳米级技术的应用**

随着纳米级技术的快速发展，其应用日趋广泛，典型应用如下：

（1）**纳米材料用于纺织品**　经过独特的工艺处理，将紫外线隔离因子引入纤维中，能起到防紫外线、阻隔电磁波的作用，具有无毒、无刺激，不受洗涤、着色和磨损等影响的特点，可以有效保护人体皮肤不受辐射伤害。

如果在分散的纳米分子材料上经过特殊处理，再运用到纤维物体上，那么衣服就可以不粘油、不粘水，而且由于纳米分子非常非常小，不会影响纤维物体的透气性和清洗效果。

（2）**纳米生物技术的成果也会为制造人造器官和人造皮肤提供便利**　如今科学家们已经能够利用烧伤患者未被破坏部分的皮肤细胞制成被烧伤部位的人造皮肤，并使其具有正常的代谢作用。将来纳米生物技术的进一步发展还会为医生有效治疗脑血栓提供可能。纳米微粒也将会在摧毁脑肿瘤方面起到重要作用。

（3）**纳米技术用在医学上**　专家们把磁性纳米复合高分子微粒用于细胞分离，或者把非常细小的磁性纳米微粒放入一种液体中，然后让病人喝下，对人身体的病灶部位进行治疗，并且通过操纵，可使纳米微粒在人的身体病灶部位聚集，进行有目标的治疗，在不破坏正常细胞的情况下，可以把癌细胞等分离出来，也可以制成靶向药物控释纳米微粒载体（俗称"生物导弹"），用于治疗脑栓塞等疾病，同时也可用纳米技术生产出纳米探针（微型机器人），深入体内治疗疾病或清理体内垃圾等。

密西根大学的 Donald Tomalia 等已经用树形聚合物发展了能够捕获病毒的"纳米陷阱"。体外实验表明，"纳米陷阱"能够在流感病毒感染细胞之前就捕获它们，使病毒丧失致病的能力。

（4）**纳米化妆品**　纳米化妆品项目的相关实验结果已经得出，北京地区唯一能做透皮吸收测试的北京军区总医院临床药物研究所为北京中阳德安医药科技有限公司的产品进行了透皮吸收实验。实验报告显示：将两种样品同时涂布于两组小鼠的表皮组织，纳米组在 10min 后，即可明显测出其渗透量，并且随时间延长，渗透量的值增大，4h 时渗透量达稳态吸收量。而对照组在 1.5h 后才开始有明显的渗透，但与同时间的纳米组的比较渗透量的值低 55.58%。这说明纳米组在给样最短时间内即达到有效吸收。纳米组的积累吸收量明显大于对照组。据进行此项实验测试的专家称，该实验是严格按照美国 FDA 的药理实验标准进行的，其结果是可靠的。

（5）**纳米陶瓷**　纳米技术如果应用在陶瓷上，可使陶瓷具有超塑性，大大增强了陶瓷的韧性，使其不怕摔、不怕碎，坚固无比。

（6）**纳米技术在军事上的应用**　纳米材料可作为催化剂被广泛用于提高军事能源的使用效能。纳米镍粉作为火箭固体燃料反应催化剂，可使燃烧效率提高 100 倍；纳米炸药比常规炸药性能提高千百倍；纳米材料制成的燃油添加剂，可节省燃油，降低尾气排放。

利用纳米技术在产品中添加特殊性能的材料或在产品表面形成一层特殊的材料，能产生出新的性能，如可以使易碎的陶瓷变得具有韧性，达到类似于铁的耐弯曲性，或具有特殊的刚性。现在已经制造出来的碳纳米管，硬度大约是钢的100倍。可以想象，把纳米技术用于武器制造，可大大提高武器弹头对目标的穿透力和破坏力，也可提高武器装备的防护能力，未来防弹装甲车可能产生使导弹滑落或弹回去的奇迹。

某些纳米固体在较宽的频谱范围对电磁波有均匀的吸收性能，几十纳米厚的固体薄膜的吸收效果与比它厚1000倍的现有吸波材料相同，美国研制的纳米隐身涂料超黑粉对雷达波的吸收率达99%。用纳米吸波材料涂在战略轰炸机、导弹等攻击性飞行器的表面，能有效地吸收敌方防空雷达的电磁波（B-2隐身轰炸机表面的涂层中就含有纳米材料）；将纳米粒子添加于发烟剂中，能对阵地起到很好的屏蔽作用，与土壤混合可遮蔽地下指挥所等重要军事设施。

利用纳米技术可以把传感器、电动机和数字智能装备集中在一块芯片上，制造出几厘米甚至更小的微型装置。在未来战场上，将出现能像士兵那样执行军事任务的超微型智能武器装备。据报道，美国研制的小型智能机器人，大的像鞋盒子那么大，小的如硬币，它们会爬行、跳跃甚至可飞过雷区、穿过沙漠或海滩，为部队或数千公里外的总部收集信息。微型机电武器还可用于敌我识别、探测核污染和化学毒剂、无人侦察机等。

基于纳米技术、微电机技术的发展，一些国家发射的卫星正向小型化方向发展。1993年，美国航空航天公司就提出了纳米卫星（重0.1~10kg）的概念。1999年，英国、美国、瑞典各发射了一颗纳米卫星。用专用微型集成电路取代现在卫星上使用的有关系统，可使微型卫星、纳米卫星体积小、重量轻，生存能力强，即使遭受攻击也不会丧失全部功能；研制费用低，不需大型实验设施和跨度大的厂房；易发射，不需大型运载工具发射，一枚小型运载火箭即可发射千百颗，再按不同轨道组成卫星网，可实现对地球表面的覆盖。

第七节 快速原型制造

快速原型制造技术（Rapid Prototype Manufacturing，RPM）是一种基于离散堆积成形思想的新型制造技术，诞生于20世纪80年代后期，被认为是近年来制造领域的一个重大成果和革命性进展。

一、快速原型制造技术概述

（一）快速原型制造技术的定义

快速原型制造技术是综合利用CAD技术、数控技术、材料科学、机械工程、电子技术及激光技术的技术集成，以实现从零件设计到三维实体原型制造一体化的系统技术。它是一种基于离散堆积成形思想的新型成形技术，是由CAD模型直接驱动的快速完成任意复杂形状三维实体零件制造的技术的总称。

由以上定义可以看出：

快速原型制造技术彻底摆脱了传统的"去除"加工法，而基于"材料逐层堆积"的制造理念，将复杂的三维加工分解为简单的材料二维添加的组合，能在CAD模型的直接驱动下，快速制造任意复杂形状的三维实体，是一种全新的制造技术。

RPM技术在不需要任何刀具、模具及工装夹具的情况下，可将任意复杂形状的设计方案快速转换为三维的实体模型或样件，这是快速原型技术所具有的潜在的革命意义。

RPM 技术借助计算机、激光、精密传动、数控技术等现代手段，将 CAD 和 CAM 集成于一体，根据在计算机上构造的三维模型，能在很短的时间内直接制造出产品样品，使设计工作进入一种全新的境界。

RPM 技术改善了设计过程中的人机交流，缩短了产品开发周期，加快了产品更新换代的速度，降低了企业投资新产品的风险。

（二）快速原型制造技术的发展

随着全球市场一体化的形成，制造业的竞争十分激烈，产品的开发速度日益成为市场竞争的主要矛盾。在这种情况下，自主快速产品开发（快速设计和快速工模具）的能力（周期和成本）成为制造业全球竞争的实力基础。制造业为满足日益变化的用户需求，要求制造技术有较强的灵活性，能够以小批量甚至单件生产而不增加产品的成本。因此，产品的开发速度和制造技术的柔性就十分关键。在这种背景下，20 世纪 80 年代末，快速原型制造技术首先在美国问世，并很快扩展到日本及欧洲。工业国家称 RPM 技术是继数控技术后又一场技术革命。我国 1992 年进入 RPM 领域，清华大学、西安交通大学、华中科技大学、北京隆源等单位在 RMP 设备、材料和软件方面先后完成了开发和产业化过程。

二、快速原型制造技术

（一）快速原型制造技术的基本原理

从成形角度看，零件可视为点、线、面叠加而成的，即从 CAD 模型中离散得到点、线、面的几何信息，再与快速成形的工艺参数信息结合，控制材料有规律地、精确地由点、线到面，由面到体地逐步堆积成零件。

从制造角度看，RPM 根据 CAD 造型生成零件三维几何信息，控制三维的自动化成形设备，通过激光束或其他方法将材料逐层堆积而形成成形零件。

RPM 属于离散/堆积成形，RPM 技术采用软件离散材料堆积的原理实现零件的成形过程，通过离散获得堆积的路径、顺序、限制和方式，通过堆积材料"叠加"起来形成三维实体。如图 1-95 所示，RPM 作业过程主要包括 CAD 模型建立、STL 文件生成、分层切片、快速堆积四个阶段。

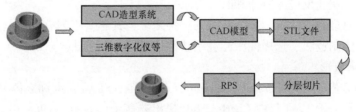

图 1-95　RPM 作业过程

RPM 详细的工艺流程如下：

（1）**产品的 CAD 建模**　应用三维 CAD 软件，根据产品要求设计三维模型，或采用逆向工程技术获取产品的三维模型。

（2）**三维模型的近似处理**　用一系列小三角形平面来逼近模型上的不规则曲面，从而得到产品的近似模型。

（3）**三维模型的 Z 向离散化（即分层处理）**　将近似模型沿高度方向分成一系列具有一定厚度的薄片，提取层片的轮廓信息。

（4）**处理层片信息，生成数控代码**　根据层片几何信息，生成层片加工数控代码，用以控制成形机的加工运动。

（5）**逐层堆积制造**　在计算机控制下，根据生成的数控指令，成形头在平面内按截面轮廓进行扫描，固化液态树脂，从而堆积出当前的一个层片，并将当前层与已加工好的零件部分粘合。然后，成形机工作台面上升或下降一个层厚的距离，再堆积新的一层。如此反复进行，直到整个零件加工完毕。

（6）**后处理**　对完成的原型进行处理，使之达到要求。

基于以上原理，可将快速原型制造技术的重要特征表述为以下几个方面。

（1）**离散堆积制造**（Discretization Accumulation Manufactruing，DAM）　这是现代成形学理论中在对成形技术发展进行总结的基础上提出的，表明了模型信息处理过程的离散性，强调了成形物理过程的材料堆积性，体现了快速原型制造技术的基本成形原理，具有较强的概括性和适应性。

（2）**"分层制造"**（Layered Manufacturing，LM）　将复杂的三维加工分解成一系列二维层片的加工，着重强调层作为制造单元的特点，每层可由低一维单元进行累加成高维单元进行加工得到。

（3）**"材料添加制造"**（Material Increase Manufacturing，MIM）　采用一定方式使材料堆积、叠加成形，有别于车削等基于材料去除原理的传统加工工艺。

（4）**"直接 CAD 制造"**（Direct CAD Manufacturing，DCM）　使计算机中的 CAD 模型通过接口软件直接驱动快速成型设备，接口软件完成 CAD 数据向设备数控指令的转化和成形过程的工艺规划，成形设备则完成零件的三维输出，实现了设计与制造一体化。

（5）**"实体自由成形制造"**（Solid Freeform Fabrication，SFF）　表明快速原型制造技术无须专用的模具或夹具，零件的形状和结构可不受任何约束。

（6）**"即时制造"**（Instant Manufacturing）　反映了该技术的快速响应性。由于无须针对特定零件制订工艺规程，无须专用夹具和工具，快速原型制造技术制造一个零件的全过程远远短于传统工艺过程，使得快速原型制造技术尤其适合于新产品的开发，显示了其适合现代科技和社会发展的快速反应的特征和时代要求。

目前，快速原型制造的工艺方法已有几十种之多，其主要工艺有四种基本类型：光固化成形法、分层实体制造法、选择性激光烧结法和熔融沉积制造法。

（二）光固化成形

光固化成形工艺（SLA-Stereo Lithography Apparatus，SLA），也称立体光刻、立体造型、选择性液体固化等，于 1984 年由 Charles Hull 提出并获美国专利。1988 年，美国 3D System 公司推出世界上第一台商品化 RP 设备 SLA-250。目前 SLA 工艺已成为世界上研究最深入、技术最成熟、应用最广泛的一种快速原型制造方法。

1．技术原理

光固化成形技术是基于液态光敏树脂的光聚合（液态材料在一定波长和功率的紫外光照射下能迅速发生光聚合反应，分子量急剧增大，材料从液态转变成固态）原理工作的，如图 1-96 所示，以光敏树脂为原料，通过计算机控制紫外光使其固化成形，自动制作出其他加工方法难以制作的复杂立体形状。其工艺原理是：从最底层开始，激光在光敏树脂表面扫描，在扫描过程中，激光的曝光量超过树脂固化所需的阈值能量的地方才会发生聚合反应，形成固态。

由图 1-96 可以看出，SLA 系统主要由激光器、激光束扫描装置、光敏树脂、液槽及附件、控制系统等构成。

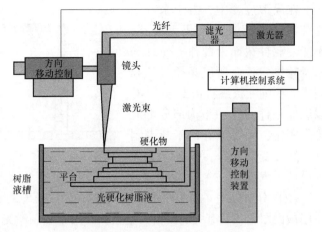

图 1-96　SLA 系统结构与原理

（1）**激光器**　大多采用紫外光式激光器，常用的主要有以下两种类型。

1）氦-镉（He-Cd）激光器：一种低功率激光，以氦气和镉蒸气的复合气体作为工作物质，生成可见紫外激光射线。

2）氩离子（Ar+）激光器：低功率激光光源，以氩气为工作物质，生成可见紫外激光射线。

（2）**激光束扫描装置**　常用数字控制的激光束扫描装置有两种形式。

1）电流计驱动式的扫描镜方式，最高扫描速度可达 15m/s，适合于制造尺寸较小的原型件。

2）X-Y 绘图仪方式，激光束在整个扫描过程中与树脂表面垂直，适合于制造大尺寸的原型件。

（3）**光敏树脂**　SLA 工艺的成形材料是液态光敏树脂，如环氧树脂、乙烯酸树脂、丙烯酸树脂等。

要求 SLA 树脂在一定频率的单色光照射下迅速固化，固化时树脂的收缩率要小，固化后的原型有足够的强度和良好的表面质量，成形时毒性要小。

根据光引发剂的引发机理，光敏树脂可分为三类：自由基型光敏树脂、阳离子型光敏树脂、混杂型光敏树脂。

（4）**液槽及附件**　液槽采用不锈钢制作，其尺寸大小取决于成形系统设计的最大尺寸原型件或零件；升降工作台由步进电动机控制，最小步距应在 0.02mm 以下；刮平器用于保证新一层的光敏树脂能够迅速、均匀地涂敷在已固化层上，保持每一层厚度的一致性，从而提高原型件的精度。

（5）**控制系统**　主要由工控机、分层处理软件和控制软件等组成。激光器光束反射镜扫描驱动器、X-Y 扫描系统、工作台 Z 方向上下移动和刮刀的往复移动，都由控制软件来控制。

2. 成形工艺过程

SLA 的成形工艺过程主要有模型及支撑设计、分层处理、原型制作、后处理四个阶段。

（1）**模型及支撑设计**　模型设计是应用三维 CAD 软件进行几何建模，并输出 STL 格式文件的过程。

在成形过程中，由于未被激光束照射的部分材料仍为液态，不能使制件截面上的孤立轮廓和悬臂轮廓定位，所以必须设计和制作一些细柱状或肋状支撑结构，以确保制件的每一结构部分都能可靠固定，同时也有助于减少制件的翘曲变形。图 1-97 所示为支撑设计示意图。

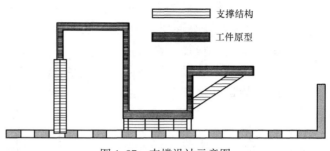

支撑结构
工件原型

图 1-97　支撑设计示意图

（2）**分层处理**　采用专用分层软件对 CAD 模型的 STL 格式文件进行分层处理，得到每一层截面图形及其有关的网格矢量数据，用于控制激光中的扫描轨迹。

分层处理还包括层厚、固化深度、扫描速度、网格间距、线宽补偿值、收缩补偿因子的选择与确定等。

（3）**原型制作**　在计算机控制下，对液态光敏树脂进行逐层扫描、固化，完成原型的制作。

（4）**后处理**　主要包括剥离、去除废料和支撑结构；后固化，达到需要的性能；修补、打磨、抛光、表面涂覆、表面强化处理等。

3. SLA 工艺的特点

SLA 工艺的技术优势：尺寸精度高，表面质量好，成形过程自动化程度高，原材料利用率高，能制造形状特别复杂（如空心零件）、特别精细（如首饰、工艺品等）的零件，制作出来的原型件，可快速翻制成各种模具。

SLA 工艺技术的不足：成形过程中需要支撑，否则会引起制件变形；设备运转及维护成本高等；液态树脂有气味和毒性；液态树脂固化后的性能还不如常用的工业塑料。

（三）分（叠）层实体制造

分层实体制造（Laminated Object Manufacturing，LOM）工艺也称为层合实体制造。1984年，Michael Feygin 提出了叠层实体制造工艺方法，并于 1985 年在美国加州托兰斯组建 Helisys 公司，1990 年开发了世界上第一台商业机型 LOM-1015。

1. 分层实体制造工艺原理

采用薄片材料，如纸、塑料薄膜等作为成形材料，片材表面事先涂覆上一层热熔胶。加工时，用 CO_2 激光器（或刀）在计算机控制下按照 CAD 分层模型轨迹切割片材，然后通过热压辊热压，使当前层与下面已成形的工件层黏接，从而堆积成形。LOM 工艺原理如图 1-98 所示，首先铺上一层箔材，采用激光切割系统或刀具在计算机控制下沿轮廓线对工作台上的箔材进行切割，切割出工艺边框和原型的边缘轮廓线，非零件

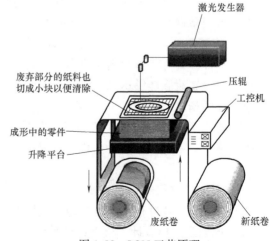

激光发生器
废弃部分的纸料也切成小块以便清除
压辊
工控机
成形中的零件
升降平台
废纸卷
新纸卷

图 1-98　LOM 工艺原理

部分全部切碎以便于去除。当本层完成后，再铺上一层箔材，片材表面事先涂覆上一层热熔胶，通过升降平台的移动，供料机构转动收料轴和供料轴，带动料带移动，使新层移到加工区域，工作台上升到加工平面，用滚子碾压并加热，以固化粘结剂，使新铺上的一层箔材牢固地黏接在先前的已成形体上，工件的层数增加一层，高度增加一个料厚，再在新层上切割该层的截面轮廓。如此反复，直至零件的所有截面黏接、切割完，得到分层制造的实体零件。

由图 1-100 可以看出，LOM 系统主要由以下几部分构成。

（1）**工控机**　用于接收和存储工件的三维模型，对模型进行分层处理，发出控制指令。

（2）**卷筒材料送放装置**　将存储于其中的材料逐步送到工作台的上方，并通过热压系统将一层层材料黏接在一起。

（3）**激光切割系统**　按照计算机提取的截面轮廓，逐层在材料上切割出轮廓线。

（4）**可升降工作台**　每层成形之后，工作台降低一个材料厚度，以便送进、黏接和切割新一层材料。

2. LOM 制造工艺过程

LOM 制作工艺主要包括基底制作、原型制作、余料剔除、后处理等。

（1）**基底制作**　由于叠层在制作过程中要由工作台带动频繁升降，为实现原型与工作台之间的连接，需要制作基底。

（2）**原型制作**　由设备根据给定的工艺参数自动完成原型所有叠层的制作过程。

（3）**余料剔除**　主要是将成形过程中产生的网状废料与工件剥离，通常采用手工剥离的方法。

（4）**后处理**　余料去除以后，为提高原型表面状况和机械强度，保证其尺寸稳定性、精度等方面的要求，需对原型进行后置处理，如修补、打磨、抛光、表面涂覆等，经处理的LOM 原型表现出类似硬木的效果和性能。

3. LOM 工艺特点

LOM 工艺优势：成形精度较高；只须对轮廓线进行切割，制作效率高，适合做大件及实体件；制成的样件有类似木质制品的硬度，可进行一定的切削加工。

LOM 工艺的不足：不适宜做薄壁原型；表面比较粗糙，工件表面有明显的台阶纹，成形后要进行打磨；易吸湿膨胀，成形后要尽快做表面防潮处理；工件强度低，缺少弹性。

（四）选择性激光烧结

选择性激光烧结工艺（Selected Laser Sintering，SLS）由美国人于 1989 年研制成功，并由美国 DTM 公司商品化。

1. SLS 技术原理

如图 1-99 所示，SLS 技术利用粉末状材料（主要有塑料粉、蜡粉、金属粉、表面附有粘结剂的覆膜陶瓷粉、覆膜金属粉及覆膜砂等）在激光照射下烧结的原理，在计算机控制下层层堆积成形。其工艺过程为：先在工作台上铺上一层有很好密实度和平整度的粉末，加热至恰好低于该粉末烧结点的某一温度，在计算机控制下用激光束在上面扫描出零件截面，在高强度的激光照射下有选择地将粉末熔化或黏接烧结（零件的空心部分不烧结，仍为粉末材料），被烧结部分便固化在一起形成一个层面，构成零件的实心部分，未烧结的粉末被用来作为支撑。一层完成后再进行下一层烧结，利用滚子铺粉压实，激光束再按第二层信息进行扫描,再熔结或黏接成另一个层面并与原层面牢牢地熔结或黏接在一起。如此层层叠加,全部烧结完成后,去除多余的粉末,便得到烧结成的三维实体零件。

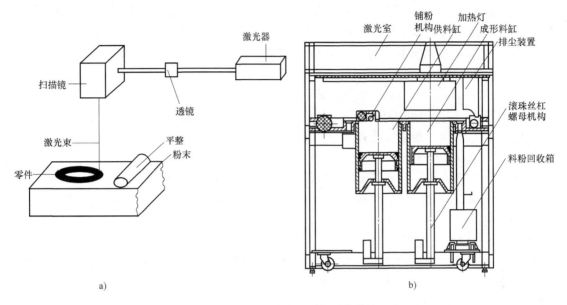

图 1-99　SLS 技术原理与系统结构

由图 1-101 可以看出,SLS 系统由机械系统、光学系统和计算机控制系统组成。机械系统和光学系统在计算机控制系统的控制下协调工作,自动完成制件的加工成形。机械系统主要由机架、工作平台、铺粉机构、两个活塞缸、料粉回收箱、加热灯和排尘装置组成。

2. 成形工艺

SLS 成形工艺主要包括成形参数选择、原型制作、后处理等。

(1) 成形参数选择　主要是合理确定分层参数和成形烧结参数。分层处理过程中需要控制的参数包括零件加工方向、分层厚度、扫描间距和扫描方式;成形烧结参数包括扫描速度、激光功率、预热温度和铺粉参数等。

(2) 原型制作　SLS 原型制作中无需加支撑,因为没有烧结的粉末起到了支撑的作用。

(3) 后处理　SLS 原型从成形室取出后,用毛刷和专用工具将制件上多余的附粉去掉,进一步清理打磨之后,还需针对原型材料做进一步后处理。

3. SLS 工艺特点

SLS 工艺优势:可以采用多种材料,特别是可以直接制造金属零件;SLS 工艺无需支撑,这不仅简化了设计、制作过程,而且不会由于去除支撑操作而影响制件表面的品质;制件具有较好的力学性能,可直接用作功能测试或小批量使用的产品;材料利用率高,未烧结的粉末可以重复利用,并且材料价格较便宜、成本低。

SLS 工艺的不足之处:成形速度比较慢,成形时精度和表面质量不高,而且成形过程中能量消耗较多。

(五) 熔融沉积制造

熔融沉积制造 (Fused Deposition Modeling, FDM) 由美国学者 Dr. Scott Crump 于 1988 年研制成功,并由 Stratasys 公司于 1993 年开发出第一台 FDM1650 机型,又先后推出了 2000、

3000、8000 机型。近年来，3D Systems 公司在 FDM 技术的基础上开发了多喷头（Multi-Jet Manufacture，MJM）技术，可使用多个喷头同时造型，从而提高了造型速度。

1. FDM 工艺原理

如图 1-100 所示，FDM 工艺是利用热塑性材料（一般为蜡、ABS 塑料、尼龙等）的热熔性、粘结性，在计算机控制下层层堆积成形的。FDM 工艺过程为：材料为半熔融状态的细丝，通过送丝机构被送进热熔喷头，在加热喷头内被加热融化，由计算机控制喷头沿零件截面轮廓做填充轨迹运动（一般喷头可沿着 X 轴移动，而工作台则沿 Y 轴移动），同时将熔化的材料按 CAD 分层数据控制的路径挤出覆盖并沉积在指定的位置，在极短的时间内材料迅速凝固冷却成形，并与周围的材料黏接，形成一个层面，之后挤压头沿轴向向上运动一微小距离，进行下一层材料的建造。然后将第二个层面用同样的方法建造出来，并与前一个层面熔结在一起，如此层层堆积成形。

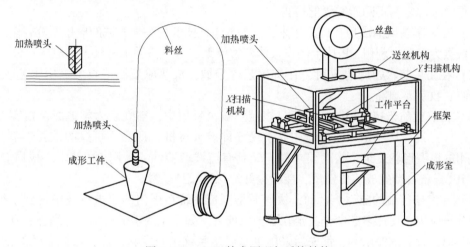

图 1-100　FDM 技术原理与系统结构

FDM 系统主要包括喷头、送丝机构、运动机构、加热成形室、工作台五部分。

2. FDM 成形工艺过程

FDM 成形工艺过程主要包括三维模型设计及 STL 文件输出、使用软件进行分层处理、原型制作、原型后处理四个阶段。

3. FDM 成形工艺特点

FDM 成形工艺的主要优势：无须激光系统，设备使用、维护简便，成本较低，设备成本往往只是 SLA 设备成本的 1/5；可以在办公室环境下使用；用蜡成形的零件原型，可直接用于失蜡铸造；原材料成形过程中无化学变化，制件翘曲变形小；使用水溶性支撑材料时，去除支撑方便、效果好。

FDM 成形工艺的不足包括：成形精度相对其他 RP 工艺较低；成形时间较长。

三、快速原型制造技术的应用

RP 技术自出现以来，以其显著的时间效益和经济效益受到制造业的广泛关注，已经在许多领域里得到了应用，其应用范围主要在设计检验、市场预测、工程测试（应力分析、风道等）、装配测试、模具制造、医学、美学等方面。RP 技术的实际应用主要集中在以下几个方面。

（1）**在新产品造型设计过程中的应用**　快速原型制造技术为工业产品的设计开发人员建立了一种崭新的产品开发模式。运用 RP 技术能够快速、直接、精确地将设计思想转化为具有一定功能的实物模型（样件），这不仅缩短了开发周期，而且降低了开发费用，也使企业在激烈的市场竞争中占有先机。

（2）**在机械制造领域的应用**　RP 技术自身的特点，使其在机械制造领域内获得了广泛的应用，多用于制造单件、小批量金属零件。有些特殊复杂制件，由于只需单件生产，或生产少于 50 件的小批量，一般均可用 RP 技术直接成形，成本低且周期短。

（3）**快速模具制造**　传统的模具生产时间长，成本高。将快速原型制造技术与传统的模具制造技术相结合，可以大大缩短模具制造的开发周期，提高生产率，这是解决模具设计与制造薄弱环节的有效途径。快速原型制造技术在模具制造方面的应用可分为直接制模和间接制模两种：直接制模是指采用 RP 技术直接堆积制造出模具；间接制模是先制出快速成形零件，再由零件复制得到所需要的模具。

（4）**在医学领域的应用**　近几年来，人们对 RP 技术在医学领域的应用研究较多。以医学影像数据为基础，利用 RP 技术制作人体器官模型，对外科手术有极大的应用价值。

（5）**在文化艺术领域的应用**　在文化艺术领域，快速原型制造技术多用于艺术创作、文物复制、数字雕塑等。

（6）**在航空航天技术领域的应用**　在航空航天领域中，空气动力学地面模拟实验（即风洞实验）是设计性能先进的天地往返系统（即航天飞机）所必不可少的重要环节。该实验中所用的模型形状复杂、精度要求高，又具有流线型特性，采用 RP 技术，根据 CAD 模型，由 RP 设备自动完成实体模型，能够很好地保证模型质量。

（7）**在家电行业的应用**　目前，快速原型制造系统在国内的家电行业中得到了很大程度的普及与应用，使许多家电企业走在了国内前列。如广东的美的、华宝、科龙；江苏的春兰、小天鹅；青岛的海尔等，都先后采用快速成型系统来开发新产品，收到了很好的效果。快速成形技术的应用很广泛，可以相信，随着快速原型制造技术的不断成熟和完善，它将会在越来越多的领域得到推广和应用。

练习与思考

1. 什么是高速与超高速加工？各具有什么特点？
2. 高速磨削技术有什么特点？常见的高速磨削技术有哪些？
3. 什么是高能束加工？
4. 简述电子束加工的基本原理及特点。
5. 简述离子束加工的基本原理及特点。
6. 简述激光束加工的基本原理及特点。
7. 简述高压水射流加工的原理及特点。
8. 什么是干切削？干切削的关键技术有哪些？
9. 什么是准干切削？准干切削的关键技术有哪些？
10. 简述电化学加工的基本原理、类别及特点。
11. 简述精密与超精密加工的技术领域。
12. 什么是微细加工技术？微细加工的关键技术有哪些？
13. 简述光刻微细加工技术工艺。

14. 什么是纳米？

15. 纳米材料的主要特性有哪些？

16. 纳米材料的制备方法有哪些？

17. 简述扫描隧道显微镜及原子力显微镜技术的基本原理。

18. 什么是快速原型制造技术？

19. 常见的快速原型制造技术有哪些？简要说明其技术原理及特点。

第二章

现代制造装备

[**内容导入**]　现代制造装备是支撑现代制造业的重要基础。随着计算机技术及网络通信技术的飞速发展，传统的制造装备也发生了质的突破，推动了新一代制造装备——数控机床、加工中心、工业机器人、刀具系统、夹具系统以及现代检测设备等的产生和发展。

第一节　数控机床

机床是指对金属或其他材料的坯料或工件进行加工，使之获得所要求的几何形状、尺寸精度和表面质量的机器，是一切机械的母机。机械产品的零件通常都是用机床加工出来的。数控机床是采用数字控制技术对机床的加工过程进行自动控制的一类机床，是数控技术的典型应用。

一、数控机床的分类

数控机床的种类繁多，根据其功能和组成的不同，可以从多种角度对数控机床进行分类。

（一）按照工艺用途分类

（1）**金属切削类机床**　金属切削类机床是用切削加工方法将金属（或其他材料）的毛坯或半成品加工成零件的机器。按不同工艺用途对其进行分类，有数控车床、数控铣床、加工中心、数控钻床（图2-1）、数控磨床（图2-2）、数控镗床、数控齿轮加工机床（图2-3）等。

（2）**金属成形类机床**　金属成形类机床是通过其配套的模具对金属施加强大作用力，使其发生物理变形从而得到想要的几何形状，如数控冲压机、数控折弯机、数控弯管机、数控裁剪机、数控回转头压力机等。

（3）**特种加工机床**　特种加工机床是利用电能、电化学能、光能及声能等进行加工的机床，如数控电火花线切割机床（图2-4）、火焰切割机、点焊机、激光加工机等。

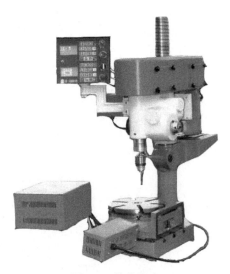

图2-1　数控钻床

图 2-2 数控磨床

图 2-3 数控齿轮加工机床

（4）**其他类型的数控机床** 近年来在非加工设备中也大量采用数控技术，如自动绘图机、装配机、工业机器人、三坐标测量仪、数控对刀仪等。

（二）**按运动轨迹分类**

（1）**点位控制数控机床** 它的特点是刀具相对工件移动的过程中，不进行切削加工，对定位过程中的运动轨迹没有严格要求，只要求从一坐标点到另一坐标点的精确定位。如数控坐标镗床、数控钻床、数控压力机、数控点焊机和数控测量机等都采用此类系统，如图 2-5a 所示。

图 2-4 数控电火花线切割机床

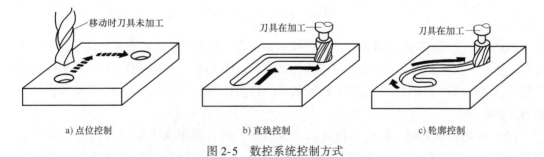

a) 点位控制　　　　　b) 直线控制　　　　　c) 轮廓控制

图 2-5 数控系统控制方式

（2）**直线控制数控机床** 这类控制系统的特点是除了控制起点与终点之间的准确位置外，还要求刀具由一点到另一点之间的运动轨迹为一条直线，并能控制位移的速度，因为这类数控机床的刀具在移动过程中要进行切削加工。直线控制系统的刀具切削路径只沿着平行于某一坐标轴方向运动，或者沿着与坐标轴成一定角度的斜线方向进行直线切削加工，如图 2-5b 所示。采用这类控制系统的机床有数控车床、数控铣床等。

同时具有点位控制功能和直线控制功能的点位直线控制系统，主要应用在数控镗铣床、加工中心机床上。

（3）轮廓控制数控机床（图 2-5c）　也称连续控制系统，其特点是能够同时对两个或两个以上的坐标轴进行连续控制，加工时不仅要控制起点和终点位置，而且要控制两点之间每一点的位置和速度，使机床加工出符合图样要求的复杂形状（任意形状的曲线或曲面）的零件。它要求数控机床的辅助功能比较齐全，CNC 装置一般都具有直线插补和圆弧插补功能。数控车床、数控铣床、数控磨床、数控加工中心、数控电加工机床、数控绘图机等都采用此类控制系统。

这类数控机床绝大多数具有两坐标或两坐标以上的联动功能，不仅有刀具半径补偿、刀具长度补偿功能，而且还具有机床轴向运动误差补偿，丝杠、齿轮的间隙补偿等一系列功能。

（三）按伺服系统控制方式分类

（1）开环伺服系统　这种控制方式不带位置测量元件，数控装置根据信息载体上的指令信号，经控制运算发出指令脉冲，使伺服驱动元件转过一定的角度，并通过传动齿轮、滚珠丝杠螺母副，使执行机构（如工作台）移动或转动。图 2-6 所示为开环控制系统框图。这种控制方式没有来自位置测量元件的反馈信号，对执行机构的动作情况不进行检查，指令流向为单向，因此被称为开环控制系统。

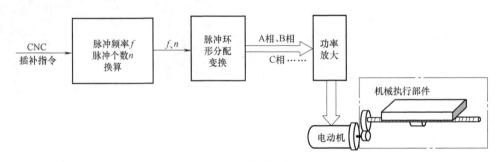

图 2-6　开环控制系统框图

步进电动机伺服系统是最典型的开环控制系统。这种控制系统的特点是控制简单，调试维修方便，工作稳定，成本较低。由于开环系统的精度主要取决于伺服元件和机床传动元件的精度、刚度和动态特性，因此控制精度较低，目前在国内多用于经济型数控机床，以及对旧机床的改造。

（2）闭环伺服系统　这是一种自动控制系统，包含功率放大和反馈，使输出变量的值响应输入变量的值。数控装置发出指令脉冲后，当指令值送到位置比较电路时，若工作台没有移动，即没有位置反馈信号时，指令值使伺服驱动电动机转动，经过齿轮、滚珠丝杠螺母副等传动元件带动机床工作台移动。装在机床工作台上的位置测量元件，测出工作台的实际位移量后，将其反馈到数控装置的比较器中与指令信号进行比较，并用比较后的差值进行控制。若两者存在差值，经放大器放大后，再控制伺服驱动电动机转动，直至差值满足精度要求，工作台才停止移动。图 2-7 所示为闭环控制系统框图。闭环伺服系统的优点是精度高、速度快，主要用在精度要求较高的数控镗铣床、数控超精车床、数控超精镗床等机床上。

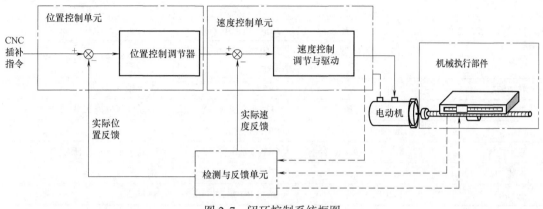

图 2-7 闭环控制系统框图

（3）半闭环伺服系统 这种控制系统不是直接测量工作台的位移量，而是通过旋转变压器、光电编码盘或分解器等角位移测量元件，测量伺服机构中电动机或丝杠的转角，来间接测量工作台的位移。这种系统中滚珠丝杠螺母副和工作台均在反馈环路之外，其传动误差等仍会影响工作台的位置精度，故称为半闭环控制系统。图 2-8 所示为半闭环控制系统框图。

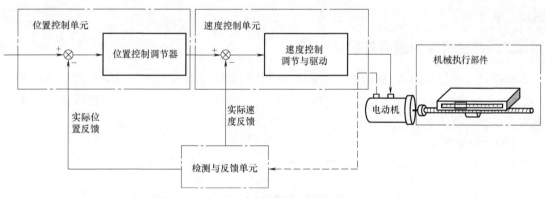

图 2-8 半闭环控制系统框图

半闭环伺服系统介于开环和闭环之间，由于角位移测量元件比直线位移测量元件结构简单，因此装有精密滚珠丝杠螺母副和精密齿轮的半闭环系统被广泛应用。目前已经把角位移测量元件与伺服电动机设计成一个部件，使用起来十分方便。半闭环伺服系统的加工精度虽然没有闭环系统高，但是由于采用了高分辨率的测量元件，这种控制方式仍可获得比较满意的精度和速度。其系统调试比闭环系统方便，稳定性好，成本也比闭环系统低，目前大多数控机床采用半闭环伺服系统。

（四）按功能水平分类

数控机床按数控系统的功能水平可分为经济型、普及型、精密型，这种分类方式在我国用得较多。此分类的界限是相对的，不同时期的划分标准有所不同，就目前的发展水平来看，大体可以从表 2-1 所列几个方面加以区分。

表 2-1　数控系统性能参数

项　目	经济型	普及型	精密型
分辨率和进给速度	$10\mu m$、$8\sim15m/min$	$1\mu m$、$15\sim24m/min$	$0.1\mu m$、$15\sim100m/min$
伺服进给类型	开环、步进电动机系统	半闭环直流或交流伺服系统	闭环直流或交流伺服系统
联动轴数	2 轴	3~5 轴	3~5 轴
主轴功能	不能自动变速	自动无级变速	自动无级变速、C 轴功能
通信能力	无	RS232C 或 DNC 接口	MAP 通信接口、联网功能
显示功能	数码管显示、CRT 字符	CRT 显示字符、图形	三维图形显示、图形编程
内装 PLC	无	有	有
主 CPU	8bitCPU	16bitCPU 或 32bitCPU	64bitCPU

（五）按数控装置类型分类

（1）硬件式数控机床　即 NC 机床，这类数控机床数控装置的通用性较差，因其全部由硬件组成，所以功能和灵活性也较差。

（2）软件式数控机床　即 CNC 机床，这类数控机床数控装置的主要控制功能几乎可全由软件来实现，对不同的数控机床只需编制不同的软件就可以实现，而且硬件几乎可以通用。这为降低生产成本、保证产品质量、缩短生产周期等提供了条件，所以现代数控机床都采用 CNC 装置控制。

二、数控机床的组成与作用

数控机床一般由输入/输出设备、CNC 装置（或称 CNC 单元）、伺服单元、驱动装置（或称执行机构）、可编程序控制器（PLC）及电气控制装置、辅助装置、机床本体及测量装置组成，如图 2-9 所示。

（一）机床本体

机床本体即数控机床的机械部件，其组成与普通机床相似，但是由于数控机床的高速

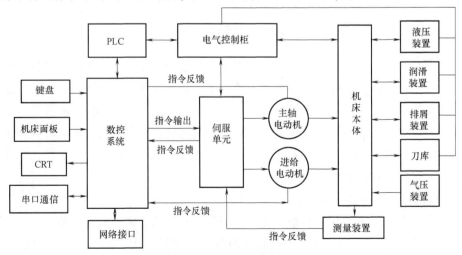

图 2-9　数控机床的组成

度、高精度、大切削用量和连续加工要求，其机械部件在精度、刚度、抗振性等方面要求更高。因此，近年来设计数控机床时采用了许多新的加强刚性、减小热变形、提高精度等措施。

数控机床机械部件主要包括床身、主运动部件、进给运动执行部件（工作台、拖板及其传动部件）、辅助装置等。

1. 床身结构及布局

床身是数控机床的主要支承部件。床身的结构性能对机床整体工作性能具有决定性的影响。现代数控机床向高速、高精度、高效率等方向发展，对床身的结构提出了更高的要求，具体包括：

（1）**静刚度和动刚度高** 通过合理选择构件的结构形式，如基础件采用封闭的完整箱体结构；合理选择及布局隔板和肋板，尽量减小接合面，提高部件间接触刚度等；合理进行结构布局；采取补偿构件变形的结构措施实现。

（2）**抗振性高** 机床的床身、立柱等支承件，采用钢板和型钢焊接而成，具有减小质量、提高刚度的显著优点。钢的弹性模量约为铸铁的 2 倍，在形状和轮廓尺寸相同的前提下，如要求焊接件与铸件的刚度相同，则焊接件的壁厚只需铸件的一半。

此外，无论是刚度相同以减轻质量，还是质量相同以提高刚度，都可以提高构件的谐振频率，使共振不易发生。用钢板焊接有可能将构件做成全封闭的箱形结构，从而有利于提高构件的刚度。

（3）**热变形小** 机床产生热变形的原因主要是热源及机床各部分的温差。热源通常包括加工中的切屑、运转的电动机、液压系统、传动件的摩擦以及机床外部的热辐射等。除了热源及温差以外，机床零件的材料、结构、形状和尺寸的不一致，也是产生热变形的重要因素。

在数控机床结构布局设计中可考虑尽量采用对称结构（如对称立柱等），进行强制冷却（如采用空冷机），对称布置排屑通道等措施减小热变形。

2. 数控铣床的布局

数控铣床加工工件时，与普通铣床一样，由刀具或工件进行主运动，由刀具与工件进行相对的进给运动，以加工一定形状的工件表面。不同的工件表面，往往需要采用不同类型的刀具与工件一起做不同的表面成形运动，因而就产生了不同类型的数控铣床。铣床的这些运动，必须由相应的执行部件（如主运动部件、直线或圆周进给部件）以及一些必要的辅助运动（如转位、夹紧、冷却及润滑）部件等来完成。

加工工件所需要的运动仅仅是相对运动，因此对部件的运动分配可以有多种方案。例如，刨削加工可以由工件来完成主运动而由刀具来完成进给运动，如龙门刨床；或者相反，由刀具完成主运动而由工件完成进给运动，如牛头刨床。而铣削加工时，进给运动可以由工件运动也可以由刀具运动来完成，或者部分由工件运动，部分由刀具运动来完成。当然，这都取决于被加工工件的尺寸、形状和重量。如图 2-10 所示，同是用于铣削加工的铣床，根据工件的重量和尺寸的不同，可以有四种不同的布局方案。

图 2-10a 所示为加工工件较轻的升降台铣床，由工件完成三个方向的进给运动，分别由工作台、滑鞍和升降台来实现。

当加工工件较重或者尺寸较高时，则不宜由升降台带着工件做垂直方向的进给运动，而是改由铣头带着刀具来完成垂直进给运动，如图 2-10b 所示。这种布局方案，铣床的尺寸参数即加工尺寸范围可以取得大一些。

图 2-10c 所示为龙门式数控铣床，工作台载着工件做一个方向上的进给运动，其他两个方向的进给运动由多个刀架即铣头部件在立柱与横梁上的移动来完成。这样的布局不仅适用于重量大的工件的加工，而且由于增多了铣头，使铣床的生产率得到很大的提高。

加工更大更重的工件时，由工件做进给运动，在结构上是难于实现的，因此采用图 2-10d 所示的布局方案，全部进给运动均由铣头运动来完成，这种布局形式可以减小铣床的结构尺寸和重量。

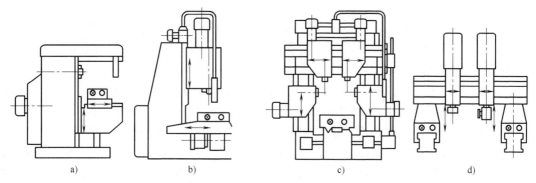

图 2-10 数控铣床总体布局示意图

（二）主轴系统结构

数控机床的主轴系统是产生主切削力的机构。其中主轴用来夹持工件或刀具并带动其旋转，直接参与零件表面成形运动。主轴的转速范围、传递功率和动力特性决定了数控机床的切削效率和能力。随着数控机床的不断发展，传统的主轴系统已不能满足要求，现代数控机床对主轴系统提出了以下要求。

1）数控机床主传动要有宽的调速范围，以保证加工时选用合理的切削用量。

2）主轴在整个范围内均能提供切削所需功率，并能尽可能在全速范围内提供主轴电动机的最大功率，恒功率范围要宽。

3）数控机床主轴的速度是由数控加工程序中的 S 指令控制的，要求能在较大的转速范围内进行无级连续调速，减少中间传动环节，简化主轴的机械结构，一般要求主轴具备 1：（100~1000）的恒转矩调速范围和 1：10 的恒功率调速。

4）数控机床主轴在正、反转时均可进行加减速控制，即要求主轴有四象限驱动能力，并尽可能缩短加减速时间。

5）在车削中心上，为了使刀具有螺纹车削功能，要求主轴与进给驱动实行同步控制，即主轴具有旋转进给轴（C 轴）的控制功能。

6）加工中心上，要求主轴具有高精度的准停控制。在加工中心上自动换刀时，主轴须停在一个固定不变的方位上，以保证换刀位置的准确；为了满足某些加工工艺，也要求主轴具有高精度的准停控制。此外，有的数控机床还要求具有角度分度控制功能。为了达到上述有关要求，对主轴调速系统还须加位置控制，比较多的采用光电编码器进行主轴的转角检测。

自 20 世纪 80 年代以来，数控机床、加工中心主轴向高速化方向发展。高速主轴在结构上几乎全部是交流伺服电动机直接驱动的集成化结构，取消齿轮变速机构，并配备强力的冷却和润滑装置。集成主轴有两种构成方式：一种是通过联轴器把电动机与主轴直接连接起来，另一种则是把电动机转子与主轴做成一体，即将无壳电动机的空心转子用压配的形式直接装在机床主轴上，带有冷却套的定子则安装在主轴单元的壳体中，形成内装式电动机主轴。图 2-11 所示为用于车床的高速电主轴的组成。

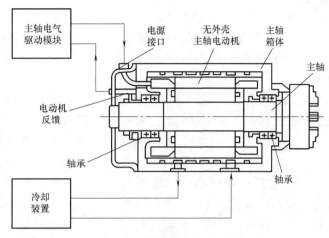

图 2-11　车床高速电主轴系统

由图 2-11 可以看出，高速电主轴系统主要由冷却润滑系统、高速精密轴承、驱动模块、反馈系统等构成。电主轴系统的关键技术包括：

（1）**润滑方式**　常用的润滑方式主要有油气润滑方式、喷注润滑方式、突入滚道式润滑方式等。

（2）**冷却方式**　由于电主轴系统工作过程中磁耦合所产生的热量较大，因此必须有适当的冷却方式确保主轴系统正常工作。常采用内装式油冷却的方式。

（3）**支承方式**　支承高速主轴用的高速轴承主要有接触式轴承和非接触式轴承两大类。其中接触式轴承由于存在金属摩擦，因此摩擦因数大，允许最高转速低；支承高速主轴的非接触轴承有液体静压轴承、空气静压轴承和磁悬浮轴承。

（4）**动平衡**　由于高速电主轴转速很高，即使微小的不平衡量也可能激起主轴系统较大的不平衡振动，因此必须进行电主轴装配后的整体精确动平衡，甚至还要设计专门的自动平衡系统来实现电主轴的在线动平衡。

（三）进给系统的机械传动机构

数控机床的进给运动是数控的直接对象，被加工工件的轮廓精度和加工精度都受进给运动部件的精度、灵敏度和稳定性的影响。数控机床对进给系统的要求包括：提高传动精度和刚度、消除传动间隙；减小摩擦阻力和运动部件的惯量；具有适当的阻尼等。数控机床进给传动机构主要包括运动形式转换机构和支撑导向机构。

1. 运动形式转换机构

运动形式转换机构主要是将传动轴的回转运动转换为工作台的直线运动。常见的运动形式转换机构包括滚珠丝杠传动机构、齿轮齿条传动机构等。

（1）**滚珠丝杠传动**　滚珠丝杠传动机构的结构原理如图 2-12 所示。当丝杠相对于螺母旋转时，丝杠与螺母发生轴向位移，由于丝杠两端固定，则螺母带动工作台进行轴向移动。丝杠与螺母间的滚珠可沿滚道滚动，减少相对运动之间的摩擦阻力。按照滚珠返回方式的不同，可分为内循环和外循环两种方式。

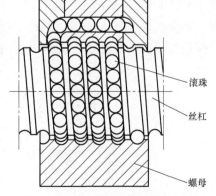

图 2-12　滚珠丝杠传动机构的原理

97

滚珠丝杠传动的特点如下：

1）运动效率高，一般可达90%以上，约为滑动螺旋传动效率的3倍。在伺服控制系统中采用滚动螺旋传动，不仅可以提高传动效率，而且可以降低起动力矩、颤动及滞后时间。

2）运动精度高。由于其摩擦力小，工作时丝杠的热变形小，丝杠尺寸稳定，并且经调整预紧后，可得到无间隙传动，因而具有较高的传动精度、定位精度和轴向刚度。

3）具有传动的可逆性，但不能自锁。用于垂直升降传动时，需附加制动装置。

4）制造工艺复杂，成本较高，但使用寿命长，维护简单。

（2）齿轮齿条传动　齿轮齿条传动是将回转运动转化为工作台的直线运动的一种传动形式，其常见的结构如图2-13所示。

在图2-13中，小齿轮1、6分别与齿条7啮合，与小齿轮1、6同轴的大齿轮2、5分别与齿轮3啮合，通过预载装置4向齿轮3上预加负载，使大齿轮2、5同时向两个相反方向转动，从而带动小齿轮1、6转动，其轮齿便分别紧贴在齿条7上齿槽的左、右两侧，消除了齿侧间隙。

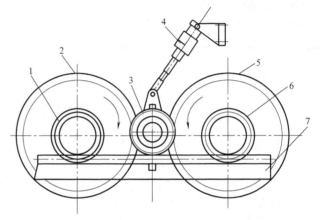

图2-13　带齿侧间隙调整的双齿轮齿条传动机构
1、6—小齿轮　2、5—大齿轮　3—齿轮
4—预载装置　7—齿条

齿轮齿条传动承载力大，传动精度较高，可达0.1mm，可无限长度对接延续，传动速度可以很高。其缺点是，若加工安装精度差，传动噪声大，磨损大。

另外，直线电动机的输出即为直线运动，在机床进给系统中，采用直线电动机直接驱动与原旋转电动机传动的最大区别是取消了从电动机到工作台（拖板）之间的机械传动环节，把机床进给传动链的长度缩短为零，因而这种传动方式又被称为"零传动"。

由图2-14可以看出，直线电动机与旋转电动机没有本质区别，可将其视为旋转电动机沿圆周方向拉伸展平的产物。对应于旋转电动机的定子部分，称为直线电动机的一次侧；对应于旋转电动机的转子部分，称为直线电动机的二次侧。当多相交变电流通过多相对称绕组时，就会在直线电动机一次侧和二次侧之间的气隙中产生一个行波磁场，从而使一次侧和二次侧相对移动。当然，二者之间也存在下一个垂直力，可以是吸引力，也可以是推斥力。

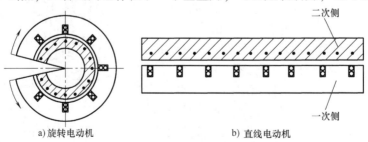

a) 旋转电动机　　　　　　　　b) 直线电动机

图2-14　旋转电动机展平为直线电动机的过程

直线电动机用于数控机床进给系统的优势：响应速度快，传动精度高，动刚度高，行程长度不受限制，运动噪声低，传动效率高。其缺点包括：效率低、功耗大、结构尺寸和自重相对较大；无机械连接或啮合，不具自锁能力，设计和使用中应注意考虑外加制动措施，特别是在垂直轴进给系统应用中；对运动载荷较敏感，所以当负载变化大时，需要重新整定系统；磁铁（或线圈）对电动机部件的吸力很大，因此应注意选择导轨和设计滑架结构，并注意解决磁铁吸引金属颗粒的问题；工作过程温升高，要求强冷却。

2. 支撑导向机构

进给系统的主要支撑与导向的结构为导轨，因此导轨的制造、安装精度及精度保持性对机床加工精度和寿命有着重要的影响。数控机床对导轨的性能要求包括：导向精度高，主要体现为导轨全长在垂直平面和水平面内的直线度误差，导轨面间的平行度误差等方面；运动轻便、平稳，低速时无爬行现象；耐磨性好；对温度变化的不敏感性；足够的刚度；结构工艺性好等。

按接触面的运动形式，可将导轨机构分为滑动导轨和滚动导轨，滑动导轨又分为普通导轨、注塑导轨、贴塑导轨等形式。常见的滑动导轨截面形式见表2-2。

表 2-2 常见的滑动导轨截面形式

	棱 柱 形				圆形
	对称三角形	不对称三角形	矩形	燕尾形	
凸形	45° 45°	90° 15°~30°		55° 55°	
凹形	90°~120°	65°~70° 90°		55° 55°	

滑动导轨具有结构简单、成本低等特点，但摩擦阻力大，低速时易爬行。

滚动导轨是在导轨工作面之间安装滚动件，使导轨面之间形成滚动摩擦，运动轻便灵活，所需功率小，精度好，无爬行。滚动导轨按结构形式可分为力封式和自封式两种。常见的自封式滚动导轨的结构原理如图2-15所示。

另外，为减小导轨摩擦阻力，常见的导轨还有液体（气体）静压导轨、机械卸载导轨、水银卸载导轨等结构形式。

数控机床辅助装置泛指具有冷却、润滑、转位和夹紧等功能的装置，加工中心类的数控机床还包括存放刀具的刀库、交换刀具的机械手等部件。

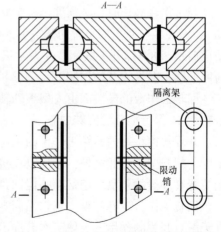

图 2-15 自封式滚动导轨的结构原理

（四）数控回转工作台

数控机床的圆周进给由回转工作台完成，称为数控机床的第四轴。回转工作台可以与 X、Y、Z 三个坐标轴联动，从而加工出各种球、圆弧曲线等。回转工作台可以实现精确的自动分度，这样就扩大了加工中心可加工的零件的范围。

数控回转工作台主要用于数控镗铣床，其外形和通用机床分度工作台几乎一样，但它的驱动采用伺服系统的驱动方式，还可以与其他伺服进给轴联动。

图 2-16 所示为自动换刀数控镗铣床的回转工作台。这是一种补偿型的开环数控回转工作台，其进给、分度转位和定位锁紧都是由给定的指令进行控制的。

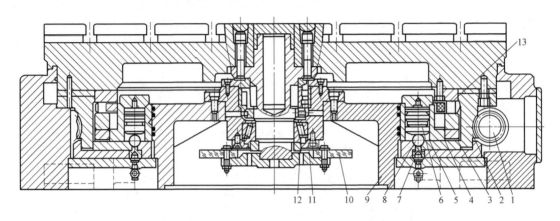

图 2-16　自动换刀数控镗铣床的回转工作台

1—蜗杆　2—蜗轮　3、4—夹紧瓦　5—小液压缸　6—活塞　7—弹簧　8—钢球
9—底座　10—光栅　11—圆柱滚子轴承　12—圆锥滚子轴承　13—大型滚珠轴承

工作台的运动通过电液脉冲马达，经齿轮减速和蜗杆 1 传给蜗轮 2。为了消除蜗杆副的传动间隙，采用了双螺距渐厚蜗杆，通过移动蜗杆的轴向位置来调整间隙。这种蜗杆的左右两侧面具有不同螺距，因此蜗杆齿厚从头到尾逐渐增厚。但由于同一侧的螺距是相同的，所以仍然可保持正常的啮合。

当工作台静止时，必须处于紧锁状态。为此，在蜗轮底部的辐射方向装有 8 对夹紧瓦 4 和 3，并在底座 9 上均布着同样数量的小液压缸 5。当小液压缸的上腔接通压力油时，活塞 6 便压向钢球 8，撑开夹紧瓦，并夹紧蜗轮 2。在工作台需要回转时，先使小液压缸的上腔接通回油路，在弹簧 7 的作用下，钢球 8 抬起，夹紧瓦将蜗轮松开。

回转工作台的导轨面由大型滚珠轴承 13 支承，并由圆锥滚子轴承 12 及双列向心圆柱滚子轴承 11 保持准确的回转中心。

开环数控系统的回转工作台的定位精度主要取决于蜗杆副的传动精度，因而必须采用高精度的蜗杆副。除此之外，还可以在实际测量工作台静态定位误差之后，确定需要补偿角度的位置和补偿的正负，记忆在补偿回路中，由数控装置进行误差补偿。

回转工作台设有零点，当它做回零运动时，先用挡块碰限位开关，使工作台降速，然后在无触点开关的作用下，使工作台准确地停在零位。数控回转工作台在做任意角度的转位和分度时，由光栅 10 进行读数，因此能够达到较高的分度精度。

（五）五坐标数控机床回转工作台

立式加工中心（三轴）最有效的加工面仅为工件的顶面，卧式加工中心借助回转工作台，也只能完成工件的四面加工。目前高档的加工中心正朝着五轴控制的方向发展，工件一次装夹就可完成五面体的加工。如配置上五轴联动的高档数控系统，还可以对复杂的空间曲面进行高精度加工。

立式五轴加工中心的回转轴有两种方式：一种依靠立式主轴头的回转（图2-17a），主轴前端是一个回转头，能自行环绕 Z 轴 360°，成为 C 轴，回转头上还有可环绕 X 轴旋转的 A 轴；另一种是工作台回转轴（图2-17b），设置在床身上的工作台可以环绕 X 轴回转，定义为 A 轴，一般 A 轴的工作范围为 30°～−120°，工作台的中间还设有一个回转台，在图示的位置上环绕 Z 轴回转，定义为 C 轴，A 轴与 C 轴都是 360°回转，这样通过 A 轴与 C 轴的组合，固定在工作台上的工件除了底面之外，其余的五个面都可以由立式主轴进行加工，A 轴和 C 轴最小分度值一般为 0.001°，这样又可以把工件细分成任意角度，加工出倾斜面、倾斜孔等，A 轴和 C 轴如与 X、Y、Z 三直线轴实现联动，就可加工出复杂的空间曲面，当然这需要高档的数控系统、伺服系统以及软件的支持，这种设置方式的优点是主轴的结构比较简单，主轴刚性非常好，制造成本比较低，但一般工作台不能设计得太大，承重也较小，特别是当 A 轴回转大于等于 90°时，切削工件时会给工作台带来很大的承载力矩。

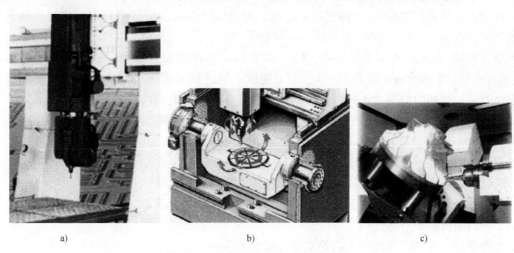

a)   b)   c)

图 2-17　五轴数控回转工作台的形式

卧式五轴加工中心的回转轴也有两种方式：一种是卧式主轴摆动作为一个回转轴，再加上工作台的一个回转轴，实现五轴联动加工；另一种为传统的工作台回转轴（图2-17c），设置在床身上的工作台 A 轴一般工作范围为 20°～−100°，工作台的中间也设有一个回转台 B 轴，B 轴可双向 360°回转。这种卧式五轴加工中心的联动特性比第一种方式好，常用于加工大型叶轮的复杂曲面。回转轴也可配置圆光栅尺反馈，分度精度达到几秒。当然这种回转轴结构比较复杂，价格也昂贵。

（六）计算机数控系统

数控系统是实现数字控制的装置，计算机数控（CNC）系统是以计算机为核心的数控系统。CNC 系统的组成如图 2-18 所示，主要由程序、输入/输出设备、CNC 装置数控装置、PLC（可编程序控制器）、主轴驱动单元（主轴控制单元、主轴电动机）、进给驱动单元

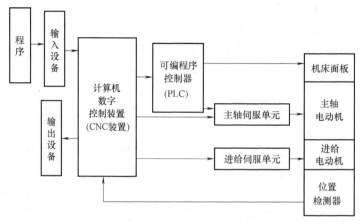

图 2-18　CNC 系统的组成

（速度控制、进给电动机、位置检测等）等组成。

1. CNC 装置

（1） CNC 系统的工作过程　CNC 装置是以存储程序的方式工作，是在硬件支持下，执行软件的全过程，其工作过程主要分为以下三个阶段。

1）输入，通过控制面板上的键盘、磁盘、光盘或纸带阅读机等将程序、控制参数和补偿数据等信息输入和存入 CNC 装置的内部存储器中。

2）译码，在输入的加工程序中，CNC 装置以一个程序段为单位，将零件的轮廓信息（线型、半径、起点坐标、终点坐标）、加工速度、辅助信号根据一定的语言规则，翻译成计算机能够识别的数据形式，并以一定的数据格式存放在指定的内存区间。

3）数据处理，实现数控机床的数学运算、逻辑运算、控制等功能，具体包括以下几个方面。

刀具补偿：将零件轮廓轨迹转换成刀具中心轨迹。

速度计算：根据合成速度计算出各坐标轴运动方向的分速度。

辅助功能处理：识别换刀、主轴起停、切削液开关等标志信息，并在程序执行过程中发出信号，控制机床执行这些动作。

插补运算：按插补原理给出的公式进行插补运算。

位置控制：将插补运算的理论值与实际值相比较，用偏差控制进给电动机，进而控制工作台或刀具的移动。

输入/输出控制：处理 CNC 装置与机床之间强电信号及其他信号的输入、输出和控制。

显示：便于人机交换，实现零件程序显示、参数显示、刀具位置显示、机床状态显示、报警显示、刀具轨迹显示等。

诊断：实现起动诊断和在线诊断等功能，判断起动和运行中是否有故障，并实现故障自动报警、定位甚至修复等功能。

（2） 数控装置功能　CNC 系统的功能包括基本功能和选择功能，基本功能是系统必备的数控功能，选择功能是可供用户根据机床特点及用途进行选择的功能。

1）基本功能包括以下内容。

控制轴功能：反映 CNC 装置能够控制的轴数及能同时联动的轴数。一般数控车床有两轴联动；铣床需三轴控制，两轴半联动；加工中心为多轴控制，三轴联动。

准备功能：规定刀具和工件运动的相对轨迹、机床坐标、坐标平面、刀具补偿、坐标偏置等多种操作。

插补功能：CNC 装置能够实现各种曲线轨迹插补加工的功能，包括直线插补、圆弧插补、抛物线等。

进给功能：反应刀具进给速度，通常包括切削进给速度、同步进给速度、快速进给速度、进给倍率等。

刀具功能：包括选择的刀具数量、种类、编码方式、选刀方式等。

主轴功能：主要指主轴的速度和转向功能。

辅助功能：用来规定主轴的起停和转向、冷却润滑通断、刀库的起停、刀具的更换、工件夹紧与放松等。

字符显示功能：通过 CRT 显示器实现字符显示，如程序、参数、补偿量、坐标、故障等。

自诊断功能：通过自诊断，防止故障的发生与扩大。

2）选择功能包括以下内容。

补偿功能：刀具半径、反向间隙、螺距、温度、刀具磨损等补偿功能。

固定循环功能：进行多次循环加工。

图形显示功能：采用高分辨率 CRT 显示器，以显示人机对话编程菜单、零件图形及动态模拟刀具轨迹等。

通信功能：CNC 装置一般有 RS232、DNC 等接口，以进行高速传输，适应柔性制造系统和计算机集成制造系统的要求。

人机对话编辑功能：只要输入图样上表示几何尺寸的简单命令，就能自动生成加工程序。

CAD/CAE/CAPP/CAM 一体化功能：在数字化技术和制造技术融合的背景下，根据用户的需求，迅速收集资源信息，对产品信息、工艺信息和资源信息进行分析、规划和重组，实现对产品设计和功能的仿真，快速生产出达到用户要求性能的产品的整个制造过程。

2. PLC 及其功能

PLC 的基本工作方式是顺序执行用户程序，每一时刻执行一条指令，由于相对于外部电气信号有足够的执行速度，从宏观上看是实时响应的。对用户程序的执行一般有循环扫描和定时扫描两种，扫描过程分为三个阶段，即输入采样阶段、程序执行阶段和输出刷新阶段。数控机床 PLC 主要有：内装型 PLC，从属于 CNC 装置，PLC 与 CNC 装置之间的信号传送在 CNC 装置内部即可实现，PLC 与数控机床之间则通过 CNC 输入/输出接口电路来实现信号传送；独立式 PLC，又称外装型或通用型 PLC。对数控机床而言，独立型 PLC 独立于 CNC 装置，具有完备的硬件结构和软件功能，能够独立完成规定的控制任务。

数控机床 PLC 主要实现控制面板、主轴起停与换向、刀具更换、冷却润滑通断、工件夹紧与松开、工作台分度等开关量的控制。

3. 输入/输出设备

键盘、磁盘机等是数控机床的典型输入设备。此外，还可以用串行通信的方式输入数字信息。数控系统一般配有 CRT 显示器或点阵式液晶显示器，显示的信息较丰富，并能显示图形。

（七）伺服驱动系统

伺服驱动系统是数控机床的执行机构，它准确地执行 CNC 系统发来的命令。伺服驱动系统是数控系统与机床的枢纽，其性能直接影响数控机床的精度、稳定性、可靠性和加工效率。数控机床对伺服驱动系统具有稳定性、准确性、快速响应性、调速范围、转矩和功率等方面的要求。伺服驱动系统包括伺服单元和驱动装置。

伺服单元是 CNC 和机床本体的联系环节，它把来自 CNC 装置的微弱指令信号放大成控制驱动装置的大功率信号。伺服单元通常分为主轴伺服和进给伺服两大类，分别用来控制主轴电动机和进给电动机。

驱动装置把经放大的指令信号变为机械运动，它与伺服单元一起是数控装置和机床传动部件间的联系环节，通过简单的机械连接部件驱动机床，使工作台精确定位或按规定的轨迹做严格的相对运动，最后加工出图样所要求的零件。与伺服单元相对应，驱动装置有步进电动机、直流伺服电动机和交流伺服电动机等。

1. 步进电动机伺服驱动系统

步进电动机是一种将脉冲信号转换为角位移（或线位移）的电磁装置，其转子的转角（或位移）与输入的电脉冲数成正比，速度与脉冲频率成正比，运动方向由电动机各相的通电顺序来决定，并保持电动机各相在通电状态下就能使电动机自锁。

步进电动机具有控制简单、运行可靠、惯性小等优点，缺点是调速范围窄、升速响应慢、矩频特性软、输出力矩受限。步进电动机主要用于开环控制，其开环控制系统如图2-19所示。

图 2-19　步进电动机开环控制系统

2. 直流伺服驱动系统

直流伺服电动机主要由磁极、电枢、电刷和换向片组成，其结构原理如图 2-20 所示。

直流伺服电动机按励磁方式可分为电磁式和永磁式两种。电磁式采用励磁绕组励磁，分为并励、串励和复励三种形式。永磁式采用永久磁铁励磁。

由于直流伺服控制系统的速度和位移都有较高的精度要求，因而直流伺服电动机通常以半闭环或闭环控制方式应用于伺服系统中。

直流伺服系统半闭环控制是针对伺服系统的中间环节（如电动机的输出速度或角位移等）进行监

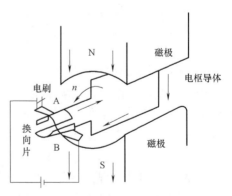

图 2-20　直流伺服电动机的结构原理

控和调节的控制方法。半闭环伺服系统的结构原理如图 2-21 所示。

直流伺服系统的闭环控制是针对伺服系统的最后输出结果进行检测和修正的伺服控制方法，而它们都对系统输出进行实时检测和反馈，并根据偏差对系统实施控制。闭环伺服系统的结构原理如图 2-22 所示。

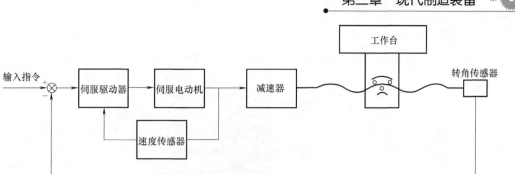

图 2-21　半闭环伺服系统的结构原理图

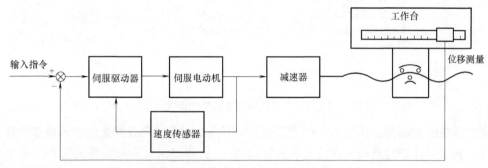

图 2-22　闭环伺服系统的结构原理图

半闭环与闭环控制的区别仅在于传感器检测信号的位置不同，由此导致设计、制造的难易程度不同，工作性能不同，但两者的设计与分析方法基本上是一致的。

3. 交流伺服驱动系统

交流伺服驱动系统由伺服电动机和伺服驱动器组成。伺服电动机包括永磁同步电动机（分为正弦波电流驱动的永磁交流伺服系统和矩形波电流驱动的无刷直流伺服系统）、笼型异步电动机、无刷直流电动机。伺服驱动器采用电流型脉宽调制（PWM）三相逆变器，电流环为内环、速度环为外环的多环闭环控制系统。三闭环控制的伺服系统的控制原理如图 2-23 所示。

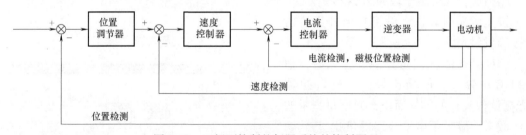

图 2-23　三闭环控制的伺服系统的控制原理

(八) 测量装置

测量装置也称反馈元件，通常安装在机床的工作台或丝杠上，相当于普通机床的刻度盘和人的眼睛。它把机床工作台的实际位移转变成电信号反馈给 CNC 装置，供 CNC 装置与指令值比较产生误差信号，以控制机床向消除该误差的方向移动。

1. 光电编码器

编码器在数控机床中主要用于电动机轴转速、转向、角位移的检测。光电编码器的结构原理如图 2-24 所示。

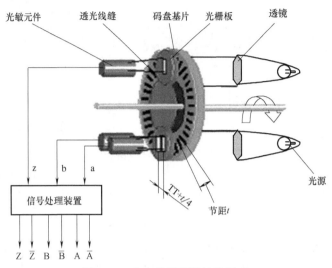

光敏元件 透光线缝 码盘基片 光栅板 透镜

信号处理装置

z b a

TT+τ/4 节距 l

光源

Z Z̄ B B̄ A Ā

图 2-24 光电编码器的结构原理

光电码盘随被测轴一起转动，在光源的照射下，透过光电码盘和光拦板形成忽明忽暗的光信号，光敏元件把此光信号转换成电信号 a、b、z，通过信号处理装置的整形、放大等处理后输出 6 项 A、B、Z 和取反信号。其中 A、B 两相的作用是细分处理，角位移、转速、转向的判断等。Z 相用作周向定位的基准。

2. 光栅

光栅在数控机床中主要用于测量工作台的直线位移、速度和方向，用于全闭环伺服控制系统。光栅装置的结构由标尺光栅和光栅读数头两部分组成，光栅读数头由光源、透镜、指示光栅、光敏元件和驱动线路组成，其检测原理如图 2-25 所示。

按光源照射方法，可将光栅分为透射光栅和发射光栅。

透射光栅的优点是光源垂直入射，信号幅值比较大，信噪比好，光电转换器（光栅读数头）的结构简单；光栅每毫米的线纹数多，减轻了电子线路的负担 。其缺点是玻璃易破裂，线胀系数与机床金属部件不一致，影响测量精度。

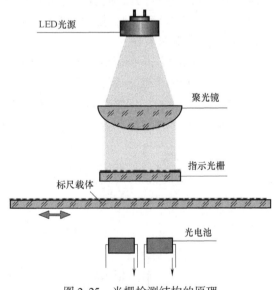

LED光源

聚光镜

指示光栅

标尺载体

光电池

图 2-25 光栅检测结构的原理

反射光栅的优点是光栅与机床金属部件的线胀系数一致，可用钢带做成长达数米的长光栅。其安装面积小，调整方便，适应于大位移测量场所。其缺点是为了使反射后的莫尔条纹反差较大，每毫米内线纹不宜过多，常用线纹数为 4、10、25、40、50。

3. 测速发电机

测速发电机是一种旋转式速度检测元件，可将输入的机械转速变为电压信号输出，在数控系统的速度控制单元和位置控制单元中都得到了应用，尤其是常作为伺服电动机的检测传感器，将伺服电动机的实际转速转换为输出电压或输出脉冲，与给定电压或参考频率进行比较后，发出速度控制信号，以调节伺服电动机的转速。

测速发电机的优点是易于得到线性的输出特性而无相位误差，因此适用于许多自控系统；缺点是换向器与电刷相对滑动接触，易造成机械磨损。在数控系统中，测速发电机常用于伺服电动机的转速测量。

三、典型数控机床及应用

（一）数控车床

数控车床又称为 CNC（Computer Numerical Control）车床，即用计算机数字控制的车床。它通过数控系统对加工的各个动作进行控制，将编制好的加工程序输入到数控系统中，由数控系统通过车床 X、Z 坐标轴的伺服电动机去控制车床进给运动部件的动作顺序、移动量和进给速度，再配以主轴的转速和转向，就能加工出各种形状的轴类或盘类回转体零件。因此，数控车床是目前使用较为广泛的数控机床。

1. 数控车床的主要功能及加工对象

车床主要用于车削加工，在车床上一般可以加工各种回转表面，如内外圆柱面、圆锥面、成形回转表面和螺纹面等。在数控车床上还可加工高精度的曲面与端面螺纹。车床用刀具主要是车刀、各种孔加工刀具（如钻头、铰刀、镗刀等）及螺纹刀具，主要用于加工各种轴类、套筒类和盘类零件上的回转表面。数控车床加工零件的尺寸公差等级可达 IT5～IT6，表面粗糙度值 Ra 可达 $1.6\mu m$ 以下。数控车床可加工精密、复杂的回转体零件，如图 2-26 所示。

a)　　　　　　　　　　　　　　b)

c)　　　　　　　　　　　　　　d)

图 2-26　数控车床加工的零件

2. 数控车床的组成

数控车床一般由以下几部分组成。

（1）**机床本体** 机床本体是数控车床的机械部件，包括床身、主轴箱、刀架、尾座、进给机构等。

（2）**数控装置** 数控装置作为控制部分，是数控车床的控制核心。其主体是一台计算机（包括 CPU、存储器、CRT 等）。

（3）**伺服驱动系统** 伺服驱动系统是数控车床切削工作的动力部分，主要实现主运动和进给运动。它由伺服驱动电路和驱动装置组成，驱动装置主要有主轴电动机、进给系统的步进电动机或交、直流伺服电动机等。

数控车床的主传动系统如图 2-27 所示，进给传动系统如图 2-28 所示。

图 2-27 数控车床的主传动系统

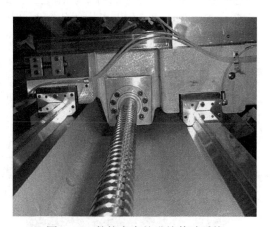

图 2-28 数控车床的进给传动系统

（4）**辅助装置** 辅助装置是指数控车床的一些配套部件，包括液压、气动装置及冷却系统、润滑系统和排屑装置等。

从总体上看，数控车床没有脱离普通车床的结构形式，仍然由床身、主轴箱、进给传动系统、刀架以及液压、冷却、润滑系统等部分组成。由于采用计算机数控系统，其进给系统与普通车床有着本质上的区别。普通车床主轴运动经过交换齿轮架、进给箱、溜板箱传到刀架，实现纵向和横向进给运动。而数控车床采用伺服电动机（步进电动机）经滚珠丝杠传到滑板和刀架，以连续控制刀具实现纵向（Z 向）和横向（X 向）进给运动，其结构大为简化，精度和自动化程度大大提高。数控车床主轴装有脉冲编码器，主轴的运动通过同步带 1：1 地传到脉冲编码器。当主轴旋转时，脉冲编码器便发出检测脉冲信号给数控系统，使主轴电动机的旋转与刀架的切削进给保持同步关系，即实现加工螺纹时主轴转一转、刀架 Z 向移动一个工件导程的运动关系。

3. 数控车床的特点与发展

数控车床与普通车床相比，有以下几点特点。

（1）**高精度** 数控车床控制系统的性能不断提高，机械结构不断完善，机床精度日益提高。

（2）**高效率** 随着新刀具材料的应用和机床结构的完善，数控车床的加工效率、主轴转速、传动功率不断提高，使得新型数控车床的空转时间大为缩短，其加工效率比普通车床高2~5倍。而且加工零件形状越复杂，越能体现数控车床高效率的加工特点。

（3）**高柔性** 数控车床具有高柔性，适应70%以上的多品种、小批量零件的自动加工。

（4）**高可靠性** 随着数控系统的性能提高，数控车床的无故障时间迅速延长。

（5）**工艺能力强** 数控车床既能用于粗加工又能用于精加工，可以在一次装夹中完成其全部或大部分工序。

（6）**模块化设计** 数控车床的制造多采用模块化原则设计。

现在数控车床技术还在不断向前发展着，其发展趋势如下：随着数控系统、机床结构和刀具材料技术的发展，数控车床将向高速化发展，进一步提高主轴转速、刀架快速移动以及转位换刀速度；工艺和工序将更加复合化和集中化；向多主轴、多刀架加工方向发展；为实现长时间无人化全自动操作，数控车床向全自动化方向发展；机床的加工精度向更高方向发展，同时也向简易型发展。

4. 数控车床的分类

随着数控车床制造技术的不断发展，形成了产品繁多、规格不一的局面，因而也出现了几种不同的分类方法。

（1）**按数控系统的功能分类**

1）经济型数控车床。经济型数控车床一般是在普通车床基础上进行改进设计的，采用步进电动机驱动的开环伺服系统。其控制部分采用单板机或单片机实现。此类车床结构简单，价格低廉，但无刀尖圆弧半径自动补偿和恒线速切削等功能。

2）全功能型数控车床。全功能型数控车床（图2-29）一般采用闭环或半闭环控制系统，具有高强度、高精度和高效率等特点。

3）车削中心。车削中心是以全功能型数控车床为主体，并配置刀库、换刀装置、分度装置、铣削动力头和机械手等，实现多工序复合加工的机床，如图2-30所示。在工件一次装夹后，它可完成回转类零件的车、铣、钻、铰、攻螺纹等多种加工工序。其功能全面，但价格较高。

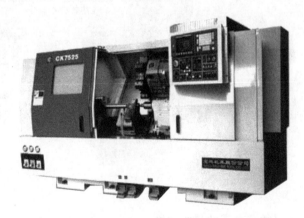

图2-29 全功能型数控车床

4）FMC车床。FMC车床实际上是一个由数控车床、机器人等构成的柔性加工单元。它能实现工件搬运、装卸的自动化和加工调整准备的自动化。

（2）**按主轴的配置形式分类**

1）卧式数控车床。主轴轴线处于水平位置的数控车床，如图2-31所示。

2）立式数控车床。主轴轴线处于垂直位置的数控车床，如图2-32所示。

具有两根主轴的车床，称为双轴卧式数控车床或双轴立式数控车床。

（3）**按数控系统控制的轴数分类**

1）两轴控制的数控车床。机床上只有一个回转刀架，可实现两坐标轴控制。

2）四轴控制的数控车床。机床上有两个独立的回转刀架，可实现四坐标轴控制。

对于车削中心或柔性制造单元，还需增加其他附加坐标轴来满足机床的功能。目前，我国使用较多的是中小规格的两坐标连续控制的数控车床。

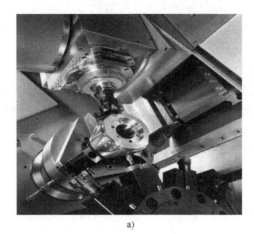

a)　　　　　　　　　　　　b)

图 2-30　车削中心

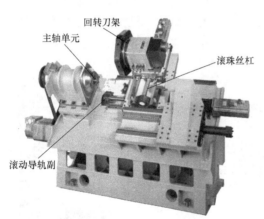

图 2-31　卧式数控车床

图 2-32　立式数控车床

5. 数控车床的技术参数

1）最大回转直径，指车床主轴自定心卡盘或单动卡盘能夹紧的最大工件直径。

2）最大加工直径和最大加工长度。最大加工直径指车床能加工工件的最大直径，由卡盘的中心到导轨的最高点距离确定。最大加工长度指车床能加工工件的长度，由刀具行走的最大行程确定。最大加工长度有时是指可装夹的长度，可装夹但不一定能加工全长。

3）主轴转速范围、功率。主轴转速范围越大，其加工适应能力越强。通常增大主轴转速可以提高主轴电动机的输出功率，同时可以减小主轴吃刀量，但会导致更多切削热的产生，因此主轴转速需要保持在适当的范围内。

4）尾座套筒直径、行程、锥孔尺寸。

5）刀架刀位数、刀具安装尺寸、工具孔直径。

6）坐标行程。

7）定位精度、重复定位精度（包括坐标、刀架）。

8）快速进给速度、切削进给速度。

9）外形尺寸、净重。

（二）数控铣床

数控铣床是以普通铣床为基础，由计算机进行控制的铣床。数控铣床是一种使用较为广泛的数控机床，能实现钻削、铣削、镗孔、扩孔、铰孔等工序，可精确、高效地完成平面内具有各种复杂曲线的凸轮、样板、压膜、弧形槽等零件的自动加工。也能进行各种形状复杂的曲面模具的加工。这主要是由于数控铣床特殊的机械结构和功能强大的数控系统。数控铣床在机械加工中占有重要地位。

1. 数控铣床的主要功能及加工对象

不同数控铣床的功能不尽相同，大致分为一般功能和特殊功能。一般功能是指各类数控铣床普遍具有的功能，如点位控制功能、连续轮廓控制功能、刀具半径自动补偿功能、镜像加工功能、固定循环功能等。特殊功能是指数控铣床在增加了某些特殊装置或附件后，分别具有或兼备的一些特殊功能，如刀具长度补偿功能、靠模加工功能、自动变换工作台功能、自适应功能、数据采集功能等。

在使用数控铣床加工工件时，应该充分考虑数控铣床的各个功能。与加工中心相比，数控铣床除了缺少自动换刀功能和刀库外，其他方面均与加工中心相似，也可以对工件进行钻、扩、铰、锪和镗孔加工与攻螺纹等，但它主要还是用来进行铣削加工。其主要加工对象有以下几种。

（1）平面类零件　加工面平行、垂直于水平面或加工面与水平面的夹角为定角的零件称为平面类零件。其特点是各个加工单元面是平面或可以展开为平面。数控铣床加工的绝大多数零件属于平面类零件。

（2）曲面类零件　加工面为空间曲面的零件称为曲面零件，又称立体类零件。其特点是加工面不能展开为平面，加工面始终与铣刀点接触。加工曲面类零件的数控铣床一般为三坐标数控铣床。

（3）变斜角类零件　加工面与水平面的夹角呈连续变化的零件称为变斜角类零件，这类零件多数为飞机零件。其特点是加工面不能展开为平面，但在加工中，加工面与铣刀圆周接触的瞬间为一条直线。加工这类零件最好采用四坐标或五坐标数控铣床进行摆角加工。如果没有上述机床，也可以在三坐标数控铣床上进行 $2\frac{1}{2}$ 坐标近似加工。

2. 数控铣床的分类

数控铣床可以分为以下三类。

（1）立式数控铣床　立式数控铣床如图 2-33 所示，是数控铣床中数量最多的一种，应用范围最广。小型数控铣床 X、Y、Z 方向的移动一般都由工作台完成；主运动由主轴完成，与普通立式升降台铣床相似。中型数控立铣床的纵向和横向移动一般由工作台完成，且工作台还可手动升降；主轴除完成主运动外，还能沿垂直方向伸缩。大型数控立铣床由于需要考虑扩大行程，缩小占地面积和刚性等技术问题，多采用龙门架移动式，其主轴可以在龙门架的横向与垂直溜板上运动，而龙门架则沿床身做纵向运动。

（2）卧式数控铣床　该类数控铣床与通用卧式铣床相同，其主轴轴线平行于水平面，如图 2-34 所示。为了扩大加工范围和扩充功能，卧式数控铣床通常采用增加数控转盘或万能数控转盘来实现四、五坐标加工，这样不但工件侧面上的连续回转轮廓可以加工出来，而且可以实现在一次安装中，通过转盘改变工位，进行"四面加工"，尤其是万能数控转盘可以把工件上各种不同的角度或空间角度的加工面摆成水平来加工。这样，可以省去很多专用夹具或专用角度的成形铣刀。对于箱体类零件或需要在一次安装中改变工位的工件来说，选择带数控转盘的卧式数控铣床进行加工是非常合适的。由于卧式数控铣床在增加了数控转盘后很容易做到对工件进行"四面加工"，在许多方面胜过带数控转盘的立式数控铣床，所以目前已受到很多用户的青睐。

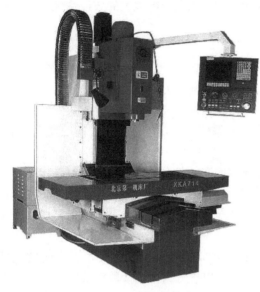

图 2-33　立式数控铣床

图 2-34　卧式数控铣床

（3）立、卧两用数控铣床　目前，这类铣床正在逐步增多。由于这类铣床的主轴方向可以更换，能在一台机床上既进行立式加工又进行卧式加工，应用范围更广，功能更全，选择加工对象的余地更大，给用户带来了很大的方便。尤其是当生产批量小，品种多，又需要立、卧两种方式加工时，用户只需购买一台这样的机床就可以了。

图 2-35 表示出了一台立、卧两用数控铣床的两种使用状态，图 2-35b 所示为机床处于立式加工状态，图 2-35c 所示为机床处于卧式加工状态。

3. 数控铣床主要技术参数

1）工作台尺寸、工作台承重。

2）坐标行程。

3）主轴转速范围、功率，主轴孔锥度。

4）主轴端面到工作台的距离。

5）定位精度、重复定位精度。

6）快速进给速度、切削进给速度。

7）外形尺寸。

8）净重。

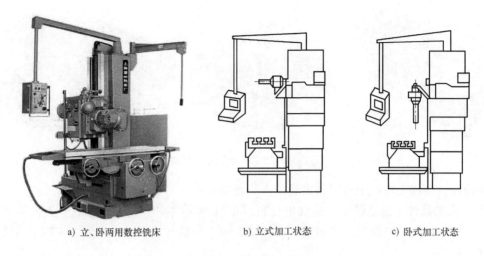

a) 立、卧两用数控铣床　　　　b) 立式加工状态　　　　c) 卧式加工状态

图 2-35　立、卧两用数控铣床及其加工状态

（三）加工中心

加工中心是一种备有刀库并能自动更换刀具对工件进行多工序加工的数控机床。加工箱体类零件的加工中心，一般是在镗、铣床的基础上发展起来的，称为镗铣类加工中心，简称为加工中心。

加工中心是典型的集高新技术于一体的机械加工设备，它的发展代表了一个国家数控机床的设计、制造水平。加工中心已经成为现代数控技术发展的主流方向。世界上第一台加工中心是美国卡尼·特雷克公司于 1958 年设计制造的。加工中心与普通机床的主要区别在于它能在一台机床上完成由多台机床才能完成的工作。

1. 加工中心的基本功能与特点

加工中心是在数控镗床或数控铣床的基础上，增加了自动换刀装置，在工件一次装夹后，可以连续对工件自动进行钻孔、扩孔、铰孔、攻螺纹、铣削等多工序加工的机床。加工中心一般带有自动分度回转工作台或主轴箱，可自动改变角度，从而在工件一次装夹后，自动完成多个平面或多个角度位置的多工序加工，工序高度集中；加工中心能自动改变主轴转速、进给量和刀具相对工件的运动轨迹；加工中心如果带有交换工作台，工件在工作位置的工作台上进行加工的同时，可在装卸位置的工作台上装卸工件，工作效率高。

由于加工中心具有上述功能，因而可以大大减少工件装夹、测量和机床的调整时间，减少工件的周转、搬运和存放时间，使机床的切削时间利用率高于普通机床 3~4 倍；具有较好的加工一致性，与单机、人工操作方式相比，能排除工艺流程中人为干扰因素；具有高的生产率和质量稳定性，尤其是加工形状比较复杂、精度要求较高、品种更换频繁的工件时，更具有良好的经济性。

加工中心加工的零件如图 2-36 所示。

2. 加工中心的基本组成

加工中心主要由以下几大部分组成。

（1）基础部件　基础部件由床身、立柱和工作台等组成，主要承受加工中心的静载荷以及在加工时产生的切削负载，因此必须具有足够的强度。这些大件通常是铸造或焊接而成

图 2-36　加工中心加工的零件

的钢结构件，是加工中心中体积和重量最大的基础构件。

（2）**主轴部件**　由主轴箱、主轴电动机、主轴和主轴轴承等零件组成。主轴的起停和变速等动作由数控系统控制，并通过装在主轴上的刀具参与切削运动，是切削加工的功率输出部件。

（3）**进给机构**　由进给伺服电动机、机械传动装置和位移测量元件等组成。它驱动工作台等移动部件形成进给运动。

（4）**数控系统**（CNC）　加工中心的数控部分由 CNC 装置、可编程序控制器、伺服驱动装置以及操作面板等组成，是完成加工过程的控制中心。

（5）**自动换刀装置**（ATC）　自动换刀装置（Automatic Tool Changer）由刀库、机械手等部件组成。当需要换刀时，数控系统发出指令，由机械手（或通过其他方式）将刀具从刀库内取出，装入主轴孔中。

（6）**辅助装置**　它包括润滑、冷却、排屑、防护、液压、气动和检测系统等部分。这些装置虽然不直接参与切削运动，但对加工中心的加工效率、加工精度和可靠性起着保障作用，因此也是加工中心中不可缺少的部分。

3. 加工中心的分类

（1）**按照加工中心的布局方式分类**　可分为立式加工中心、卧式加工中心、龙门式加工中心和万能加工中心等。

1）立式加工中心。指主轴轴线为垂直状态设置的加工中心（图 2-37）。其结构形式多为固定立柱式，工作台为长方形，无分度回转功能，适合加工盘类零件。在工作台上安装一个水平轴的数控回转台，可用于加工螺旋线类零件。立式加工中心的结构简单、占地面积小、价格低。

2）卧式加工中心。指主轴轴线为水平状态设置的加工中心（图 2-38）。它通常带有可进行分度回转运动的正方形分度工作台。卧式加工中

图 2-37　立式加工中心

心一般具有 3~5 个运动坐标，常见的是三个直线运动坐标（沿 X、Y、Z 轴方向）加一个回转运动坐标（回转工作台），它能够在工件一次装夹后完成除安装面和顶面以外的其余四个面的加工，最适合箱体类工件的加工。

图 2-38 卧式加工中心

卧式加工中心有多种形式，如固定立柱式和固定工作台式。固定立柱式卧式加工中心的立柱固定不动，主轴箱沿立柱做上下运动，工作台可在水平面内做前后、左右两个方向的移动。固定工作台式的卧式加工中心，安装工件的工作台是固定不动的（不做直线运动），沿坐标轴三个方向的直线运动由主轴箱和立柱的移动来实现。与立式加工中心相比，卧式加工中心的结构复杂，占地面积大，重量大，价格也较高。

3）龙门式加工中心。龙门式加工中心（图 2-39）形状与龙门铣床相似，主轴多为垂直设置。它带有自动换刀装置及可更换的主轴头附件，数控装置的软件功能也较齐全，能够一机多用，尤其适用于大型或形状复杂的工件的加工，如航天工业及大型汽轮机上的某些零件的加工。

图 2-39 龙门式加工中心

4）万能加工中心（复合加工中心）。它具有立式和卧式加工中心的功能，在工件一次装夹后能完成除安装面外的所有侧面和顶面的加工，也称五面加工中心。常见的五面加工中心有两种形式，一种是主轴可实现立、卧转换；另一种是主轴不改变方向，工作台带着工件旋转 90°完成对工件主轴五个表面的加工。复合加工中心主要适用于复杂外形、复杂曲线的小型工件的加工，如螺旋桨叶片及各种复杂模具。

由于五面加工中心结构复杂、占地面积大、造价高，因此它的使用和生产在数量上远不及其他类型的加工中心。

（2）**按换刀形式分类**　可分为带刀库和机械手的加工中心、无机械手的加工中心、转塔刀库式加工中心等。

1）带刀库和机械手的加工中心。加工中心的换刀装置（ATC）是由刀库和机械手组成的，机械手完成换刀工作，这是加工中心所采用的最普通的形式，如 JCS—018A 型立式加工中心。

2）无机械手的加工中心。加工中心的换刀是通过刀库和主轴箱的配合动作来完成的，刀库中刀具存放的位置、方向与主轴装刀方向一致。换刀时，主轴运动到刀位上的换刀位置，由主轴直接取走或放回刀具，多用于 40 号以下刀柄的小型加工中心，如 XH754 型卧式加工中心。

3）转塔刀库式加工中心。小型立式加工中心一般采用转塔刀库形式，主要以孔加工为主。如 ZH5120 型立式钻削加工中心就是转塔刀库式加工中心。

（3）**按加工中心机床的功用分类**　可分为镗铣、钻削、车削加工中心等。

1）镗铣加工中心。主要用于镗削、铣削、钻孔、扩孔、铰孔及攻螺纹等工序，特别适合于加工箱体类及形面复杂、工序集中的零件。

2）钻削加工中心。主要用于钻孔，也可进行小面积的端铣。

3）车削加工中心。除用于加工轴类零件外，还可进行铣（如铣扁、铣六角等）、钻（如钻横向孔）等工序。

（4）**按数控系统分类**　有两坐标加工中心、三坐标加工中心和多坐标加工中心；有半闭环加工中心和全闭环加工中心。

另外，按精度还可分为普通加工中心和精密加工中心。

4. 加工中心的发展

加工中心的发展方向是高速化，进一步提高精度和更加完善的功能。

（1）**高速化**　加工中心的高速化，是指主轴转速、进给速度、自动换刀和自动交换工作台的高速化。

1）主轴转速的高速化。20 世纪 80 年代初期的主轴最高转速为 4000～5000r/min。然而，这几年主轴最高转速又有了较大提高，如磁悬浮轴承主轴转速可达 30000～40000r/min，有的甚至超过 70000r/min。

2）进给速度的高速化。指快速移动速度的高速化和切削进给速度的高速化。

3）自动换刀的高速化。随着对自动换刀内在规律的深入了解和用户对自动换刀速度的迫切要求，自动换刀在保证可靠性的前提下，开始追求高速化，近年来采用凸轮联动式机械手，换刀速度可达 0.9s/把。

4）自动托盘交换装置的高速化。自动托盘交换装置在交换时的移动速度最高已达 40m/min，其重复定位精度达 3μm。

（2）**进一步提高精度**　加工中心的主要精度指标是它的运动精度指标。这一精度指标近年来有了不小的提高，其中精密加工中心精度的提高尤为明显。所谓加工中心的运动精度，主要以坐标定位精度、重复定位精度以及铣圆精度来表示。

(3) 功能更加完善 为了尽可能减少加工中的故障，现代加工中心大多配备完善的自诊断功能，如位置检测传感器、刀具破损检测装置、切削异常检测功能、适应控制功能、备有刀具选择功能、温度传感器、声传感器和电流传感器等。这些功能和传感器，使机床具有一定的人工智能。

加工中心配有新式刀具破损检测装置和大直径刀具破损检测方法。但对小直径刀具的破损，一直还没有找到比较理想的检测方法。直到近几年才出现一种称为声发射的检测方法。声发射检测方法是利用刀具在断裂瞬间发出的超声波来判断刀具破损的。尽管有不少加工中心中有这种装置，但其可靠性还需要进一步提高。声发射检测装置只能在刀具发生破损时才能发现，而在刀具不破损之前是无法知道其工作情况的。为此还出现了在刀具即将破损之前就能检测出刀具工作情况的装置，其工作原理是在正常切削时，切削力矩一定，而将发生刀具破损时，力矩变大，并被装在刀柄内的传感器所检测到，经过故障性质判断装置进行判断。若刀具还可以继续工作，会改变转速和进给两个指令；如果再继续加工会折损刀具，则会报警，并停止主轴转动。

加工中心还有复合化趋势，出现了五面加工中心、加工中心切削复合机、切削磨削复合加工中心、切削电加工复合中心和切削激光切削复合加工中心等。

5. 加工中心的参数

1) 工作台尺寸、工作台承重、交换时间。

2) 坐标行程、摆角范围。

3) 主轴转速范围、功率，主轴孔锥度。

4) 刀库容量、换刀时间、最大刀具尺寸和最大刀具重量。

5) 交换工作台尺寸、数量、交换时间。

6) 定位精度、重复定位精度。

7) 快速进给速度、切削进给速度。

8) 外形尺寸。

9) 净重。

第二节 工业机器人

1987 年国际标准化组织对工业机器人进行了定义："工业机器人是一种具有自动控制操作和移动功能，能完成各种作业的可编程序操作机。"工业机器人可在机械制造业中代替人完成具有大批量、高质量要求的工作，以及物流系统的搬运、包装、码垛等作业。

一、工业机器人的分类、组成与应用

（一）工业机器人的分类

1. 按系统功能分类

（1）专用机器人（图2-40） 在固定地点以固定程序工作的机器人，如附设在加工中心机床上的自动换刀机械手。

（2）通用机器人（图2-41） 具有独立控制系统，通过改变控制程序能完成多种作业的机器人。

图 2-40　用于汽车装配的专用机器人

图 2-41　某通用机器人

（3）**示教再现式机器人**　具有记忆功能，在操作者的示教操作后，能按示教的顺序、位置、条件与其他信息反复重现示教作业。

（4）**智能机器人**　采用计算机控制，具有视觉、听觉、触觉等多种感觉功能和识别功能的机器人，通过比较和识别，能自主做出决策和规划，自动进行信息反馈，完成预定的动作。

2. 按驱动方式分类

（1）**气压传动机器人**　动作迅速、结构简单、成本低廉，适用于高速轻载、高温和粉尘大的作业环境。

（2）**液压传动机器人**　负载能力强、传动平稳、结构紧凑、动作灵敏，适用于重载或低速驱动场合。

（3）**电气传动机器人**　不需要中间转换机构，机械结构简单，响应速度快，控制精度高。

3. 按结构形式分类

（1）**直角坐标机器人**（图 2-42a）　各坐标轴运动独立，具有控制简单、定位精度高等特点。

（2）**圆柱坐标机器人**（图 2-42b）　由支柱和一个安装在立柱上的水平臂组成，在立柱安装座上，水平臂可以自由伸缩，并可沿立柱上下移动。

（3）**关节机器人**（图 2-42c）　其运动类似人的手臂，由大小两臂和立柱等机构组成。大小臂之间用铰链连接形成肘关节，大臂和立柱连接形成肩关节，可实现三个方向的旋转运动。它能抓取靠近机座的物件，也能绕过机座和目标间的障碍物去抓取物件，具有较高的运动速度和极好的灵活性，称为最通用的机器人。

（4）**极坐标、球坐标机器人**（图 2-42d）　由回转机座、俯仰铰链和伸缩臂组成，具有两个旋转轴和一个平移轴，可实现旋转和俯仰运动。

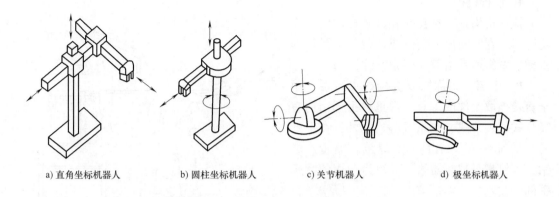

a) 直角坐标机器人　　b) 圆柱坐标机器人　　c) 关节机器人　　d) 极坐标机器人

图 2-42　机器人的结构形式

4. 按执行机构运动的控制机能分类

（1）**点位型**　只控制执行机构由一点到另一点的准确定位，适用于机床上下料、点焊和一般搬运、装卸等作业。

（2）**连续轨迹型**　可控制执行机构按给定轨迹运动，适用于连续焊接和涂装等作业。

5. 按程序输入方式分类

（1）**编程输入型工业机器人**　通过穿孔卡、穿孔带或磁带等信息载体输入已编好的程序。

（2）**示教输入型机器人**　其示教方法有两种：一种由操作者手动操作控制器（示教操纵盒），将指令信号传给驱动系统，使执行机构按要求的动作顺序和运动轨迹操演一遍；另一种由操作者直接控制执行机构，按要求的动作顺序和运动轨迹操演一遍。图 2-43 所示为示教再现式控制系统的工作原理，图 2-44 所示为机器人示教臂。

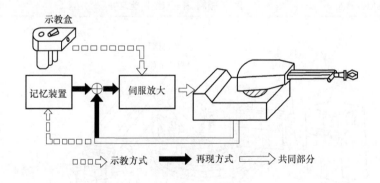

图 2-43　示教再现式控制系统的工作原理

6. 按机器人的用途分类

按机器人的用途进行分类见表 2-3。

（二）工业机器人的组成

工业机器人一般由执行机构、控制系统、驱动系统以及位置检测机构等几个部分组成。图 2-45 所示为工业机器人的结构组成。

1. 执行机构

执行机构是一种具有和人手相似的动作功能，可在空间抓放物体或执行其他操作的机械装置，通常由以下部分组成。

1）手部：又称抓取机构或夹持器，用于直接抓取工件或工具。常见的手部结构有吸盘式、关节式、卡爪式等。此外，在手部安装的某些专用工具，如焊枪、喷枪、电钻、螺钉螺母拧紧器等，可视为专用的特殊手部。

2）腕部：连接手部和手臂的部件，用以调整手部的姿态和方位。

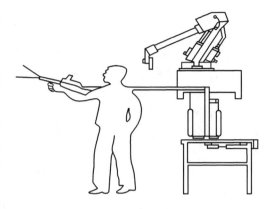

图 2-44　机器人示教臂

3）手臂：用以承受工件或工具的负荷，改变工件或工具的空间位置，并将它们送至预定的位置。

4）机座：包括立柱，是整个工业机器人的基础部件，起着支承和连接的作用。

5）行走机构：用于确定或改变机器人的位置。常见的行走机构有履带式、多足式、轮轴式等。

表 2-3　按机器人用途分类

机器人种类	用　途
工业机器人	打磨、焊接、喷漆、码垛、装配、搬运、检测等
农业机器人	耕种、施肥、喷药、嫁接、移载、收获、灌溉、养殖等
探索机器人	水下、太空、空间、危险环境等
服务机器人	清洁、护理、救援、娱乐、保安、导游等
其他机器人	医疗、福利、林业、渔业、建筑等

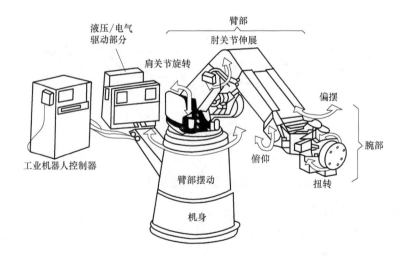

图 2-45　工业机器人的结构组成

2．控制系统

控制系统是机器人的大脑，支配着机器人按规定的程序运动，记忆人们给予的指令信息，按其控制系统的信息给执行机构发出执行指令。

3．驱动系统

驱动系统是按照控制系统发来的控制指令进行信息放大，驱动执行机构运动的传动装置。

4．位置检测装置

位置检测装置通过力、位置、触觉、视觉等传感器检测机器人的运动位置和工作状态，并随时反馈给控制系统，以便使执行机构以一定的精度达到设定的位置。

二、工业机器人的关键结构与系统

（一）工业机器人的性能指标

（1）**自由度**　自由度是衡量机器人适应性和灵活性的重要指标，一般等于机器人的关节数。机器人所需要的自由度数决定于其作业任务，自由度数越高，完成的动作越复杂，通用性越强，应用范围也越广。

（2）**工作空间**　工作空间是从几何方面讨论操作机的工作性能，指机器人进行工作的空间范围，主要包括操作机的工作空间（机器人操作机正常运行时，末端执行器坐标系的原点能在空间活动的最大范围）、灵活工作空间（在总工作空间内，末端执行器可以任意姿态达到的点所构成的工作空间）、次工作空间（总工作空间中去掉灵活工作生间所余下的部分）。

（3）**提重能力**　机器人在满足其他性能要求的前提下，能够承载的负荷重量。通常，提重能力在10N以下的为微型机器人，提重能力在10～50N的为小型机器人，提重能力在50～300N的为中型机器人，提重能力在300～500N的为大型机器人，提重能力在500N以上的为重型机器人。

（4）**运动速度**　运动速度影响工作效率，与所提取的重力和位置精度有关。

（5）**运动范围**　机器人在其工作区域内可以达到的最大距离。它是机器人关节长度和其构型的函数。

（6）**位置精度**　机器人定位精度一般在±0.02～5mm范围内。另外，重复定位精度指机器人重复到达同样位置的精确程度。它不仅与机器人驱动器的分辨率及反馈装置有关，还与传动机构的精度及机器人的动态性能有关。重复定位精度比位置精度更重要。

（二）工业机器人关键机构

在机器人机械系统中，驱动器通过联轴器带动传动装置（一般为减速器），再通过关节轴带动杆件运动。为了进行位置和速度控制，驱动系统中还包括位置和速度检测元件，如图2-46所示。

1．动力与传动机构

（1）**驱动器**　驱动器是工业机器人的动力单元。对于驱动器来说，最重要的是起动力矩要大，调速范围要宽，且惯量小、尺寸小，同时还要有性能好的、与之配套的数字控制系统。工业机器人常用的驱动器包括电动驱动器、液压驱动器、气动驱动器等。

电动驱动器的能源简单，速度变化范围大，效率高，速度和位置精度都很高。但它

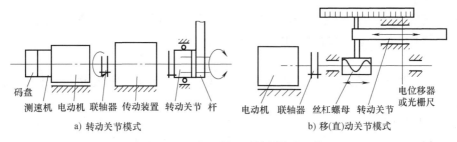

a) 转动关节模式　　　　　　　　　b) 移(直)动关节模式

图 2-46　工业机器人机械与传动机构

们多与减速装置相连，直接驱动比较困难。电动驱动器又可分为直流（DC）、交流（AC）伺服电动机驱动和步进电动机驱动，其驱动及控制方式与数控机床类似，在此不再赘述。

液压驱动的优点是功率大，可省去减速装置而直接与被驱动的杆件相连，结构紧凑，刚度好，响应快，伺服驱动具有较高的精度，但需要增设液压源，易产生液体泄漏，不适合高、低温场合，故液压驱动目前多用于特大功率的机器人系统。

气压驱动的结构简单，清洁性好，动作灵敏，具有缓冲作用。但与液压驱动器相比，其功率较小，刚度差，噪声大，速度不易控制，所以多用于精度不高的点位控制机器人。

另外，作为特殊的驱动装置有压电晶体、形状记忆合金等。

选择驱动器应以作业要求、生产环境为先决条件，以价格高低、技术水平为评价标准。一般说来，负荷在100kg以下的，可优先考虑电动驱动器；只需点位控制且功率较小者，可采用气动驱动器；负荷较大或机器人周围已有液压源的场合，可采用液压驱动器。

（2）**传动机构**　机器人的传动机构是将驱动器的运动和力转化为执行机构的动作与力。基于机器人的结构特点，要求其传动机构结构紧凑，即同比体积最小、重量最轻；传动刚度大，即承受转矩时角度变形要小，以提高整机的固有频率，降低整机的低频振动；回差小，即由正转到反转时空行程要小，以得到较高的位置控制精度；寿命长、价格低。

机器人几乎使用了目前出现的绝大多数传动机构，主要包括：

齿轮传动：具有响应快、转矩大、刚性好、可实现旋转方向的改变和复合传动等特点，主要用于腰、腕关节。

谐波传动：具有大速比、同轴线、响应快、体积小、重量轻、回差小、转矩大等特点，可用于所有关节。

摆线行星传动（RV）：具有大速比、同轴线、响应快、刚度好、体积小、回差小、转矩大等特点，主要用于前三关节，尤其是腰关节。

蜗杆传动：具有大速比、交错轴、体积小、回差小、响应小、刚度好、转矩大、效率低、发热大等特点，主要用于腰关节及手爪机构。

链传动：速比小、转矩大、刚度与张紧装置有关，主要用于驱动器后置的腰关节。

同步带传动：速比小、转矩小、刚性差、无间隙，主要用于各关节的一级传动。

钢带传动：速比小、转矩小、无间隙、刚性与张紧装置有关，主要用于驱动器后置的腕关节。

钢索传动：具有速比小、无间隙等特点，主要用于腕关节及手爪机构。

连杆及摇块传动：具有回差小、刚性好、转矩中等、速比不均、可保持特殊位形等特点，主要用于腕关节及驱动器后置的臂关节。

滚动螺旋传动：具有效率高、精度好、刚度好、无回差、速比大、可实现运动方式的改变等特点，主要用于直动关节。

齿轮齿条传动：具有效率高、精度好、刚度好、可实现运动方式的改变等特点，主要用于直动关节及手爪机构。

2. 关节机构

关节是操作机各杆件间的结合部分，通常为转动和移动两种类型。工业机器人前三关节通常称作腰关节、肩关节和肘关节，它们决定了操作机的位置。后面关节决定了操作机的姿态，称为腕部关节。

腰关节为回转关节，既承受很大的轴向力、径向力，又承受倾翻力矩，且应具有较高的运动精度和刚度。腰关节多采用高刚性的 RV 减速器传动，也可采用谐波传动、摆线针轮或蜗杆传动。其转动副多采用薄壁轴承或四点接触轴承，有的还设计有调隙机构。

对于开式连杆结构，肩关节（大臂关节）位于腰部的支座上，多采用高刚性的 RV 减速器传动、谐波传动或摆线针轮传动，也可采用滚动螺旋组合连杆机构或直接应用齿轮机构。

肘关节（小臂关节）位于大臂与小臂的连接处，多采用谐波传动、摆线针轮或齿轮传动等。

多关节柔性臂也称为象鼻形或蛇形臂。其手臂由多节串联而成，原来意义上的臂（大臂、小臂）已演化成一个节，节与节之间可以相对摆动，能满足避障等特殊需要。

手腕关节分为单自由度、两自由度、三自由度等形式。

单自由度手腕只有绕垂直轴的一个旋转自由度，用于调整装配件的方位；两自由度手腕关节有两种常见的配置形式，即谐波减速器前置的汇交型手腕和驱动电动机与谐波减速器前置的偏置型手腕；三自由度手腕是在两自由度手腕的基础上加一个整个手腕相对于小臂的转动自由度而形成的。三自由度手腕是"万向"型手腕，结构形式繁多，可以完成很多两自由度手腕无法完成的作业。

机器人手部是为了进行作业，在机器人手腕上配置的操作机构，因此有时也称为末端操作器，要求其动作灵活，刚度好，具有较大的抓握力。

由于机器人作业内容的差异（如搬运、装配、焊接、喷涂等）和作业对象的不同（如轴类、板类、箱类、包类物体等），其手部的形式多样。综合考虑手部的用途、功能和结构特点，大致可分成卡爪式夹持器、吸附式取料手（分气吸和磁吸两类）、专用操作器及换接器、仿生多指灵巧手等。

3. 移动机构

移动功能的机器人可认为是人类行走功能的模拟和扩展，机器人可在一定范围或特定环境下移动。

一台完全意义上的自主式移动机器人，除具备基本的移动功能外，还必须有移动控制功能、环境感知功能和规划决策功能。只有这样，机器人才有可能在非结构环境中自主地选择行走路径，避开障碍物，利用已有的知识系统进行必要的分析推理和决策，完成从出发地到目的地的自动移动任务。

机器人的移动机构多是针对陆上表面环境的。其机构形式主要有以下几种。

（1）**车轮式移动机构**　通过车轮的滚动来实现工作任务，达到"移动"的目的。车轮的形状或结构形式取决于地面性质和车辆的承重能力。传统的车轮形状比较适合平坦的坚硬路面，充气式车轮能吸收路面不平引起的冲击和振动。

（2）**履带式移动机构**　履带式移动机构适合于在未加工的天然路面上行走，它是轮式移动机构的拓展，履带本身起着给车轮连续铺路的作用。

（3）**腿足式移动机构**　机器人在行走过程中由腿脚机构交替支撑机体的重量并在负重状态下推动机体向前运动。该机构具有较好的机动性和对路面不平的适应性，可以主动隔振，在不平路面和松软路面上的运动速度快，且能耗小。

此外，还有步进式移动机构、蠕动式移动机构、混合式移动机构和蛇行式移动机构等，适合于一些特别的场合。

（三）工业机器人控制系统

1. 工业机器人检测元件

检测元件的类型很多，但都要求有合适的精度、连接方式以及有利于控制的输出方式。常见的工业机器人测量参数及传感器有以下几种。

（1）**机器人的位置检测**　机器人位置检测传感器可分为两类。

1）检测规定的位置，常用 ON/OFF 两个状态值。这种方法用于检测机器人的起始原点、终点位置或某个确定的位置。位置检测常用的检测元件有微型开关、光电开关等。

2）测量可变位置和角度。测量机器人关节线位移和角位移的传感器是机器人位置反馈控制中必不可少的元件，常用的有电位器、旋转变压器、编码器等。其中编码器既可以检测直线位移，又可以检测角位移。

（2）**机器人速度、角速度检测**　检测机器人速度、角速度的传感器主要如下：

1）编码器。对任意给定的角位移，编码器将产生确定数量的脉冲信号，通过统计指定时间（dt）内脉冲信号的数量，就能计算出相应的角速度。

2）测速发电机。它把输入的转速信号转换成输出的电压信号的机电式信号元件，可以作为测速、校正和解算元件，广泛应用于机器人的关节测速中。

3）位置信号微分。如果位置信号中噪声较小，那么对它进行微分来求取速度信号不仅可行，而且很简单。为此，位置信号应尽可能连续，以免在速度信号中产生大的脉动。

（3）**机器人接触觉传感器**　机器人接触觉传感器是用来判断机器人是否接触物体的测量传感器。传感器输出信号常为 0 或 1，最经济适用的形式是各种微动开关。常用的微动开关由滑柱、弹簧、基板和引线构成，具有性能可靠、成本低、使用方便等特点。接触觉传感器不仅可以判断是否接触物体，而且还可以大致判断物体的形状。一般传感器装在末端的执行器上。除了微动开关外，接触觉传感器还采用碳素纤维及聚氨基甲酸酯为基本材料构成触觉传感器。机器人与物体接触，通过碳素纤维与金属针之间建立导通电路，与微动开关相比，碳素纤维具有更高的触电安装密度、更好的柔性，可以安装在机械手的曲面手掌上。

（4）**机器人接近觉传感器**　机器人接近觉传感器是能感知相距几毫米到几十厘米内对象物或障碍物的距离、对象物的表面性质等的传感器，其目的是在接触对象前得到必要的信息，以便后续动作。接近觉传感器有许多不同的类型，如电磁式、涡流式、霍尔效应式、光学式、超声波式、电感式和电容式等。

(5) 机器人姿态传感器 姿态传感器是用来检测机器人与地面相对关系的传感器。当机器人被限制在工厂的地面上时，没有必要安装这种传感器，如大部分工业机器人。但当机器人脱离了这个限制，并且能够自由移动，如移动机器人，安装姿态传感器就是必要的了。

典型的姿态传感器是陀螺仪，它利用高速旋转物体（转子）经常保持一定姿态的性质工作。转子通过一个支撑它的，被称为万向接头的自由支持机构，安装在机器人上。机器人围绕着输入轴仅转过一个角度。在速率陀螺仪中，加装了弹簧。卸掉这个弹簧后的陀螺仪称为速率积分陀螺仪，此时输出轴以角速度旋转，且此角速度与围绕输入轴的转角速度成正比。

姿态传感器设置在机器人的躯干部分，用来检测移动中的躯干部分，它用来检测移动中的姿态和方位变化，以保持机器人的正确姿态，并且实现指令要求的方位。除此以外，还有气体速度陀螺仪、光陀螺仪，前者利用了姿态变化时气流也发生变化这一现象；后者利用了当环路状光径相对于惯性空间旋转时，沿这种光径传播的光，会因向右旋转而呈现速度变化的现象。

(6) 机器人力觉传感器 力觉传感器是指对机器人的指、肢和关节等运动中所受力的感知，用于感知夹持物的状态，校正由于手臂变形所引起的运动误差，保护机器人及零件不受伤害。它们对装配机器人具有重要意义。力觉传感器主要包括关节力传感器、腕力传感器等。

(7) 机器人滑觉传感器 机器人在抓取不知属性的物体时，其自身能确定最佳握紧力的给定值。当握紧力不够时，要检测被握紧物体的滑动，利用该检测信号，在不损害物体的前提下，考虑采用最可靠的夹持方法。实现此功能的传感器称为滑觉传感器。

滑觉传感器有滑动式和球式，还有一种通过振动检测滑觉的传感器。物体在传感器表面上滑动时，和滚轮或球相接触，把滑动变为转动。

磁力滑觉传感器属于滑觉传感器的一种，滑动物体引起传感器滚轮滑动，用磁铁和静止的磁头，或用光传感器进行检测，但只能检测到一个方向的滑动。球式滑觉传感器用球代替滚轮，可以检测各个方向的滑动。振动式滑觉传感器表面伸出的触针能和物体接触，物体滚动时，物体与触针接触而产生振动，并由压电式传感器或磁场线圈结构的微小位移计检测。

(8) 机器人的视觉、听觉、嗅觉传感器 机器人的视觉系统通常是利用光电传感器构成的。机器人视觉系统要能达到实用，至少要满足实时性、可靠性、有柔性和价格适中这几个方面的要求。

机器人的听觉传感器从应用的目的来看可以分为两类：发音人识别系统和语意识别系统。机器人听觉系统中的听觉传感器的基本形态与传声器相同，多为利用压电效应、磁电效应等工作。

嗅觉传感器主要采用气体传感器、射线传感器等。机器人的嗅觉传感器主要用于检测空气中的化学成分及浓度，检测放射线、可燃气体及有毒气体，了解环境污染，预防火灾和进行毒气泄漏报警。

2. 工业机器人的控制技术

(1) **工业机器人控制系统的组成** 机器人控制系统是机器人的重要组成部分，用于对操作机进行控制，以完成记忆、示教、与外围设备联系、坐标设置、人机接口、传感器接口、位置伺服、故障诊断、安全保护等特定的工作任务。

工业机器人控制系统由以下几部分构成，如图 2-47 所示。

控制计算机：控制系统的调度指挥机构，一般为微型机，微处理器有 32 位、64 位等，如奔腾系列 CPU 以及其他类型 CPU。

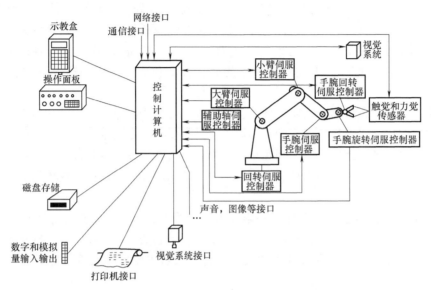

图 2-47　工业机器人的位置伺服控制

示教盒：进行示教机器人的工作轨迹和参数设定，以及所有人机交互操作，拥有自己独立的 CPU 以及存储单元，与主计算机之间以串行通信方式实现信息交互。

操作面板：由各种操作按键、状态指示灯构成，只完成基本功能操作。

硬盘和软盘存储：存储机器人工作程序的外围存储器。

数字和模拟量输入输出：各种状态和控制命令的输入或输出。

打印机接口：记录需要输出的各种信息。

传感器接口：用于信息的自动检测，实现机器人柔顺控制，一般为力觉、触觉和视觉传感器。

轴控制器：完成机器人各关节位置、速度和加速度控制。

辅助设备控制：用于和机器人配合的辅助设备控制，如手爪变位器等。

通信接口：实现机器人和其他设备的信息交换，一般有串行接口、并行接口等。

网络接口：实现联网控制。

（2）**工业机器人控制方法**　工业机器人基本控制方法主要有关节伺服控制、自适应控制、神经网络控制等。

1）关节伺服控制以每个关节作为单输入/单输出系统，机器人关节伺服控制包括关节的位置、速度和加速度的控制。其中位置控制的目标是使被控机器人的关节或末端达到期望的位置。图 2-48 所示为关节位置伺服控制原理。

关节位置给定值与当前值比较得到的误差作为位置控制器的输入量，经过位置控制器的运算后，其输出作为关节速度控制的给定值。关节位置控制器常采用 PID 算法，也可以采用模糊控制算法。

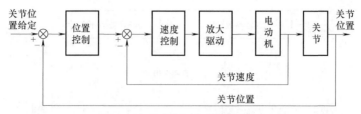

图 2-48　关节位置伺服控制原理

在图 2-48 中，去掉位置外环，即为机器人的关节速度控制框图。通常，在目标跟踪任务中，采用机器人的速度控制。此外，机器人末端笛卡儿空间的位置、速度控制，其基本原理与关节空间的位置和速度控制类似。

图 2-49 所示为分解加速度运动控制示意图。首先，计算出末端工具的控制加速度，然后根据末端的位置、速度和加速度期望值，以及当前的末端位置、关节位置与速度，分解出各关节相应的加速度，再利用动力学方程计算出控制力矩。分解加速度控制需要针对各个关节进行力矩控制。

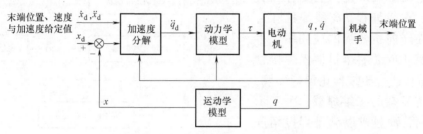

图 2-49　分解加速度运动控制示意图

图 2-50 所示为关节的力/力矩控制框图。由于关节力/力矩不易直接测量，而关节电动机的电流又能够较好地反映关节电动机的力矩，所以常用关节电动机的电流表示当前关节力/力矩的测量值。力控制器根据力/力矩的期望值与测量值之间的偏差，控制关节电动机，使之表现出期望的力/力矩特性。

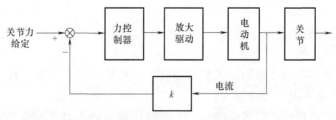

图 2-50　机器人关节的力/力矩控制框图

2）工业机器人的自适应控制是指系统的输入或干扰发生大范围的变化时，所设计的系统能够自适应调节系统参数或控制策略，使输出仍能达到设计的要求，其基本结构如图 2-51 所示。自适应控制所处理的是具有"不确定性"的系统，通过对随机变量状态的观测和系统模型的辨识，设法降低这种不确定性。控制结果常常是达到一定的控制指标，即"最优的控制"被"有效的控制"所取代。

3）神经网络控制是（人工）神经网络理论与控制理论相结合的产物，是发展中的学

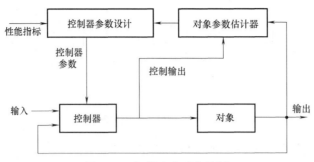

图 2-51　机器人自适应控制

科。它汇集了包括数学、生物学、神经生理学、脑科学、遗传学、人工智能、计算机科学、自动控制等学科的理论、技术、方法及研究成果。基于神经网络的工业机器人控制结构如图 2-52 所示。

3. 机器人编程技术

对工业机器人来说，主要有三类编程方法：在线编程、离线编程和自主编程。在当前机器人的应用中，手工示教仍然主宰着整个机器人焊接领域，离线编程适合于结构化焊接环境，但对于轨迹复杂的三维焊缝，手工示教不但费时，而且难以满足焊接精度要求，因此在视觉导引下由计算机控制机器人自主示教取代手工示教已成为发展趋势。

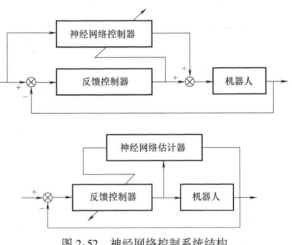

图 2-52　神经网络控制系统结构

（1）**机器人编程语言**　机器人编程语言可分为以下几类。

1）动作级语言：每一个命令对应一个动作，语句格式为

MOVE TO <destination>

动作级语言语句简单，易于编程，但不能进行复杂计算，通信能力差，其代表性语言为 VAL。

2）对象级语言：有与动作语言类似的功能，能处理传感器信息，通信和数字运算功能强，其代表性语言有 AML、AUTOPASS。

3）任务级语言：操作者直接下命令，不需要规定机器人每个动作的细节，自动推理规划，自动生成机器人的动作。

（2）**示教编程技术**　示教编程属于在线编程技术，主要用于示教再现式机器人，它主要是对操作者示教操作的顺序、位置、条件与其他信息进行存储，并转化为机器人的控制指令，进而控制机器人反复重现示教作业。示教编程通过示教直接产生控制程序，无须手工编程，简单方便，适用于大批量生产。示教编程的不足是轨迹精确度不高，需要的存储容量大。

示教编程可分为以下几个阶段：示教阶段——拨动示教盒按钮或手握机器人手臂，使之

按需要姿势和路线进行工作，示教信息存储在记忆装置中；工作再现——从记忆装置中调用存储信息，再现示教阶段动作；点位控制示教——逐一使每个轴到达需要的编程点位置；轮廓控制示教——握住示教臂，以要求的速度通过所给路线。常见的示教编程有以下几种方式。

1）示教盒示教。该方式具有在线示教的优势，操作简便直观。示教盒主要有编程式和遥感式两种。例如，采用机器人对汽车车身进行点焊，首先由操作人员控制机器人到达各个焊点，对各个点焊轨迹进行人工示教，在焊接过程中通过示教再现的方式，再现示教的焊接轨迹，从而实现车身各个位置焊点的焊接。

2）激光传感辅助示教。该方式适用于空间探索、水下施工、核电站修复等极限环境下，操作者不能身临现场，焊接等任务的完成必须借助于遥控方式。该方式工作环境的光照条件差，视觉信息不能完全地反馈现场的情况，采用立体视觉作为视觉反馈手段，示教周期长。激光视觉传感能够获取焊缝轮廓信息，并反馈给机器人控制器，实时调整焊枪位姿，跟踪焊缝。

3）力觉传感辅助示教。由于视觉误差的存在，使立体视觉示教精度低，激光视觉传感无法适应所有遥控焊接环境，如工件表面状态对激光辅助示教有一定影响，不规则焊缝特征点提取困难。采用力觉传感器对焊缝进行辨识，系统结构简单，成本低，反应灵敏度高，且力觉传感器与焊缝直接接触，示教精度高。

4）专用工具辅助示教。为了使机器人在三维空间的示教过程更直观，一些辅助示教工具被引入在线示教过程。辅助示教工具包括位置测量单元和姿态测量单元，分别用来测量空间位置和姿态。

5）借助激光等装置进行辅助示教，提高了机器人使用的柔性和灵活性，降低了操作的难度，提高了机器人加工的精度和效率，这在很多场合是非常实用的。

（3）**离线编程**　与在线编程相比，离线编程具有如下优点：减少停机的时间，当对下一个任务进行编程时，机器人仍可在生产线上工作；使编程者远离危险的工作环境，改善了编程环境；使用范围广，可以对各种机器人进行编程，并能方便地实现优化编程；便于和CAD/CAM 系统结合，做到 CAD/CAM/ROBOTICS 一体化；可使用高级计算机编程语言对复杂任务进行编程；便于修改机器人程序。离线编程的工作流程如图 2-53 所示。

编程关键步骤：机器人离线编程是利用计算机图形学的成果，通过对工作单元进行三维建模，在仿真环境中建立与现实工作环境对应的场景，采用规划算法对图形进行控制和操作，在不使用实际机器人的情况下进行轨迹规划，进而产生机器人程序。

商业离线编程软件一般包括几何建模功能、基本模型库、运动学建模功能、工作单元布局功能、路径规划功能、自动编程功能、多机协调编程与仿真功能。目前市场上常用的离线编程软件有加拿大 Robot Simualtion 公司所开发的 Workspace 离线编程软件、以色列 Tecnomatix 公司所开发的 ROBCAD 离线编程软件、美国 Deneb Robotics 公司所发的 IGRIP 离线编程软件、A B B 机器人公司开发的基于 Windows 操作系统的 RobotStudio 离线编程软件、日本安川公司开发的 MotoSim 离线编程软件、FANUC 公司开发的 Roboguide 离线编程软件等。

目前市场上的离线编程软件还没有一款能够完全覆盖离线编程的所有流程，而是几个环节独立存在。对于复杂结构的弧焊，离线编程环节中的路径标签建立、轨迹规划、工艺规划

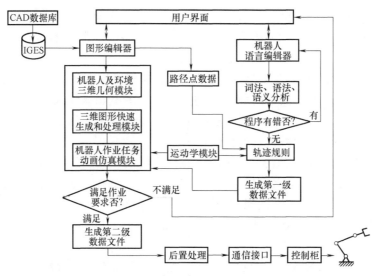

图 2-53 离线编程的工作流程

是非常繁杂耗时的。要为拥有数百条焊缝的车身创建路径标签，为了保证位置精度和合适的姿态，操作人员可能要花费数周的时间。尽管碰撞检测、布局规划和耗时统计等功能已包含在路径规划和工艺规划中，但到目前为止，还没有离线编程软件能够提供真正意义上的轨迹规划，而工艺规划则依赖于编程人员的工艺知识和经验。

（4）自主编程技术 随着技术的发展，各种跟踪测量传感技术日益成熟，人们开始研究以焊缝的测量信息为反馈，由计算机控制焊接机器人进行焊接路径的自主示教技术。常见的自主编程技术主要有以下几种。

1）基于激光结构光的自主编程。基于结构光的路径自主规划原理是将结构光传感器安装在机器人的末端，形成"眼在手上"的工作方式，其工作原理如图 2-54 所示，线结构光视觉传感器安装在焊接机器人末端，利用焊缝跟踪技术逐点测量焊缝的中心坐标，建立起焊缝轨迹数据库，在焊接时作为焊枪的路径。

2）基于双目视觉的自主编程。基于视觉反馈的自主示教是实现机器人路径自主规划的关键技术，其主要原理是：在一定条件下，由主控计算机通过视觉传感器沿焊缝自动跟踪、采集并识别焊缝图像，计算出焊缝的空间轨迹和方位（即位姿），并按优化焊接要求自动生成机器人焊枪（Torch）的位姿参数。

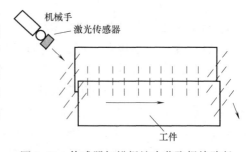

图 2-54 传感器扫描焊缝为获取焊接路径

3）多传感器信息融合自主编程。有研究人员采用力控制器、视觉传感器以及位移传感器构成一个高精度自动路径生成系统，系统配置如图 2-55 所示。该系统集成了位移、力、视觉控制，引入视觉伺服，可以根据传感器的反馈信息来执行动作。该系统中机器人能够根据记号笔所绘制的线自动生成机器人路径，位移控制器用来保持机器人 TCP 点的位姿，视觉传感器用来使机器人自动跟随曲线，力传感器用来保持 TCP 点与工件表面的距离恒定。

（5）基于增强现实的编程技术 增强现实技术源于虚拟现实技术，是一种实时地计算摄像机影像的位置及角度并加上相应图像的技术。这种技术的目标是在屏幕上把虚拟世界套在现实世界并互动，增强现实技术使计算机产生的三维物体融合到现实场景中，加强了用户同现实世界的交互。将增强现实技术用于机器人编程具有革命性意义。

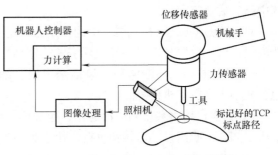

图 2-55 基于视觉、力和位置传感器的路径自动生成系统

增强现实技术融合了真实的现实环境和虚拟的空间信息，在现实环境中发挥了动画仿真的优势并提供了现实环境与虚拟空间信息的交互通道。同时，基于增强现实的机器人编程技术（RPAR）能够在虚拟环境中没有真实工件模型的情况下进行机器人离线编程，发挥离线编程技术的内在优势。

随着视觉技术、传感技术、智能控制、网络和信息技术以及大数据等技术的发展，未来的机器人编程技术将会发生根本的改变，主要表现在以下几个方面：编程将会变得简单、快速、可视、模拟和仿真立等可见；基于视觉、传感、信息和大数据技术，感知、辨识、重构环境和工件等的 CAD 模型，自动获取加工路径的几何信息；基于互联网技术实现编程的网络化、远程化、可视化；基于增强现实技术实现离线编程和真实场景的互动；根据离线编程技术和现场获取的几何信息自主规划加工路径和焊接参数，并进行仿真确认。

三、工业机器人发展展望

伴随着计算机、自动控制理论的发展和工业生产的需要及相关技术的进步，工业机器人的发展已经历了可编程序的示教再现型机器人、基于传感器控制具有一定自主能力的机器人、智能机器人三个阶段。目前，由于人工智能、计算机科学、传感器技术及其他相关学科的长足进步，使得机器人的研究在高水平上进行，未来工业机器人的发展趋势可总结为以下几个方面。

1）机构性能不断提高（高速度、高精度、高可靠性、便于操作和维修），执行机构具有柔性感、灵巧性手爪和手臂；驱动机构采用形状记忆合金、人工肌肉、压电元件、挠性轴等新型驱动器；移动技术多样化，包括步行、爬行，由 4 足、6 足、8 足或更多足组成。

2）机械结构向模块化、可重构化发展。如关节模块中的伺服电动机、减速机、检测系统三位一体化；由关节模块、连杆模块用重组方式构造机器人整机。国外已有模块化装配机器人产品问世。

3）工业机器人控制系统向基于 PC 的开放型控制器方向发展，便于标准化、网络化；器件集成度提高，控制柜日见小巧，且采用模块化结构；大大提高了系统的可靠性、易操作性和可维修性；新型智能控制技术，如模糊逻辑、神经网络、专家系统、遗传算法等取得广泛应用。

4）机器人中的传感器作用日益重要，除采用传统的位置、速度、加速度等传感器外，装配、焊接机器人还应用了视觉、力觉等传感器，而遥控机器人则采用视觉、声觉、力觉、触觉等多传感器的融合技术来进行环境建模及决策控制。多传感器融合配置技术在产品化系统中已有成熟应用。

5）虚拟现实技术在机器人中的作用已从仿真、预演发展到用于过程控制，如使遥控机器人操作者产生置身于远端作业环境中的感觉来操纵机器人。

6）微型机器人不断涌现，包括毫米级、纳米级机器人，微小位置姿态控制、微型电池、微小生物运动机构等。

7）仿生机构将会得到广泛应用，包括模仿生物体构造、移动模式、运动机理、能量分配等，如人工肌肉、蛇形移动机构、仿象鼻柔性臂、人造关节。

练习与思考

1. 简要说明什么是金属切削类机床和金属成形类机床。

2. 按运动轨迹可将机床分为哪几类？各有什么特点？

3. 按照伺服系统控制方式，可将机床分为哪几类？各有什么特点？

4. 简要说明数控机床由哪些部分组成，各有什么作用。

5. 数控机床数控装置的基本功能有哪些？

6. 数控车床由哪些部分组成？

7. 与普通车床相比，数控车床有哪些特点？

8. 简要说明数控铣床的主要功能及加工对象。

9. 简要说明加工中心的基本功能与特点。

10. 工业机器人由哪些部分组成？

11. 工业机器人的性能指标有哪些？

12. 简述工业机器人的关键机构。

13. 工业机器人驱动方式主要有哪些？常见的传动方式有哪些？

14. 工业机器人有哪些测控参数？常用的传感器有哪些？

15. 工业机器人常见的控制有哪些？

16. 工业机器人编程技术有哪些？

17. 工业机器人有哪些发展趋势？

现代制造自动化

[**内容导入**] 制造自动化技术是当代发展迅速、应用广泛、最引人瞩目的技术之一，是推动新技术革命和产业革命的核心技术，而制造技术标志着一个国家创造财富和为科学技术发展提供先进手段的能力。在制造业中广泛应用自动化技术，可以提高产品质量、减少原料和能源消耗、降低生产成本、缩短生产周期、改善劳动条件，从而提高企业的生产能力和经济效益。

本章从设计自动化、柔性制造技术、计算机集成制造技术等方面全面介绍现代制造相关自动化技术。

第一节 现代设计技术

一、现代设计技术概述

（一）设计的概念

设计是人类运用已有的知识和技术，解决问题或创造新事物，以满足社会需要的一种技术活动。因此，设计是一种创造性的智力活动，是一个综合、决策、迭代、寻优的过程。设计可以分为以下几大类。

（1）**常规设计** 在功能和工作原理不变的情况下，变更现有产品的结构配置、布置方式和尺寸，使之适应多方面的使用要求。

（2）**革新设计** 在原理、方案基本保持不变的前提下，对产品做局部变更设计，使之更能满足用户要求。

（3）**创新设计** 运用成熟的科学技术，从工作原理和结构上设计过去没有的新型产品。

（二）现代设计技术的特点

（1）**系统性** 即强调用系统的观点处理设计问题，整体上把握涉及对象，考虑对象与人、环境的联系。

（2）**动态性** 即要考虑产品的静态特性，和实际工作状态下的动态特性，考虑与周围环境的物资、能量及信息的交互。

（3）**创造性** 指建立在先进的设计理论及工具基础上，能充分发挥设计者的创造性思维，运用各种手段和方法，开发出创造性的产品。

（4）**计算机化** 计算机已渗透到产品设计的各个环节，应充分利用计算机的数值计算、严密的逻辑思维能力和巨大的信息存储及处理能力，包括优化设计、有限元分析和系统仿真等。

（5）**并行化、最优化、虚拟化和自动化** 并行化强调的是设计过程，即综合考虑产品全生命周期中的所有因素，进行并行设计；最优化强调设计过程中用优化的理论与技术，对产品进行方案优选、结构优选和参数优选，达到整体优化；自动化主要指依靠计算机辅助设计技术和自动建模技术；虚拟化是依靠强大的商品化 CAD 软件的支撑，实现虚拟化设计和三维建模，能在虚拟的环境中进行观察和评价。

（6）**主动性** 现代设计在设计初期，就会对产品全生命周期的各种可能做出准确预测，减少故障的发生，体现了主动性。

（三）现代设计技术

现代设计技术是根据产品功能要求和市场竞争的需要，应用现代技术和科学知识，经过设计人员创造性思维、规划和决策，制订可以用于制造的方案，并使方案实施的技术。

与传统设计技术相比较：现代设计技术的范畴不断扩大，从单纯产品设计到全寿命周期设计；设计的组织形式上，从传统的顺序设计方式到并行设计方式；设计手段上，从传统的手工设计到现代化计算机辅助设计。

现代设计的技术体系如图 3-1 所示。

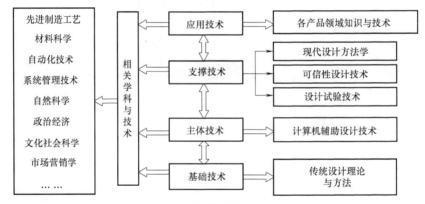

图 3-1 现代设计的技术体系

（1）**基础技术** 指传统的设计理论与方法，包括运动学、动力学等方面。

（2）**主体技术** 指计算机辅助设计技术，包括数值计算、对信息和知识的独特处理能力，CAD 技术、优化设计、有限元分析、虚拟设计和工程数据库等。

（3）**支撑技术** 指对设计信息的处理、加工、推理与验证提供多种理论、方法和手段的支撑，包括现代设计方法学：系统设计、模块化设计、反求工程、绿色设计、模糊设计和工业设计等；可信性设计：可靠性设计、安全性设计、动态设计、疲劳设计、耐腐蚀设计、健壮设计和人机工程设计等；设计试验技术：产品的性能试验、可靠性试验、数字仿真试验和虚拟试验等。

（4）**应用技术** 指针对实用的目的，解决各类具体产品设计领域问题的技术，如机床、汽车、工程机械等技术。

二、计算机辅助设计、分析及制造

计算机辅助设计、分析及制造技术是随着计算机和数字化信息技术发展而形成的新技术，具有知识密集、学科交叉、综合性强等特点，是目前世界科技领域的前沿课题，被美国工程科学院评为当代做出最杰出贡献的十大工程技术之一。该技术广泛应用于机械、电子、航空、航天、汽车、船舶、纺织、轻工及建筑等各个领域，是数字化、信息化制造技术的基础。该技术的推广应用不仅为制造业带来了巨大的社会效益和经济效益，而且已逐渐从一门新兴技术发展成为规模庞大的高新技术产业。

（一）计算机辅助设计（Computer Aided Design，CAD）

1. CAD 的定义

计算机辅助设计是使用计算机系统来辅助一项设计的建立、修改、分析或优化，称为计算机辅助设计。

计算机辅助设计包括设计、工程分析、仿真、绘图、编撰技术文档等方面，可显著提高产品设计质量，缩短产品开发周期，降低产品成本。

2. CAD 系统

CAD 系统完成的设计任务主要有几何建模、工程分析、设计审查与评价、自动绘图四个方面。

1）几何建模，是把物体的几何形状转换为适合于计算机的数学描述。在进行几何建模时，通过以下方式在计算机屏幕上构成物体图形：产生基本的几何元素，如点、线和圆等；对这些元素进行比例（放大、缩小）、平移、旋转或其他变换；把这些元素连接成所要求的物体形状，这个物体形状则在交互计算机系统中产生。

2）工程分析（也称为 CAE，计算机辅助工程分析），工程分析包括结构分析的"应力—应变"计算，或用微分方程来描述所设计系统的动态特性。

例如，大部分 CAD 系统中都有有限单元法的分析功能；有些 CAD 系统有优化软件包；有些 CAD 系统还有质量特性分析功能（计算物体的表面积、重量、体积、重心、转动惯量，对平面计算周长、面积或截面惯性矩）。

3）设计审查与评价，包括将设计图形密集的部分放大后进行审查、修改，对装配图中零件的空间位置进行干涉检查等。

4）自动绘图，直接从 CAD 数据库中产生出硬拷贝工程图（图样或胶片等），通常是用绘图机、打印机以喷墨、激光打印等方式打印出图样。

3. CAD 系统的组成

CAD 系统通常以具有图形功能的交互计算机系统为基础，包括硬件系统和软件系统，如图 3-2 所示。

（1）**工程工作站**　一般指具有超级小型机功能和三维图形处理能力的一种单用户交互式计算机系统。它有较强的计算能力，使用规范的图形软件，有高分辨率的显示终端，可以联在资源共享的局域网上工作，已形成最流行的 CAD 系统。

（2）**个人计算机**　个人计算机（PC）系统价格低廉，操作方便，使用灵活。20世纪 80 年代以后，PC 性能不断翻新，硬

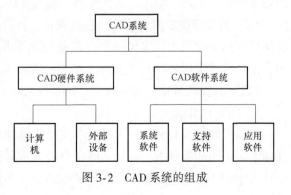

图 3-2　CAD 系统的组成

件和软件发展迅猛，加之图形卡、高分辨率图形显示器的应用，以及 PC 网络技术的发展，由 PC 构成的 CAD 系统已大量涌现，而且呈上升趋势。

（3）**图形输入输出**　除了计算机主机和一般的外围设备外，计算机辅助设计主要使用图形输入输出设备，交互图形系统对 CAD 尤为重要。图形输入设备的一般作用是把平面上点的坐标送入计算机，常见的输入设备有键盘、光笔、触摸屏、操纵杆、跟踪球、鼠标、图形输入板和数字化仪。

图形输出设备分为软拷贝设备和硬拷贝设备两大类：软拷贝设备指各种图形显示设备，是人机交互必不可少的；硬拷贝设备是常用作图形显示的附属设备，其作用是把屏幕上的图像复印出来，以便保存。

常用的图形显示方式有三种：有向束显示、存储管显示和光栅扫描显示。有向束显示应用最早，为了使图像清晰，电子束必须不断重画图形，故又称刷新显示，它易于擦除和修改图形，适于作为交互图形的手段。存储管显示保存图像而不必刷新，故能显示大量数据，且价格较低。光栅扫描系统能提供彩色图像，图像信息可存放在所谓帧缓冲存储器里，图像的分辨率较高。

（4）**CAD 软件**　除计算机本身的软件如操作系统、编译程序外，CAD 主要使用交互式图形显示软件、CAD 应用软件和数据管理软件 3 类软件。交互式图形显示软件用于图形显示的开窗、剪辑、观看，图形的变换、修改，以及相应的人机交互。CAD 应用软件提供几何造型、特征计算、绘图等功能，以完成面向各专业领域的各种专门设计。构造应用软件的四个要素是：算法、数据结构、用户界面和数据管理。数据管理软件用于存储、检索和处理大量数据，包括文字和图形信息。为此，需要建立工程数据库系统。它同一般的数据库系统相比，数据类型更加多样，设计过程中实体关系复杂，库中数值和数据结构经常发生变动，设计者的操作主要是一种实时性的交互处理。

4. CAD 技术

CAD 基本技术主要包括交互技术、图形变换技术、曲面造型和实体造型技术等。

（1）**交互技术**　交互式 CAD 系统指用户在使用计算机系统进行设计时，人和计算机辅助设计机器可以及时地交换信息。采用交互式系统，人们可以边构思、边打样、边修改，随时可从图形终端屏幕上看到每一步操作的显示结果，非常直观。

（2）**图形变换技术**　主要功能是把用户坐标系和图形输出设备的坐标系联系起来；对图形做平移、旋转、缩放、透视变换；通过矩阵运算来实现图形变换。

（3）**实体造型技术**　这是计算机视觉、计算机动画、计算机虚拟现实等领域中建立 3D 实体模型的关键技术。实体造型技术是指描述几何模型的形状和属性的信息并存于计算机内，由计算机生成具有真实感的可视的三维图形的技术。

（二）**计算机辅助工程分析**（Computer Aided Engineering，CAE）

1. CAE 的定义

计算机辅助工程分析的关键是在三维实体建模的基础上，从产品的方案设计阶段开始，按照实际使用的条件进行仿真和结构分析；按照性能要术进行设计和综合评价，以便从多个设计方案中选择最佳方案。CAE 是 CAD/CAM 不可缺少的中间环节。

CAE 的分析对象包括几何特征（如体积、表面积、质量、重心位置、转动惯量等）和物理特征（如应力、温度、位移、动力学特性等）等。

2. CAE 的分析内容

CAE 的分析内容非常广泛，涉及静力学、动力学、运动学、工艺仿真等各方面。常见的分析内容有：对受载荷作用下的产品零部件进行强度分析；对具有复杂运动的设备进行运动分析；对系统的温度场、电磁场、流体场进行分析求解；按照给定条件，找出产品设计的最优参数和最优路径；对复杂加工表面，进行刀位分析，生成加工代码；对所设计产品和工艺进行仿真分析等。

3. CAE 的方法

CAE 的核心技术是有限元技术与虚拟样机的运动/动力学仿真技术。其常用的分析方法包括有限元法、优化设计、计算机仿真等。其中有限元法是 CAE 的理论基础和核心算法。

（1）**有限元法的定义** 有限元法是一种数值近似解方法，用来解决结构形状比较复杂零件的静态、动态特性计算，强度、振动、热变形、磁场、温度场强度、应力分布状态等计算分析。有限元法的基本思想为：

将一个连续的求解域离散化，即分割成彼此用节点互相联系的有限个单元，此连续体被看作有限个单元体的组合。根据精度要求，用有限个参数来描述各单元体的力学特性，而整个连续体的力学特性就是构成它全部单元体的力学特性的总和。

先把一个原来是连续的物体剖分成有限个单元，且它们相互连接在有限个节点上，承受等效的节点载荷，并根据平衡条件来进行分析，然后根据变形协调条件把这些单元重新组合起来，成为一个组合体，再综合求解。由于单元的个数有限，节点的数目也有限，所以这种方法称为有限元法。

（2）**有限元法的分析过程** 有限元法的主要工作是建模、列方程、解方程，其求解过程如图 3-3 所示。

其主要步骤包括以下三个方面。

1）首先把一个原来是连续的物体割分（离散）成有限个单元，而且它们相互连接在有限个节点上，承受等效的节点载荷，并根据平衡条件进行分析，然后根据变形协调条件把这些单元重新组合起来，成为一个组合体，再综合求解。

2）有限元法分析的前置处理，生成节点坐标并按顺序编号。生成网格单元，修改和控制网格单元，引入边界条件以约束一系列节点的总体位移和转角，进行单元物理几何属性编辑，如材料特性、弹性模量、厚度、惯性矩以及泊松比等，进行单元分布载荷编辑等。

3）有限元法分析的后置处理。所谓后置处理，是指对有限元法计算分析结果进行加工处理并形象化为变形图、等值线图、应力应变彩色图、应力应变曲线以及振型图等，

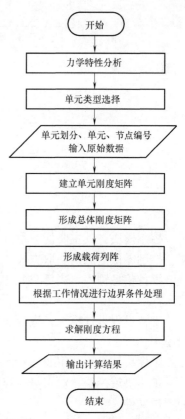

图 3-3 有限元法的求解过程

以便对变形、应力等进行直观分析和研究。

（三）计算机辅助工艺流程设计（Computer Aided Process Planning，CAPP）

1. CAPP 的定义

CAPP 指工艺人员借助计算机，根据产品设计结果和产品制造工艺要求，交互或自动地确定产品加工方法和方案的设计，包括毛坯选择、加工方法选择、工序设计、工艺路线制订。

CAPP 根据建模生成的产品信息及制造要求，人机交互或自动决策出加工该产品所采用的加工方法、加工步骤、加工设备及加工参数，CAPP 设计结果一方面生成工艺卡片文件被生产实际应用，一方面直接输出信息，为 CAM 中的 NC 自动编程系统接收、识别，直接转换为刀位文件。

2. CAPP 的基本组成

由于工艺设计是一个极为复杂的过程，涉及的因素也非常多，企业中具体应用的 CAPP 系统对制造环境依赖性很大，所以各个 CAPP 系统的组成千差万别。图 3-4 所示为常见 CAPP 的组成与基本结构。

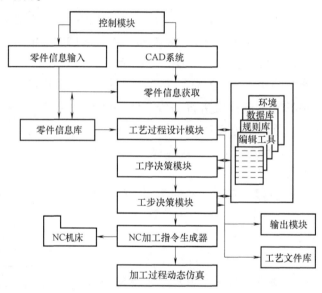

图 3-4 常见 CAPP 的组成与基本结构

控制模块，其主要任务是协调各模块的运行，使人机交互的窗口实现人机之间的信息交流，控制零件信息的获取方式。

零件信息输入：当零件信息不能从 CAD 系统直接获取时，用此模块实现零件信息的输入。

工艺过程设计模块，进行加工工艺流程的决策，产生工艺过程卡，供加工及生产管理部门使用。

工序决策模块，主要任务是生成工序卡，对工序间尺寸进行计算，生成工序图。

工步决策模块，对工步内容进行设计，确定切削用量，提供形成 NC 加工控制指令所需的刀位文件。

NC 加工指令生成器，依据工步决策模块所提供的刀位文件，调用 NC 指令代码系统，产生 NC 加工控制指令。

输出模块，可输出工艺流程卡、工序卡、工步卡、工序图及其他文档，也可从现有工艺文件库中调出各类工艺文件，利用编辑工具将现有工艺文件修改为所需的工艺文件。

加工过程动态仿真，对所产生的加工过程进行模拟，检查工艺的正确性。

3. CAPP 技术

CAPP 的基础技术包括以下内容。

1) 成组技术（Group Technology，GT）。成组技术是将企业的多种产品、部件和零件，按一定的相似性准则分类编组，并以这些组为基础组织生产的各个环节，从而实现多品种小批量生产，使产品设计、制造和管理的合理化的技术。在机械加工中，它是将多种零件按上述准则分类以形成零件族（组），并对一个零件族设计一种工艺方法或工艺路线，使该族中的零件都能用该工艺方法和路线进行加工。

2) 零件信息的描述与获取。零件信息描述是把零件的几何形状和技术要求转化为计算机能够识别的代码信息，零件编码是用数字表示零件的形状特征，代表零件特征的每一个数字码称为特征码，它是标识零件相似性的手段。目前采用的零件分类编码系统很多，其中德国的奥匹兹（Opitz）分类编码系统应用最广。我国于 1984 年年底制定了"机械零件编码系统"（简称 JLBM-1 系统）。

3) 工艺设计决策机制。工艺决策是 CAPP 系统进行工艺设计的关键，其基本原理是根据产品设计信息，利用 CAPP 系统中的决策机制，根据具体生产环境条件确定产品的工艺过程。

4) 工艺知识的获取及表示。工艺知识库采用携带加工特征的典型零件作为核心来构建典型工艺，通过建立加工零件与典型零件之间的关联，分析其差异性，派生出加工零件的工艺。

工艺知识库平台的开发为工艺知识的不断积累、维护和应用提供了可能。工艺知识的获取能大大提高企业的工艺开发质量，并减少新工艺人员的培训成本和工作磨合时间，极大地降低知识传递的成本。

5) 工序图及其他文档的自动生成。

6) NC 加工指令的自动生成及加工过程动态仿真。

7) 工艺数据库存储了工艺设计所要求的全部工艺数据和规则。

4. CAPP 方法

（1）**样件法**　在成组技术的基础上将编码相同或相近的零件组成零件组（族），并设计一个能集中反映该组零件全部结构特征和工艺特征的主样件（综合零件），然后按主样件设计适合本厂生产条件的典型工艺规程。当需要设计某一零件的工艺规程时，输入该零件的编码，计算机自动识别它所属的零件组（族），并调用该组主样件的典型工艺文件，然后根据型面编码、加工精度和表面质量要求，从典型工艺文件中筛选出有关工序，并进行切削用量计算。还可以通过人机对话方式对所编制的工艺规程进行修改，最后输出零件的工艺规程。这种方法的特点是系统简单，但要求工艺人员参与并进行决策，所编制的工艺规程只局限于特定的工厂和产品。

（2）**创成法**　创成法是只输入零件的图形和工艺信息，由计算机软件系统按照各种工艺决策的算法和逻辑步骤，自动生成工艺规程。其特点是自动化程度高，但系统复杂，技术上尚不成熟，其通用系统有待于进一步研究开发。

（四）计算机辅助制造（Computer Aided Manufacturing，CAM）

1. CAM 的定义

广义 CAM 指借助计算机完成从生产准备到产品制造出来的过程中的各项活动，包括工艺过程设计（CAPP）、工装设计、计算机辅助数控加工编程、生产作业计划、制造过程控制、质量检测与分析等。而狭义 CAM 通常指 NC 程序编制，包括刀具路径规划、刀位文件生成、刀具轨迹仿真、后置处理及 NC 代码生成。

2. CAM 的系统组成

计算机硬件：主巨型机、小巨型机、大型机、工作站、微机。

外部设备输入装置：键盘、鼠标、数字化仪、扫描仪、光笔、操纵杆、轨迹球等。

输出装置：显示器、打印机、绘图机。

外存储器：磁存储器、半导体集成电路存储器、光存储器。

3. CAM 的七个阶段及其工作内容

（1）**准备工作阶段**　在这个阶段里，主要完成加工环境设计工作。即在人工或 CAPP 完成工艺方案设计的前提下，在计算机上完成数控机床（FMC）参数设置、刀具元件建库、刀具组装、加工毛坯系列设计、CAD 模型检查和简化设计、通用夹具元件建库、专用夹具元件建模、夹具组装。上述这些工作，建立了三维的实际的加工环境，而加工刀具路径的建立，要受上述要素的空间几何关系约束。

（2）**加工方案概念设计阶段**　在前一阶段建立的加工环境上，按工艺方案的要求，根据零件毛坯、夹具装配之间的空间几何关系及刀具特征和参数，筛选最适用的加工方法，拟定刀具的进入路径、切削路径、退出路径，刀具在运动中可能发生干涉的部位，并及时地进行加工环境调整。要按照工艺方案，一道工序一道工序地进行加工方法筛选，拟订刀具路径。因后道工序而调整加工环境时，要返回到与夹具调整有关的工序，重新进行加工方案设计。在后道工序加工方案拟定没有完成时，不要急于进入加工路径设计，否则因后道工步进行了加工环境调整，将使当前所完成的路径设计作废。

（3）**加工方案初步设计**　此时进入实际的路径设计过程。要选定刀具、设置坐标和参数，重点放在刀具路径的优化上。特别要注意刀具进入和退出的插入点，应在满足工艺要求的前提下使切削路径最短。

（4）**加工方案细化设计**　在这个阶段主要是对路径优化的各项参数进行优化，如提高空刀运行速度、缩短空刀运行距离等。

（5）**刀具路径坐标检查**　在图形方式下刀具路径显示受程序员观察角度和显示器分辨率误差的影响，不能精确地描述刀具在 $X—Y$、$Y—Z$、$Z—X$ 三个平面内的确切位置。在动态显示刀具运动轨迹时，浏览 APT 文件，检查刀具 X、Y、Z 坐标的正确性。在加工微量进给时，如半精加工或精加工，刀具路径的坐标检查是必不可少的。

（6）**工序切换的环境准备工作**　在进行工序切换时，加工环境会有一定的变动。如更换新的夹具、更换新的毛坯、增加或减少加工毛坯个数的同时，须对加工环境要求重新进行设置。

（7）**NC 后处理及信息输出**　根据具体的加工单元系统，选用相应的后处理器 NC-POST，将已生成的 APT 文件编译成特定 CNC 系统的 NC 代码文件。随着代码文件的生成，输出全面工艺过程信息，主要有工艺路线表、刀具装配清单、刀具安装表、刀具使用明细表、夹具装配明细表、夹具使用明细表、加工单元参数表、工步参数设置等。

（五）计算机辅助设计与制造技术（CAD/CAM）

1. CAD/CAM 的概念

计算机辅助设计与制造（CAD/CAM）系统借助公共的工程数据库、网络通信技术以及标准化格式的中性文件接口把分散的 CAD/CAM 高效集成，实现软、硬件资源共享，保证系统内信息的畅通。因此，CAD/CAM 技术的实质是在 CAD、CAE、CAPP、CAM 各模块之间形成相互信息的自动传递和转化。

CAD/CAM 技术广泛应用于机械、电子、航空、航天、汽车、船舶、纺织、轻工及建筑等各个领域，是数字化、信息化制造技术的基础，其应用水平已成为衡量一个国家技术发展水平及工业现代化的重要标志。

2. CAD/CAM 的主要任务

（1）**几何建模技术**　几何建模是描述基本几何实体（如大小）及实体间的关系（如几何信息），进行图形图像的技术处理。几何建模是 CAD/CAM 系统的核心，为产品设计、制造提供基本数据和原始信息。

（2）**工程绘图**　CAD/CAM 系统有处理二维图形的能力，包括基本图元的生成、标注尺寸、图形编辑（比例变换、平移、复制、删除等），还应具备从几何造型的三维图形直接向二维图形转换的功能。工程绘图是 CAD/CAM 系统的重要环节，是产品最终结果的表达方式。

（3）**计算分析**　CAD/CAM 涵盖 CAE 的功能，系统对各类计算分析的算法正确、全面，且有较高的计算精度。

（4）**优化设计**　CAD/CAM 系统应具有优化求解的功能，也就是在某些条件的限制下，使产品或工程设计中的预定指标达到最优。

（5）**计算机辅助工艺规程设计**　工艺设计是为产品的加工制造提供指导性的文件，是 CAD 与 CAM 的中间环节。CAPP 根据建模生成的产品信息及制造要求，人机交互或自动决策出加工该产品所采用的加工方法、加工步骤、加工设备及加工参数。

（6）**数控编程**　CAD/CAM 系统分析零件图和制订出零件的数控加工方案后，采用专门的数控加工语言（例如 APT 语言），提供数控机床各种运动和操作的全部信息。

（7）**动态仿真**　CAD/CAM 系统能够根据设计要求，建立一个工程设计的实际系统模型，如机构、机械手等，并通过对系统模型的试验运行，研究一个存在（或设计中）的系统，进行加工轨迹、机构运动学、机器人、工件、机床、刀具、夹具的碰撞、干涉检验等方面的仿真。

（8）**计算机辅助测试技术**　CAD/CAM 系统结合计算机技术、测量技术、信号处理及现代控制理论形成了一门新兴综合性学科，具备计算机辅助测试功能。

（9）**工程数据管理**　CAD/CAM 系统数据量大、种类繁多，因此 CAD/CAM 系统应提供有效的管理手段，支持工程设计与制造全过程的信息传输与交换。

随着并行作业方式的推广应用，还存在着几个设计者或工作小组之间的信息交换问题，因此 CAD/CAM 系统应具备良好的信息传输管理功能和信息交换功能。

基于以上功能可以看出，CAD/CAM 技术具有以下几个方面的优越性。

1) 将设计人员从大量繁琐的重复劳动中解放出来，减少了设计、计算、制图、制表所需的时间，缩短了设计周期，提高了产品的质量，有利于发挥设计人员创造性。

2) 借助计算机辅助分析技术，可从多方案中进行分析、比较，选出最佳方案，实现设计方案的优化。

3) 有利于实现产品的标准化、通用化和系列化。

4) 促进先进生产设备的应用，在较大范围内适应加工对象的变化，提高生产过程自动化水平，有利于企业提高应变能力和市场竞争力。

5) CAD/CAM 的一体化，可以实现信息集成，使产品的设计、制造过程形成一个有机的整体，在经济上、技术上给企业带来综合效益。

三、优化设计

(一) 优化设计概述

1. 优化设计的定义

优化设计是在所有可行的设计方案中进行最优的选择，在规定条件下得到最佳设计效果。如在机械零部件和产品的设计中，在满足使用性能的基础上使结构最佳；在机械加工工艺规程设计中，在满足零件各项加工要术的前提下，使其生产率最高、成本最低。

优化设计的原则是寻求最优设计，手段是计算机和应用软件，理论是数学规划法。

2. 优化问题的分类

按目标函数数量可将优化问题分为单目标优化和多目标优化；按设计变量数量（n）可将优化问题分为小型优化（$n=2\sim10$）、中型优化（$n=10\sim50$）和大型优化（$n>50$）；按约束条件可将优化问题分为无约束优化和有约束优化；按求解方法可将优化问题分为准则法、数学规划法、线性规划、非线性规划和动态规划等。

(二) 优化设计的关键问题

1. 建立优化设计数学模型

优化设计数学模型包括三个要素，即优化设计的目标函数、设计变量和约束条件。优化设计的数学模型如下：

目标函数：$\min F(X)$；

设计变量：$X=[x_1,x_2,\cdots,x_n]^T$；

设计约束：$g_u(x)\leq0,u=1,2,\cdots,m$；

$\qquad h_v(x)=0,v=1,2,\cdots,p<n$。

目标函数是指根据特定目标建立起来的、以设计变量为自变量的一个可计算的数学函数。它是设计方案的评价标准。约束条件是为产生一个可接受的设计，设计变量本身或相互间应该遵循的限制条件，称为约束条件。性能约束是针对设计对象的某种性能或指标而给出的一种约束条件，如零件的计算应力不大于许用应力，轴的扭转变形应小于许用扭转角等。边界约束又称区域约束，表示设计变量的物理限制和取值范围。

2. 选择适合的优化方法

随着数学理论的发展与应用，用于优化计算的方法很多，常用的优化方法见表 3-1。

表 3-1 常用的优化方法

一维搜索法		黄金分割法
		多项式逼近法
无约束非线性规划算法	间接法	梯度法(最速下降法)
		牛顿法(二阶梯度法)
		DFP 变尺度法
	直接法	Powell 法(方向加速)
		单纯形法
有约束非线性规划算法	直接法	网格法
		随机方向法
		复合形法
	间接法	拉格朗日乘子法
		罚函数法
		可变容差法

(三) 优化设计的一般步骤

优化设计的流程图如图 3-5 所示。

（1）**分析设计问题** 建立优化设计数学模型，针对不同的机械产品，归纳设计经验，参照已积累的资料和数据，分析产品性能和要求，确定优化设计的范围和规模。产品的局部优化（如零部件）与整机优化（如整个产品）无论从数学模型还是优化方法上，都相差甚远。

（2）**选择优化方法** 各种优化方法都有其特点和适用范围，选取的方法应适合设计对象的数学模型，解题成功率高，易于达到规定的精度要求，占用机时少，人工准备工作量小，即满足可靠性和有效性好的选取条件。

（3）**编写计算机程序** 根据所选择的优化方法选用现成的优化程序或用算法语言自行编制程序，准备程序运行时需要输入的数据，输入时严格遵守格式要求，认真检查核对。

（4）**上机验算** 用计算机求解，优选设计方案。

（5）**方案的评价与决策** 优化设计的

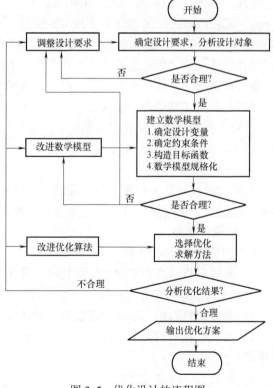

图 3-5 优化设计的流程图

目的是提高设计质量，使设计达到最优，因此分析评价优化结果非常重要、不容忽视。在进行分析评价之后，或许需要重新选择设计方案，甚至需要重新修正数学模型，以便产生最终有效的优化结果。

四、反求工程

（一）反求工程的概念

1. 定义

反求工程也称逆向工程，是从产品的有关信息（实物、软件和影像等）寻找这些信息的科学依据，加以消化和吸收，再现出产品，产品的 CAD 模型是在这些信息的基础上建立的。

2. 反求工程与正向工程的区别

正向工程从市场需求出发，历经产品的概念设计、结构设计、加工制造、装配检验等产品开发过程。其设计思路为：市场分析→概念设计→结构设计→加工制造→装配检验。

反求工程以设计方法学为指导，以现代设计理论、方法、技术为基础，运用各种专业人员的工程设计经验、知识和创新思维，对已有产品进行解剖、深化和再创造，使之成为新产品。其设计思路为：已有产品→实物测量→重构模型→创新改进→加工制造。

3. 反求工程的分类

根据产品信息的来源不同，可将反求工程分为以下几类。

1）实物反求，按照现有零件的实物模型，利用各种数字化技术及 CAD 技术重新构造样件 CAD 模型的过程。实物反求的信息源为产品实物模型，应用最广。

2）软件反求，信息源为产品工程图样、数控程序、技术文件等技术软件。

3）影像反求，信息源为图片、照片或影像等资料。

（二）反求工程的设计步骤

反求工程的设计步骤如图 3-6 所示。

图 3-6 所示的设计步骤可归纳为以下三个方面。

1. 分析阶段

分析阶段包括反求对象的功能原理、结构形状、材料性能、加工工艺，并明确其关键功能和关键技术。通过分析可以确定实物的技术指标和几何元素之间的拓扑关系。

2. 再设计阶段

反求工程的再设计步骤如下：

1）根据分析结果和实物模型的几何元素拓扑关系，制订零件的测量规划，确定测量设备、测量顺序和精度等。

2）修正测量数据，剔除测量数据中的坏点、明显不合理的测量结果。

3）按照修正后的测量数据以及反求对象的几何元素拓扑关系，利用 CAD 系统，重构几何模型。

4）再设计，创新和改进。

3. 反求产品的制造阶段

按通常的制造方法完成制造，并采用一定的检测手段进行结构和功能检测，进而修改设计。

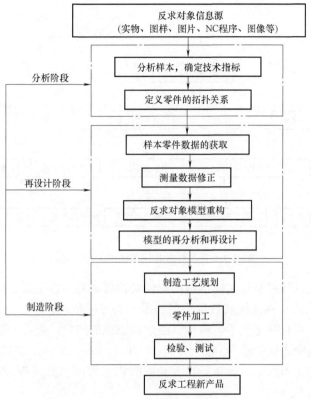

图 3-6 反求工程的设计步骤

（三）反求工程的关键技术

1. 反求对象分析

反求对象分析是根据实物，分析其功能、原理、材料性能、加工工艺等，这是反求工程成败的关键。反求对象分析的主要内容如下：

1）反求对象的功能及原理分析。分析了解实物所具有的功能，以及实现功能的原理和方法，获得原理方案。

2）反求对象的材料分析，包括材料成分的分析、材料组织结构分析和材料的性能检测等。

3）反求对象的加工、装配工艺分析。对反求对象进行分析，确定通过怎样的加工和装配来保证其性能要求。

4）反求对象的精度分析。产品精度直接影响到产品性能。精度分析包括反求对象形体尺寸的确定和精度分配等。进行精度分配时，需考虑产品的精度指标、技术条件和工作原理，企业的生产技术水平和国家技术标准等。

5）反求对象的造型分析。运用工业美学、产品造型原理、人机工程学原理，对产品外形、色彩、质地进行分析，以提高外观质量、舒适性及方便性。

6）反求对象的系列化、模块化分析。系列化和模块化有利于产品的多品种、多规格和通用化设计，以提高质量，降低成本。

2. 反求对象的几何参数采集

反求对象的几何参数采集是一个关键环节。根据反求对象，确定其形体的尺寸。几何参数的采集方法如图 3-7 所示。

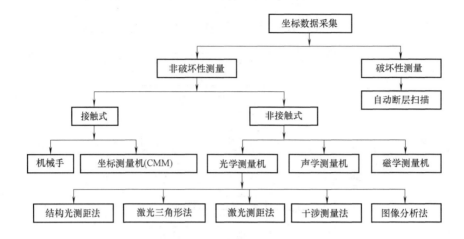

图 3-7　反求对象几何参数的采集方法

接触式测量是通过传感头与实物接触而记录实物表面的坐标位置，可分为点接触式数据采集（探针尖逐点移动）和连续式数据采集（采样头连续移动）。

非接触式测量主要有基于光学、声学、磁学等原理的测量，是将一定的物理模拟量通过适当的算法转化为实物表面的坐标点。

结构光测距法是将条形光、栅格光投射到被测物体表面，并捕捉被曲面反射后的图像，通过分析图像获得三维点的坐标。

激光测距法是将激光束的飞行时间转化为被测点与参考平面之间的距离。

声学测量机是利用声音发射到被测物体后产生回声的时间差来计算与被测点间的距离。

逐层扫描测量方法有非破坏性测量和破坏性测量两种。

非破坏性测量有超声波、CT（Computed Tomography）和核磁共振法（MRI）。

破坏性测量有 CGI，是美国公司的技术，采用逐层除去材料的方法，获得界面图像，来得到轮廓尺寸。

3. 模型重构技术

模型重构，就是根据所采集的实物几何数据，在计算机内重构实物模型的技术。测量后的数据，一般都是点云，常达几十万甚至上百万个数据点。重构过程就是采用适当的算法将集中的三个测量点连成小三角片，各个三角片之间不能有交叉、重叠、穿越或存在缝隙，从而使众多的小三角片连接成分片的曲面。

模型重构技术包括以下几方面。

1）数据预处理。对原始数据进行过滤、筛选、去噪、平滑和编辑等操作。

2）网格模型生成。采用适当的方法生成三角网格模型。

3）网格模型后处理。对三角网格模型进行简化，修补模型孔洞、缝隙和重叠等缺陷。

五、并行工程

（一）并行工程的概念

并行工程（Concurrent Engineering，CE）是在产品设计阶段，实时并行地模拟产品在制造过程中各环节的运作；在决定产品结构的同时能模拟产品在实际工作中的运转情况，预测产品的性能、产品可制造性（含可装配性）及其对结构设计的影响，评价制造过程的可行性及企业集团资源分配的合理性；以及对可能取得的效益及所承担的风险评估等进行模拟运作。这种模式力图使产品开发人员从设计一开始就考虑到产品全生命周期中的各种因素，包括质量、成本、进度及用户需求。

因此，并行工程是一种崭新的设计"哲理"，是以缩短产品开发周期、降低成本、提高产品质量和提高产品设计一次成功率为目标，把先进的管理思想和先进的自动化技术结合起来，采用集成化和并行化的思想设计产品及其相关过程的。它是对产品及其相关过程（包括制造和支持过程）进行集成的、并行的设计的系统化工作模式。

并行工程的哲理和技术不是简单的发明或创造，而是集成了制造业中许多新的技术、模式、思想，经过系统化的抽象发展而成的，实现产品生命周期内的过程集成。多品种小批量生产模式中的一体化设计与制造、大规模生产模式中的标准化零部件开发、精良生产模式中的综合产品开发团队、面向制造的设计、CIMS 中的信息集成，以及集成化、智能化、网络化、可视化 CAD/CAE/CAPP/CAM 等都对并行工程的产生有着直接的影响。

并行工程是对传统产品开发模式的一次变革，它对现有生产模式的冲击是多方面的，主要包括：

（1）**技术方面** 并行工程不仅包含、继承了许多传统的 CIMS 技术，而且还提出了一些新的技术，如各种并行工程使能技术（如 DFX 工具）和各种集成技术。

（2）**组织方面** 并行工程必须打破传统的、按部门划分的组织模式，组成以产品开发为对象的跨部门集成产品开发团队 IPT（Integrating Product Development Team）。这不仅要克服习惯及狭隘的局部利益等方面的阻力，而且还要使 IPT 之间便于合作，并在此组织结构下获得优化的过程模型，使产品开发过程具有合理的信息传递关系及最短的产品开发周期。

（3）**管理方面** 管理的对象、内容及方法发生了变化，如影响开发人员工作的因素和设计阶段的冲突的数量明显增加，决策及冲突消解的复杂程度和方式发生了变化等。

（二）并行设计的关键技术

并行设计是一种系统化、集成化的现代设计技术，它以计算机作为主要技术手段，除了通常意义下的 CAD、CAPP、CAM、产品数据管理系统（Product Data Management System，PDMS）等单元技术的应用外，还要着重解决以下一些关键技术问题。

1. 产品并行开发过程的建模及优化

并行设计的思想是在研究产品开发过程的基础上形成的，要实现产品的并行设计，首先要建立起产品并行开发的信息模型。

产品开发是一个十分复杂的过程，以什么样的理论、策略和方法建立产品开发过程的数学模型，一直是并行设计技术研究的重要课题。目前，这样一种观点已取得国内外学术界的认同，即：产品开发过程是一个基于约束的技术信息创成和细化的过程。这些约束包括：目标约束，即市场的需求、用户的要求、设计性能指标等；环境约束，即可选材料、加工设备、工艺条件等；耦合约束，各子过程之间的约束。各种约束通过共有变量连成约束条件网络。

2. 支持并行设计的计算机信息系统

由于工作群组的成员不一定同处一地，也不一定同时工作。因此，并行设计要求计算机信息系统具有多种通信功能（同时同地、同时异地、异时同地、异时异地），并且能对产品开发中发生的冲突和分歧进行协调。

例如，分处两地的群组成员可以通过计算机通信会商有关问题，共同处理同一电子文件，或绘制同一张图样。又如，工作群组的某个成员（或某个小组）根据强度校核计算的结果修改了某个尺寸，却没有意识到这一修改将对另一成员（或另一小组）的工作发生影响，约束条件网络发现了这一问题，马上向双方发出警告信息，提醒双方进行协调。

3. 模拟仿真技术

在设计初期，尽早发现并纠正设计中的错误和缺陷，提高产品开发的一次成功率，无论是对于提高产品设计质量，还是对于缩短设计周期、降低设计成本，都是十分重要的。但是，并行设计中不是通过费时费工的样机制作来发现可能影响加工、装配、使用、维修的设计错误和缺陷，而是通过计算机模拟仿真（当然也可通过快速样模制作）来实现这一目的。如虚拟制造、虚拟装配、结构有限元计算、产品静动态性能仿真，直至应用虚拟现实技术，让用户"身临其境"地体验产品的各项性能。

4. 产品性能综合评价和决策系统

并行设计作为现代设计方法，其核心准则是"最优化"。在对产品各项性能进行模拟仿真的基础上，进行产品各项性能，包括可加工性、可装配性、可检验性、易维护性，以及材料成本、加工成本、管理成本的综合评价和决策的系统，是并行设计系统不可缺少的模块。

5. 并行设计中的管理技术

并行设计系统是一项复杂的人机工程，不仅涉及技术科学，而且涉及管理科学。目前的企业组织机构是建立在产品开发的串行模式基础上的，并行设计的实施势必导致企业的机构设置、运行方式、管理手段发生较大的改变。

（三）并行设计实例

CE 只是一种生产哲理，要将其应用到生产实际，必须要有诸多的支撑工具。

1. 并行产品定义法

并行产品定义法是把产品设计及其相关过程集成在一起的系统工程方法。该方法的主要研究内容包括：结构和系统设计同时展开，并支持设计发放日期的分析；尽早并不断地从所有 IP 成员那里取得反馈信息，以便改进设计；关键零件的详细设计、装配和安装计划工作在设计发放前同时完成；当发放零件设计时，关键工艺装备设计也已完成；在产品设计发放前，预先完成 NC 计划及其程序设计；在工程发放以前有更多的产品设计数据，包括 APL 和几何数据（几何模型和图样）；并行地开发地面支持装备、验收合格后的文档、功能测试规范和用户使用的技术出版物等。

2. 面向制造的设计法

面向制造的设计法是全生命周期设计的重要研究内容，也是产品设计与后继加工制造过程并行设计的方法。在设计阶段尽早考虑与制造有关的约束，全面评价和及时改进产品设计，可以得到综合目标较优的设计方案，并可争取产品设计和制造一次成功，以达到降低成本、提高质量、缩短产品开发周期的目的。

面向制造的设计法的主要内容包括：零件的可加工性，定性地衡量该零件是否能加工出来，并预估零件的加工成本、加工时间及加工成品率；部件和整机的可装拆性；零部件加工和装配质量的可检测性；零部件和整机性能的可试验性；零部件和整机的可维修性；零部件及材料的可回收性等。

面向制造的设计法是 CE 的思想核心，设计与制造是产品生命周期中最重要的两个环节。所谓并行工程，最重要的是产品设计与制造过程的并行。在设计阶段就考虑可制造性是 CE 最基本的优势所在。

3. 面向维护的设计

面向维护的设计软件允许设计者在产品设计的早期评估产品的可维护性，此时对于产品设计的修改所花费的成本最低。

即使一个产品是易于装配的，也不一定是易于维护的。例如维修一辆已服役两年多的坦克，由于受到风吹、日晒、雨淋和冷冻而导致紧固件生锈，在拆卸底盘架时，可能怎么也拆不下来，直到仔细地用润滑油清洗和经过 2min 的松动，坦克底盘架才得以拆卸。当初花了 20s 操作装配上的螺母，却花了 4min 的时间来拆卸下来。利用 DFS 软件，设计师和工程师就可以采取措施避免该问题。

面向维护的设计软件还给用户提供一系列的报表，包括再设计建议的报表（对于需要检查以提高可维护性的地方予以强调和划分优先次序）。进行面向维护的设计分析的好处有：降低维修成本、提高客户满意度和经济地维护对环境敏感的长寿命产品。

六、绿色设计

（一）绿色设计的概念

1. 产品的全生命周期

设计产品，不仅是设计产品的功能和结构，而且要设计产品的全生命周期，也就要考虑产品的规划、设计、制造、经销、运行、使用、维修、保养直到回收再用及处置的全过程。全生命周期设计意味着在设计阶段就要考虑到产品生命历程的所有环节，以求产品全生命周期设计的综合优化。可以说，全生命周期设计旨在在时间、质量、成本和服务方面提高企业的竞争力。

2. 绿色产品的定义

绿色产品就是在其生命周期全过程中，符合特定的环境保护要求，对生态环境无害或危害极少，对资源利用率最高，能源消耗最低的产品。主要包括：可以拆卸、分解的产品；原材料使用合理化，并能处理回收的产品；在生产、使用、回收过程中对生态环境无害或危害小的产品；可翻新和重新利用的产品。

绿色产品的特点是优良的环境友好性，最大限度地利用材料、资源，节约能源。

3. 绿色设计与传统设计比较

传统设计主要考虑产品功能、质量和成本属性，如功能、质量、生命、成本等，很少考虑环境属性，故回收率低，资源、能源浪费严重，污染环境。

绿色设计是以保护环境资源为核心的设计过程，在产品全生命周期内优先考虑的是产品的环境属性，在满足环境目标的同时保证产品的基本性能和使用寿命。

表 3-2 给出了绿色设计与传统设计在设计依据、设计人员、设计技术和工艺、设计目的等方面的不同。

（二）绿色设计的目标与流程

绿色设计涉及从原材料生产、生产制造、装配、包装、运输、销售、使用直至回收重用及处理处置所涉及的各个阶段总和，其设计目标与内容可归纳为表 3-3。

表 3-2　绿色设计与传统设计的不同

比较因素	传 统 设 计	绿 色 设 计
设计依据	依据用户对产品提出的功能、性能、质量及成本要求来设计	依据环境效益和生态环境指标与产品功能、性能、质量及成本要求来设计
设计人员	设计人员很少或没有考虑有效的资源再生利用及对生态环境的影响	要求设计人员在产品构思及设计阶段，必须考虑降低能耗、资源重复利用和保护生态环境
设计技术和工艺	在制造和使用过程中很少考虑产品回收，或仅是有限的材料回收，用完后就被废弃	在产品制造和使用过程中可拆卸、易回收，不产生毒副作用，保证产生最少的废弃物
设计目的	为需求而设计	为需求和环境而设计，满足可持续发展的要求
产品	传统意义上的产品	绿色产品或绿色标志产品

表 3-3　绿色设计的目标与内容

设计目标	主 要 内 容
为回收而设计	避免材料复杂度，采用回收价值高的材料，可识别回收物用可回收包装，易更换，可修复零件，易拆解，与其他材料的相容性
为拆解而设计	易松开、少固定件，少用焊接、胶接法，考量拆解顺序，易拆解，用相同扣件、固定零件，减少零组件数目，采用多功能零件
为环保而设计	降低产品尺寸，减少重量，减少包装材料，用可辨识材料，用相容材料，减少材料种类，少用有害、有毒材料，减少产品说明书，用可生物分解材料，考量废弃物处理方式
为节省能源而设计	降低生产阶段的能源耗用，降低产品耗能源量，减积、减重，节省运送能源，采用可再生能源材质，少用照明，散热及余热再利用，提高设备能源效率
为资源保全而设计	可回收，可再使用，可修复，可再制，高可靠度，易升级，易模组化，包装材料可再利用，设计产品新系统（如租赁方式），提高设备能源效率
方针的权衡	经济性，工艺流程可行性，市场可行性，环境冲击程度

　　绿色设计过程包括：绿色产品规划及设计开发过程；绿色产品制造与生产过程；产品使用过程；产品维护与服务过程；废弃淘汰产品的回收、重用及处理处置过程等。其设计流程如图 3-8 所示。

　　（三）绿色设计的原则

　　绿色设计顺应历史发展趋势，强调资源有效利用，减少废弃物排放，追求产品全生命周期中对环境污染最小化，对生态环境无害化，将成为人类实现可持续发展的有效手段，其设计原则包括以下几个方面。

　　（1）资源最佳利用原则　考虑资源的再生能力，尽可能使用可再生资源；保证资源在产品的整个生命周期中得到最大限度的利用。

　　（2）能源选用　尽可能使用再生资源，如太阳能、风能；保证在产品整个生命周期中能源消耗最少。

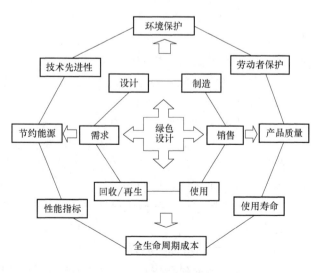

图 3-8　绿色设计流程

（3）**"零污染"原则**　抛弃"先污染、后处理"，实施"预防为主、治理为辅"，消除污染源，做到"零污染"。

（4）**"零损害"原则**　保证在整个生命周期内对人有保护功能，避免对人身心的损害。

（5）**技术先进原则**　采用最先进的技术，了解相关领域的新发展，发挥创造性，保证产品的市场竞争力。

（6）**生态经济效益最佳原则**　考虑产品在整个生命周期内的环境行为对生态环境和社会所造成的影响，有好的环境效益。

七、其他现代设计方法

（一）可靠性设计

产品的可靠性是指在规定的条件和规定的时间内，完成规定功能的能力。可靠性设计的主要内容如下：

1）故障机理和故障模型研究。研究产品元件材料老化的失效机理，掌握老化规律，揭示影响老化因素，建立失效机理模型。

2）可靠性试验技术研究。试验是取得可靠性数据的主要方法，能发现产品设计和研制阶段的问题。恰当的试验方法有利于保证和提高产品的可靠性，能够节省人力和费用。

3）可靠性水平的确定。制定相关产品的可靠性水平等级，为产品的可靠性设计提供依据。

（二）智能设计技术

智能设计就是要研究如何提高人机系统中计算机的智能水平，使计算机更好地承担设计中各种复杂任务，成为设计工程师得力的助手和同事。

（三）仿真与虚拟设计

仿真（Simulation）就是用模型来模仿实际系统，代替实际系统进行设计和研究。基于仿真的设计可提高产品开发质量，缩短开发周期，降低产品开发费用，进行复杂产品的操作使用训练。

虚拟设计是建立一个比现在计算机系统更为真实方便的输入输出系统，使其能与各种传感器相连，组成更为友好的人机界面，人能沉浸其中，超越其上，进出自如又能产生交互作用，是多维化的信息环境。这个环境就是计算机虚拟现实系统（VRS），在这个环境中从事设计的技术称为虚拟设计 VD（Virtual Design）。

（四）健壮设计

健壮设计是一种系统设计方法，它使所设计的系统性能对于制造过程中的波动或其工作环境（包括维护、运输和储存）的变化是不敏感的，而且尽管零部件会漂移或老化，系统仍然在其寿命期间以可接受的水平持续工作。健壮设计是使所设计的产品（或工艺）无论在制造还是使用中，当结构参数变差，或是在规定寿命内结构发生老化和变质（在一定范围内）时，都能保持产品性能稳定的一种工程设计方法。或者换一种说法，若做出的设计即使在经受各种因素的干扰，产品质量仍是稳定的，或者用廉价的零部件能组装出质量上乘、性能稳定的产品，则认为该产品是健壮的。目前，许多工业国家都已经把健壮设计推荐为提高和改进产品质量的一种有效的工程方法。

第二节 柔性制造系统

随着科学技术的发展，人类社会对产品的功能与质量的要求越来越高，产品更新换代的周期越来越短，产品的复杂程度也随之增大，传统的大批量生产方式受到了挑战。这种挑战不仅对中小企业形成了威胁，而且也困扰着国有大中型企业。因为，在大批量生产方式中，柔性和生产率是相互矛盾的。其一，只有品种单一、批量大、设备专用、工艺稳定、效率高，才能构成规模经济效益；其二，多品种、小批量生产，设备的专用性低，在加工形式相似的情况下，频繁地调整工夹具，工艺稳定难度增大，生产率势必受到影响。为了同时提高制造工业的柔性和生产率，以在保证产品质量的前提下缩短产品生产周期，降低产品成本，最终使中小批量生产能与大批量生产抗衡，柔性自动化系统便应运而生。

一、柔性制造系统概述

（一）柔性制造系统的定义

柔性制造系统（Flexible Manufacturing System，FMS）是由统一的信息控制系统、物料储运系统和一组数字控制加工设备组成，能适应加工对象变换的自动化机械制造系统。FMS的工艺基础是成组技术，它按照成组的加工对象确定工艺过程，选择相适应的数控加工设备和工件、工具等物料的储运系统，并由计算机进行控制，故能自动调整并实现一定范围内多种工件的成批高效生产，并能及时地改变产品以满足市场需求。FMS兼有加工制造和部分生产管理两种功能，因此能综合地提高生产效益。FMS的工艺范围正在不断扩大，包括毛坯制造、机械加工、装配和质量检验等。

（二）柔性制造系统发展简介

1967年，英国莫林斯公司首次根据威廉森提出的FMS基本概念，研制了"系统24"。同年，美国的怀特·森斯特兰公司建成Omniline I系统，该系统适于在少品种、大批量生产中使用，在形式上与传统的自动生产线相似，所以也叫柔性自动线。

1976年，日本发那科公司展出了由加工中心和工业机器人组成的柔性制造单元（简称FMC），为发展FMS提供了重要的设备形式。

20世纪70年代末期，柔性制造系统在技术上和数量上都有较大发展，并于20世纪80年代初期进入实用阶段。

1982年，日本发那科公司建成自动化电机加工车间，向计算机集成的自动化工厂迈出了重要的一步。

目前，全世界已有大量的柔性制造系统投入了应用，国际上以柔性制造系统生产的制成品已经占到全部制成品的75%以上，而且比率还在增加。

（三）柔性制造系统的特点

柔性制造系统是一种技术复杂、高度自动化的系统，它将微电子学、计算机和系统工程等技术有机地结合起来，理想和圆满地解决了机械制造高自动化与高柔性化之间的矛盾。它具有设备利用率高、生产能力相对稳定、产品质量高、运行灵活和产品应变能力大的优点。其主要优势在于：

1）设备利用率高。一组机床编入柔性制造系统后，产量比这组机床在分散单机作业时的产量提高数倍。

2）在制品压缩。在制品减少 80% 左右。

3）生产能力相对稳定。自动加工系统由一台或多台机床组成，发生故障时，有降级运转的能力，物料传送系统也有自行绕过故障机床的能力。

4）产品质量高。在零件加工过程中，装卸一次完成，加工精度高，加工形式稳定。

5）运行灵活。有些柔性制造系统的检验、装夹和维护工作可在第一班完成，第二、第三班可在无人照看下正常生产。在理想的柔性制造系统中，其监控系统还能处理诸如刀具的磨损调换、物流的堵塞疏通等运行过程中不可预料的问题。

6）产品应变能力大，刀具、夹具及物料运输装置具有可调性，且系统平面布置合理，便于增减设备，满足市场需要。

二、柔性制造系统的组成

柔性制造系统的组成如图 3-9 所示。

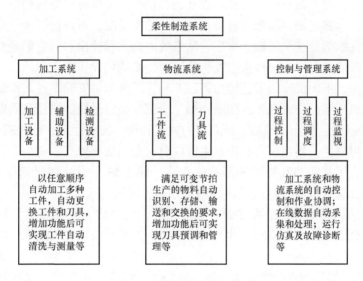

图 3-9　柔性制造系统的组成

（一）加工系统

加工系统是以成组技术为基础，把外形尺寸（形状不必完全一致）、重量大致相似，材料相同，工艺相似的零件集中在一台或数台数控机床或专用机床等设备上加工的系统。加工系统在 FMS 中是实际完成改变物性任务的执行系统。加工系统主要由数控机床、加工中心等加工设备构成，系统中的加工设备在工件、刀具和控制 3 个方面都具有可与其他子系统相连接的标准接口。从柔性制造系统的各项柔性含义中可知，加工系统的性能直接影响着 FMS 的性能，且加工系统在 FMS 中又是耗资最多的部分，因此恰当地选用加工系统是 FMS 成功与否的关键。

1. 加工系统的配置与要求

目前金属切削 FMS 的加工对象主要有两类工件：棱柱体类（包括箱体形、平板形）和回转体类（长轴形、盘套形）。对加工系统而言，通常用于加工棱柱体类工件的 FMS 由立、卧式加工中心，数控组合机床（数控专用机床、可换主轴箱机床、模块化多动力头数控机床等）和托盘交换器等构成；用于加工回转体类工件的 FMS 由数控车床、车削中心、数控组合机床和上下料机械手或机器人及棒料输送装置等构成。小型 FMS 的加工系统多由 4~6 台机床构成，这些数控加工设备在 FMS 中的配置有互替形式（并联）、互补形式（串联）和混合形式（并串联）3 种，如图 3-10 所示。

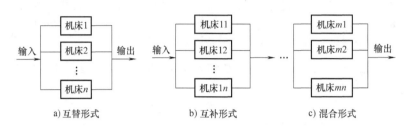

图 3-10　加工设备的配备形式

在互替形式中，纳入系统的机床是可以互相替换的，工件可以被送到适合加工它的任何一台加工中心上。计算机的存储器存有每台机床的工作情况，可以给机床分配加工零件。一台加工中心可以完成部分或全部加工工序。从系统的输入和输出看，它们是并联环节，因而增加了系统的可靠性，即当某一台机床发生故障时，系统仍能正常工作。

在互补形式中，不同机床的工艺能力可以互补，工件通过安装站进入系统，然后在计算机控制下从一台机床到另一台机床，按顺序加工。工件通过系统的路径是固定的。这种类型的 FMS 是非常经济的，生产率较高。从系统的输入和输出的角度看，互补机床是串联环节，它减少了系统的可靠性，即当一台机床发生故障时，全系统将瘫痪。

混合形式结合了互替和互补两种形式的优点，即 FMS 中有一些机床按互替形式布置，而另一些机床按互补形式安排。大多数 FMS 采用这种配置形式。

FMS 的加工系统原则上应是可靠的、自动化的、高效的、易控制的，其实用性、匹配性和工艺性好，能满足加工对象的尺寸范围、精度、材质等要求，因此在选用时应考虑以下几点。

1）工序集中，如选用多功能机床、加工中心等，以减少工位数和减轻物流负担，保证加工质量。

2）控制功能强、扩展性好，如选用模块化结构，外部通信功能和内部管理功能强，有内装可编程序控制器，有用户宏程序的数控系统，以易于与上下料、检测等辅助装置连接和增加各种辅助功能，方便系统调整与扩展，以及减轻通信网络和上级控制器的负载。

3）高刚度、高精度、高速度，选用切削功能强、加工质量稳定、生产率高的机床。

4）使用经济性好，如导轨油可回收，断、排屑处理快速、彻底等，以延长刀具使用寿命；节省系统运行费用，保证系统能安全、稳定、长时间无人值守而自动运行。

5）操作性、可靠性、维修性好，机床的操作、保养与维修方便，使用寿命长。

6）自保护性、自维护性好。如设有切削力过载保护、功率过载保护、行程与工作区域限制等。导轨和各相对运动件等无须润滑或能自动润滑，有故障诊断和预警功能。

7）对环境的适应性与保护性好，对工作环境的温度、湿度、噪声、粉尘等要求不高，各种密封件性能可靠、无渗漏，切削液不外溅，能及时排除烟雾、异味，噪声、振动小，能保持良好的生产环境。

8）其他，如技术资料齐全，机床上的各种显示、标记等清楚，机床外形、颜色美观且与系统协调。

2. 加工系统中常用设备介绍

（1）**加工中心** 加工中心是一种备有刀库并能按预定程序自动更换刀具，对工件进行多工序加工的高效数控机床。其最大特点是工序集中和自动化程度高，可减少工件装夹次数，避免工件多次定位所产生的累积误差，节省辅助时间，实现高质、高效加工。

在实际应用中，以加工棱柱体类工件为主的镗铣加工中心和以加工回转体类工件为主的车削加工中心最为多见。加工中心的刀库有链式、盘式和转塔式等基本类型。加工中心中最为常见的换料装置是托盘交换器（Automatic Pallet Changer，APC），它不仅是加工系统与物流系统间的工件输送接口，也起物流系统工件缓冲站的作用。图 3-11 所示为加工中心配上托盘交换系统的实例。

（2）**车削加工中心** 车削加工中心简称车削中心（Turning Center），是在数控车床的基础上为扩大其工艺范围而逐步发展起来的。车削中心应具有的特征是带刀库和自动换刀装置，带动力回转刀具，并且联动轴数大于 2。车削中心在一次装夹下除能完成车削加工外，还能完成钻削、攻螺纹、铣削等加工。车削中心的工件交换装置多采用机械手或行走式机器人。随着机床功能的

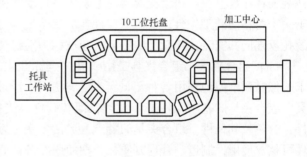

图 3-11 具有托盘交换系统的加工中心

扩展，多轴、多刀架及带机内工件交换器和带棒料自动输送装置的车削中心在 FMS 中发展较快，这类车削中心也被称为车削 FMM。如对置式双主轴箱、双刀架的车削中心可实现自动翻转工件，在一次装夹下完成回转体工件的全部加工。

（3）**数控组合机床** 数控组合机床是指数控专用机床、可换主轴箱数控机床、模块化多动力头数控机床等加工设备。这类机床是介于加工中心和组合机床之间的中间机型，兼有加工中心的柔性和组合机床的高生产率的特点，适用于中、大批量制造的柔性生产线（FML或 FTL）。这类机床可根据加工工件的需求，自动或手动更换装在主轴驱动单元上的单轴、多轴或多轴头，或更换具有驱动单元的主轴头本身。

3. 加工系统中的刀具与夹具

FMS 的加工系统要完成它的加工任务，必须配备相应的刀具、夹具和辅具。

（1）**刀具系统** 刀具系统是指从以机床主轴孔连接的刀具柄部开始至切削刃部为止的与切削有关的硬件总称。选择刀具系统的内容是根据工艺要求选择适当的刀具类型，根据刀具类型与使用机床的规格与性能决定刀具系统的组合与配置，根据被切削材料的材质、切削条件、加工要求等选用合适的刃部。

FMS 加工系统中所用的刀具，除满足一般的切削原理、切削性能、刀具结构等方面的要求之外，还应具有寿命长，断屑与排屑可靠，在 FMS 中的通用性、互换性和管理性好，能实现快速更换（如换刀片、刀头、刀具等）和线外预调等特点。

（2）**夹具系统**　机床夹具是在机床上用以装夹工件的一种装置，其作用是使工件相对于机床或刀具有一个正确的位置，并在加工过程中保持这个位置不变。为此，它需要有定位、导向、夹紧、连接等功能。由于 FMS 的加工过程是自动的，除对夹具的常规要求外，它的加工系统还要求夹具有统一的基准，以便依靠机床精度和数控程序自动保证工件的位置精度，同时还要求夹具的"敞开性"好，以便在一次安装中尽可能加工较多的面。在 FMS 的加工系统中，通常对于不复杂的回转体类工件的夹具，可选用通用夹具，如高速动力卡盘等；对于棱柱体类工件，原则上当工件底面可定位时，可用压板、螺钉等将其直接安装在托盘上；当工件品种多、形状变化较大，或需在一个托盘上同时安装多个工件加工时，可选用组合夹具；当工件形状复杂、不易安装，且批量较大时，可考虑设计专用夹具。

（3）**托盘**　托盘是 FMS 加工系统中的重要配套件。对于棱柱体类工件，通常是在 FMS 中用夹具将工件安装在托盘上，进行存储、搬运、加工、清洗和检验等。因此，在物料（工件）流动过程中，托盘不仅是一个载体，也是各单元间的接口。对加工系统来说，工件被装夹在托盘上，由托盘交换器送给机床并自动在机床支撑座上定位、夹紧，这时托盘相当于一个可移动的工作台。又由于工件在加工系统中移动时，托盘及其夹具也跟着一起移动，故托盘连同其安装在托盘上的夹具一起被称为随行夹具。

（4）**组合夹具**　组合夹具是由一套完全标准化的元件组合而成，能根据工件的加工要求，像搭积木似地利用各种不同元件，通过不同的拼装和连接，构成不同结构和用途的夹具。组合夹具的基本元件有 8 大类，即基础件、支撑件、定位件、导向件、压紧件、紧固件、合件及其他件。组合夹具的特点是灵活多变，万能性强；可大大缩短生产准备周期；元件可重复使用，制造、管理方便，长期使用经济性好；易于实现计算机辅助工艺设计。目前使用的组合夹具有两种基本类型，即槽系组合夹具和孔系组合夹具。槽系组合夹具元件间靠键和槽定位，而孔系组合夹具则靠孔与销定位。孔系组合夹具与槽系组合夹具相比精度高、刚性好、易组装，可方便地提供数控编程原点（工件坐标系原点），在 FMS 中得到了广泛应用。

4. 加工监控系统

FMS 加工系统的工作过程都是在无人操作和无人监视的环境下高速进行的，为保证系统的正常运行，防止事故，保证产品质量，必须对系统工作状态进行监控。通常加工系统的监控内容见表 3-4。

表 3-4　加工系统的监控内容

设备监控	设备状态监测	机床状态监控	主轴部件、导轨部件、伺服驱动系统、机床动态特性
		刀具状态监控	破损、磨损、刀具型号、刀具自动调整、刀具补偿、刀具寿命管理
		加工过程监控	加工稳定性，切屑状态，磨削过程表面烧伤、波纹监控，工件尺寸、表面粗糙度，工序识别
	故障诊断		在状态监测判别出有异常时，通过故障诊断进一步确定故障的性质、严重程度、故障类别、故障部位、故障原因，乃至说明故障发展趋势和对未来的影响，为预报、控制、剩余寿命预估、调整、维修、治理及事故分析提供依据
	设备自动控制		利用有关控制技术，对设备的起停运行，设备某部分的运动速度、方向、范围、作用力大小及设备各部分之间的相互配合等进行自动控制，是现代制造技术与传统制造技术的根本区别之一。设备自动控制技术包含的范围非常广泛，如数控技术、变频调速、启停控制等

（续）

流程监控	设备级监控	具备独立监控和完成规定任务的功能,并有与高层次系统通信和执行高层次系统决策的功能
	制造单元级监控	制造单元级监控系统在对本制造单元全部设备及产品生产状态进行检测和分析之后,结合厂级监控系统的有关信息,根据产品质量和生产率要求,进行生产条件优化计算,做出监控决策,通知设备级监控系统执行,并将有关信息通知厂级监控系统,接受厂级监控系统的调度和指挥
	厂级监控	实现全厂各个制造单元(车间)的协调 对在线制造的各类部件或产品的经济性与生产率进行综合分析。 根据制造过程全面质量管理和最大经济效益准则,确定产品设备监控、过程监控和质量监控的规范 通过网络,与厂内各子系统进行信息交换,向用户提供有关产品质量信息,从外界获取有关技术和商业信息,完成涉及产品生命周期所有过程的监控任务
质量监控	质量检验	初级阶段,事后检验;检查与制造过程分开,为独立工序;可保证产品出厂质量;费用高,不能预防废品的产生
	统计质量控制	应用数理统计的方法,对生产过程进行控制。也就是说,它不是等一个工序整批工件加工完了,才去进行事后检查,而是在生产过程中,定期地进行抽查,并把抽查结果当成一个反馈的信号,通过控制图发现或检定生产过程是否出现了不正常情况,以便能及时发现和消除不正常的原因,防止废品的产生
	全面质量管理	是为了能够在最经济的水平上,并考虑到充分满足顾客要求的条件下进行生产和提供服务,并把企业各部门研制质量、维持质量和提高质量的活动构成为一体的一种有效体系

(二) 物流系统

物流系统由多种运输装置构成,如传送带、轨道-转盘、机械手等,是完成工件、刀具等的供给与传送的系统。物流系统的结构、控制及管理详见第 6 章。

第三节　计算机集成制造系统

一、计算机集成制造系统的概念与发展

(一) 计算机集成制造系统（Computer Integrated Manufacturing System, CIMS）的概念

计算机集成制造 (CIM) 是随着计算机技术在制造领域中的广泛应用而产生的一种生产模式。CIM 是一种概念、一种哲理,而计算机集成制造系统 (CIMS) 是指在 CIM 思想指导下,逐步实现的企业全过程计算机化的综合系统。

现在 CIMS 还没有确切的定义,但有几点是公认的。

1) CIMS 是基于 CIM 哲理的一种工程集成系统,通过计算机网络和数据管理技术实现各单元技术的集成,是一种新型制造模式,能有效地实现柔性生产。

2) CIMS 的核心是对企业内的人、经营管理和技术三要素进行集成,以保证企业内的工作流、物质流和信息流畅通无阻。

3) CIMS 三要素的关系如下:

经营管理与技术:技术支持企业达到预期的经营目标;

人与技术:技术支持各类人员互相配合、协调一致工作;

人与经营管理:人员素质提高支持企业的经营管理。

因此,数据驱动、集成、柔性是 CIMS 的三大特征。

(二) CIM 概念的产生与发展

20 世纪 60 年代早期,随着制造业系统方法、概念的萌生,人们进而认识到计算机不仅

可以使整个系统的每个生产环节实现颇具柔性的自动化，而且还具有把制造过程（产品设计、生产计划与控制、生产过程等）的每一步集成为一个系统的潜力，以及对整个系统的运行加以优化。在 20 世纪 60 年代后期，制造业的系统方法概念上升为计算机集成制造（CIM）概念。1969 年，CIM 系统的初始概念以模型来描述，其结构如图 3-12 所示。

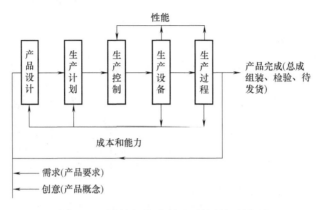

图 3-12　计算机集成制造系统的初始概念

1974 年，约瑟夫·哈林顿（Joseph Harrington）博士在《计算机集成制造》一书中提出：企业的各个生产环节是不可分割的，需要统一考虑——"系统的观点"；整个制造过程实质上是对信息的采集、传递、加工处理的过程——"信息化的观点"。

在 20 世纪 90 年代，人们基于这一新的认识，产生了制造系统运作的新观点，即培养并使用制造业的人的能力，进而开发提供制造技术，以这样的方法来支持那些人的能力。即先开发的提供制造技术，然后利用人的能力来支持技术。这也意味着 CIM 概念从以技术为中心转向以管理为中心。

人力资源要素在制造企业实施 CIMS 技术的成败中起着关键作用，这一认识导致人们对初始的 CIM 系统概念的再思考，需要将主要在一个公司内进行技术运作的 CIM 系统概念，扩展到作为集成制造企业的公司，不仅进行技术的运作，也进行管理运作，特别强调面向人力资源的管理运作。

CIMS 作为计算机及信息技术在制造业中的一种综合应用，将会继续存在发展，CIM 概念同样在继续发展并演变为新的概念。原来的 CIM 概念限定在一个企业之内，随着虚拟企业以及网络化制造等新概念的出现，CIM 的概念由一个企业扩展到跨企业甚至跨地域。对此，学术界有不同的看法，但一个概念总应限定在一定的范围内，不可能无限制地扩展。

二、计算机集成制造系统的组成

从系统功能的角度考虑，一般认为 CIMS 可由管理信息系统、工程设计自动化系统、制造自动化系统和质量保证系统四个功能分系统以及计算机通信网络和数据库两个支撑分系统组成，如图 3-13 所示。然而这并不意味着任何一个企业在实施 CIMS 时必须同时实现这六个分系统。由于每个企业原有的基础不同，各自所处的环境不同，因此应根据企业具体的需求和条件，在 CIMS 思想指导下进行局部实施或分步实施。各个分系统的功能分述如下。

1. 管理信息系统

管理信息系统是 CIMS 的中枢，覆盖了市场销售、物流供应、生产计划、物流需求计划、财务管理、成本控制、库存管理、技术管理等活动。从企业制造资源出发，它包括以下内容。

战略层——考虑企业决策；

战术层——中短期生产计划编制；

操作层——车间作业计划与生产活动管理。

2. 工程设计自动化系统

工程设计自动化系统实质上是指在产品开发过程中引入计算机技术，使产品开发活动更高效、更优质、更自动地进行。产品开发活动包含产品的概念设计、工程与结构分析、详细设计、工艺设计以及数控编程等设计和制造准备阶段的一系列工作，即通常所说的 CAD、CAPP、CAM 三大部分。

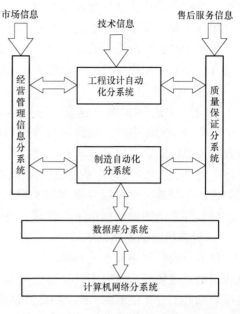

图 3-13 CIMS 的组成

CAD 系统应该包括产品结构的设计、定型产品的变型设计以及模块化结构的产品设计，通常应具有计算机绘图、有限元分析、产品造型、图像分析处理、优化设计与仿真、物料清单的生成等功能。

CAPP 系统是按照设计要求进行决策和规划，是将原材料加工成产品所需要的一系列加工活动和资源的描述。CAPP 系统可进行毛坯设计、加工方法选择、工艺路线制订以及工时定额计算等工作，同时还具有加工余量分配、切削用量选择、工序图生成以及机床、刀具和夹具的选择等功能。

CAM 系统通常完成刀具路径的确定、刀位文件的生成、刀具轨迹仿真以及 NC 代码的生成等工作。

3. 制造自动化系统

制造自动化系统是 CIMS 的信息流和物料流的结合点，是 CIMS 最终产生经济效益的聚集地，通常由数控机床、加工中心、清洗机、测量机、运输小车、立体仓库、多级分布式控制计算机等设备及相应的支持软件组成。

制造自动化系统在计算机控制和调度下，按照 NC 代码将一个毛坯加工成合格的零件，再装配成部件以至产品，并将制造现场的各种信息实时地或经过相应处理后反馈到相应的部门，以便及时进行调度和控制。

制造自动化系统的目的可归纳为：

1）实现多品种、小批量产品制造的柔性自动化。

2）实现优质、低成本、短周期及高效率生产，提高企业的市场竞争力。

3）为作业人员创造舒适而安全的劳动环境。

4. 质量保证系统

质量保证系统主要采集、存储、评价和处理存在于设计、制造过程中与质量有关的大量数据，从而在产品质量控制环的作用下有效促进产品质量的提高，实现产品的高质量、低成本，提高企业的竞争力。因此，开发一套完整的质量保证体系非常重要。CIMS 中的质量保证系统覆盖产品生命周期的各个阶段，包括质量决策子系统、质量检测与数据采集子系统、质量评价子系统和质量控制与跟踪子系统等。

5. 数据库系统

数据库系统是 CIMS 信息集成的关键之一。组成 CIMS 的各个功能分系统的信息都要在一个结构合理的数据库系统里进行存储和调用，以实现整个企业数据的集成与共享。CIMS 的数据库系统通常采用集中与分布相结合的体系结构，以保证数据的安全性、一致性和易维护性。此外，CIMS 数据库系统往往还建立一个专用的工程数据库系统，用来处理大量的工程数据。工程数据库可以存储多种类型的数据，如图形数据、加工工艺规程、NC 代码等。工程数据库系统中的数据与生产管理、经营管理等系统的数据均按统一数据标准进行交换。

6. 计算机通信网络系统

计算机通信网络技术是 CIMS 各个分系统重要的信息集成工具。采用国际标准和工业标准规定的网络协议，可以实现异种机互连、异构局部网络及多种网络的互联。通过计算机网络能将物理上分布的 CIMS 各个功能分系统的信息联系起来，以达到共享的目的。计算机通信网络系统以分布为手段，满足 CIMS 各应用分系统对网络支持服务的不同需求，支持资源共享、分布处理、分层递阶和实时控制。CIMS 在数据库和计算机网络的支持下，可方便地实现各个功能分系统之间的通信，从而有效地完成全系统的集成。

三、CIMS 的信息集成技术

CIMS 的实现就是物流与信息流的有机结合。物流的实现是 CIMS 的物质基础（或称为硬件环境），而信息流则是使所有物流得以集成为有机整体的关键和保证。如果把 CIMS 比喻为身体健康而头脑聪明的人，则 CIMS 中的物流就可比喻成躯体，而信息流可比喻为使人充满智能和活力的神经系统、血液系统。

图 3-14 所示为 CIMS 五层递阶控制结构。图中从厂级、车间级直至工作站和设备，各层次都布满了计算机、计算机网络及数据库，从事对全厂生产的规划、设计、加工制造、质量控制、底层自动化等一系列的管理与控制活动。这些信息通过计算机网络及时地相互交换、传送，遍布于整个物流的全过程，对物流的集成起着控制和保证的作用。

（1）**工厂层** 最高决策层，制订长期生产计划，确定资源需求，进行产品开发和成本核算，规划周期为几个月/几年。

（2）**车间层** 协调车间作业和资源配置，作用周期为几周/几个月。

（3）**单元层** 完成本单元作业调度，包括作业顺序和指令发放、进行任务分配调度、协调物料运输，规划时间为几小时/几周。

（4）**工作站层** 负责协调设备小组活动，规划时间为几分钟/几小时。

（5）**设备层** 各种设备控制器，执行上层控制命令，完成加工、测量、运输等任务，响应时间为几毫秒/几分钟。

CIMS 是现代信息技术、计算机技术、自动控制技术、生产制造技术、系统和管理技术的综合集成系统。CIMS 是一项投资大、涉及面广、实现时间长、技术上不断演变的系统工程，其中各项单元技术的发展、部分系统的运行都成功地表明 CIMS 工程的巨大潜力。

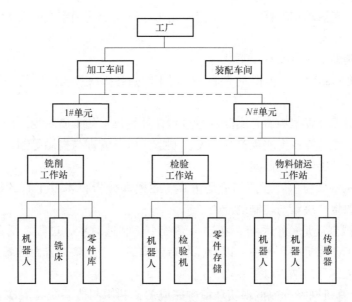

图 3-14 CIMS 五层递阶控制结构

近些年，并行工程、人工智能及专家系统技术在 CIMS 中的应用大大推动了 CIMS 技术的发展，增强了 CIMS 的柔性和智能性。随着信息技术的发展，在 CIMS 基础上又提出了各种现代先进制造系统，诸如精良生产、敏捷技术、全球制造等。与此同时，人们不但将信息技术引入到制造业，而且将基因工程和生物模拟技术引入制造技术，试图建立一种具有更高柔性的开放的制造系统。

第四节 虚拟制造

一、虚拟制造技术概述

（一）虚拟制造技术产生的背景

随着经济的全球化和社会的信息化，市场竞争日益激烈，顾客需求日趋多样化。制造业为了在竞争激烈的全球市场求得生存与发展，必须能够更好地满足市场所提出的 T、Q、C、S 要求，来赢得市场与用户。即最短的产品开发周期（Time），最优质的产品质量（Quality），最低廉的制造成本（Cost），最好的技术支持与售后服务（Service）。

基于这些因素，20 世纪 90 年代有许多新概念、新观点应运而生，虚拟制造就是其中之一，它代表了一种全新的制造体系和模式。在虚拟制造中，产品开发是基于数字化的虚拟产品开发方式，以用户的需求为第一驱动，并将用户需求转化为最终产品的各种功能特征。虚拟制造技术保证了产品开发的效率和质量，提高了企业的快速响应和市场开拓能力。

（二）基本概念

虚拟制造技术（Virtual Manufacturing Technology，VMT）：可以通俗而形象地理解为"在计算机上模拟产品的制造和装配全过程"。换句话说，借助建模和仿真技术，在产品设计时，就可以把产品的制造过程、工艺设计、作业计划、生产调度、库存管理以及成本核算和零部件采购等生产活动在计算机屏幕上显示出来，以便全面确定产品设计和生产过程的合理性。

虚拟制造的典型定义主要有以下几种。

马里兰大学 Edward Lin：虚拟制造是一个用于增强各级决策与控制的一体化的、综合性的制造环境。

清华大学肖田元：虚拟制造是实际制造过程在计算机上的本质实现，即采用计算机仿真与虚拟现实技术，在计算机上实现产品开发、制造，以及管理与控制等制造的本质过程，以增强制造过程各级的决策与控制能力。

美国空军 Wright 实验室：虚拟制造是仿真、建模和分析技术及工具的综合应用，以增强各层设计制造和生产决策与控制的能力。

Marinov：虚拟制造是一个系统，在这个系统中，制造对象、过程、活动和准则的抽象原型被建立在基于计算机的环境中，以增强制造过程的一个或多个方面的属性。

基于以上定义，可归纳为以下几点。

1）一个在计算机网络及虚拟现实环境中完成的，利用制造系统各层次及不同侧面的数学模型，对包括设计、制造、管理和销售等各个环节的产品全生命周期的各种技术方案和技术策略进行评估和优化的综合过程。

2）是一门以计算机仿真技术、制造系统与加工过程建模理论、VR 技术、分布式计算理论、产品数据管理技术等为理论基础，研究如何在计算机网络环境及虚拟现实环境下，利用制造系统各层次及各环节的数字模型，完成制造系统整个过程的计算与仿真的技术。

3）是一个在虚拟制造技术的指导下，在计算机网络和虚拟现实环境中建立起来的，具有集成、开放、分布、并行、人机交互等特点的，能够从产品生产全过程的高度来分析和解决制造系统各个环节的技术问题的软硬件系统。

4）虚拟制造的作用主要表现为：减少资源浪费，降低产品开发风险，加快产品上市速度，推进远程协同产品开发，促进创新设计，提高技术培训与教育质量，增强企业竞争力。

5）虚拟制造与实际制造的关系：虚拟制造是对实际制造活动的抽象，实际制造是虚拟制造的实例，虚拟制造是一种更高层次上的计算机技术在设计、制造、管理等各个环节中的应用。

（三）虚拟制造的分类

根据虚拟制造的应用环境和对象的侧重点不同，虚拟制造分为三类（图 3-15）：设计为中心的虚拟制造，生产为中心的虚拟制造，控制为中心的虚拟制造。

1. 设计为中心的虚拟制造（Design-Centered VM）

强调以统一制造信息模型为基础，对数字化产品模型进行仿真与分析、优化，进行产品的结构性能、运动学、动力学、热力学方面的分析和可装配性分析，获得对产品的设计评估与性能预测结果，以便做出正确决策，其主要技术包括特征造型、面向数学的模型设计以及加工过程仿真技术，主要应用领域包括造型设计、热力学分析、运动学分析、动力学分析和加工过程仿真等。

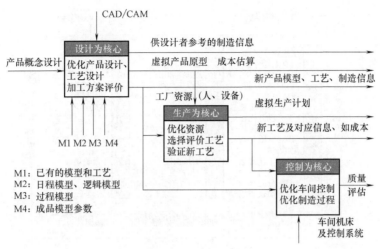

图 3-15　虚拟制造的分类

2. 生产为中心的虚拟制造（Production-Centered VM）

在企业资源的约束条件下，对企业的生产过程进行仿真，对不同的加工过程及其组合进行优化。它对产品的"可生产性"进行分析与评价，对制造资源和环境进行优化组合，通过提供精确的生产成本信息对生产计划与调度进行合理化决策。其主要技术包括虚拟现实技术和嵌入式仿真技术，主要应用领域包括工厂或产品的物理布局及生产计划的编排。

3. 控制为中心的虚拟制造（Control-Centered VM）

将仿真技术引入控制模型，提供模拟实际生产过程的虚拟环境，使企业在考虑车间控制行为的基础上对制造过程进行优化控制。其目标是实际生产中的过程优化，改进制造系统。其主要支持技术：对离散制造—基于仿真的实时动态调度；对连续制造-基于仿真的最优控制。

三种虚拟制造的区别如下：

1）以设计为中心的 VM 为设计者提供了一个设计产品和评估可制造性的环境，设计中的潜在问题能够被发现。

2）以生产为中心的 VM 为工艺计划和生产计划的生成、工艺资源的要求以及对这些计划的评价提供了一个环境，它能够更精确地提供成本信息和产品的供给计划，仿真实际生产的能力。

3）以控制为中心的 VM 为设计者提供了一个用以评估新产品或改进的设计以及与车间生产相关的活动的环境，它为优化制造过程和提高制造系统提供了信息。

二、虚拟制造系统的结构

一般而言，虚拟制造系统的体系结构应符合以下特点与要求：能把虚拟产品开发过程中的设计、制造及装配、生产调度、质量管理等环节有机集成起来；实现产品开发全过程的信息、功能、过程的集成；实现并行运作，包括异地并行；发挥人在其中的能动性，实现人、组织、管理、技术的协同工作；支持生产活动、生产资源的分布式特点；开放的结构，层次化的控制，即插即用等。图 3-16 所示为虚拟制造系统的结构。

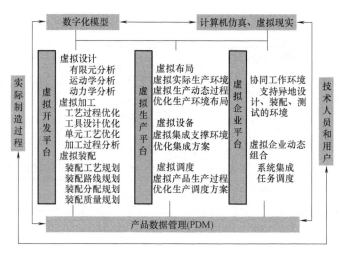

图 3-16　虚拟制造系统的结构

不同的应用目标和应用环境下，虚拟制造系统的结构有所不同。

三、虚拟制造的相关技术

（一）建模技术

模型化处理是计算机通过抽象来表达客观事物的主要方法。因此要使系统协调工作，首先就要为系统建模，在产品设计阶段或产品制造之前，实时地并行地模拟出产品的未来制造全过程及其对产品设计的影响，并在计算机上虚拟地运行。建模包括生产模型、产品模型和工艺模型的信息体系结构。生产模型的静态描述是指系统生产能力和生产特性的描述，动态描述是指在已知系统状态和需求特性的基础上预测产品生产的全过程。

产品模型是制造过程中，各类实体对象模型的集合。目前产品模型描述的信息有产品结构明细表、产品形状特征等静态信息。虚拟制造下的产品模型不再是单一的静态特征模型，它能通过映射、抽象等方法提取产品实施中各活动所需的模型。

工艺模型是将工艺参数与影响制造功能的产品设计属性联系起来，以反映生产模型与产品模型之间的交互作用。工艺模型必须具备以下功能：计算机工艺仿真、制造数据表、制造规划、统计模型以及物理和数学模型。

（二）仿真技术

仿真技术是应用计算机对复杂的现实系统经过抽象和简化形成系统模型，然后在分析的基础上运行此模型，从而得到系统一系列的统计性能。仿真以系统模型为对象的研究方法，不干扰实际生产系统；可利用计算机的快速运算能力，用很短时间模拟实际生产中需要很长时间的生产周期。计算机还可以重复仿真，优化实施方案。因此可以缩短决策时间，避免资金、人力和时间的浪费。

仿真的基本步骤：研究系统→收集数据→建立系统模型→确定仿真算法→建立仿真模型→运行仿真模型→输出结果并分析产品制造过程仿真，可归纳为制造系统仿真和加工过程仿真。

虚拟制造系统中的产品开发涉及产品建模仿真、设计过程规划仿真、设计思维过程和设计交互行为仿真等，以便对设计结果进行评价，实现设计过程早期反馈，减少或避免产品设计错误。加工过程仿真包括切削过程仿真、装配过程仿真，检验过程仿真以及焊接、压力加工、铸造仿真等。

（三）虚拟现实技术

虚拟现实技术是在为改善人与计算机的交互方式，提高计算机可操作性中产生的，它是综合利用计算机图形系统、各种显示和控制等接口设备，在计算机上生成可交互的三维环境中提供沉浸感觉的技术。

虚拟现实系统包括操作者、机器和人机接口三个基本要素。它不仅提高了人与计算机之间的和谐程度，也成为一种有力的仿真工具。利用 VRS 可以对真实世界进行动态模拟，通过用户的交互输入，并及时按输出修改虚拟环境，可使人产生身临其境的沉浸感觉。

（四）可制造性评价

可制造性评价是指在给定的设计信息和制造资源等环境信息的计算机描述下，确定设计特性（如形状、尺寸、公差、表面精度等）是否是可制造的。如果设计方案是可制造的，则确定可制造性等级，即确定为达到设计要求所需加工的难易程度；如果设计方案是不可制造的，则判断引起制造问题的设计原因，如果可能，则给出修改方案。

第五节 网络化制造

目前计算机网络的迅速发展以及企业为适应在新形势下能实现利益最大化的双重驱动力下，网络化制造应运而生。网络化制造系统相关的综合技术主要包括产品全生命周期管理、协同产品商务、大批量定制和并行工程等。在上述综合技术中包括了各种新的管理理念，在相应的使能技术、基础技术和支撑技术的支持下，结合网络化制造系统的特点，这些综合技术可以有效地解决网络化制造中的不同问题。由于网络化制造能有效地降低企业成本，提升企业敏捷度，近年来已成为国内外的研究热点，并得到了大量政府计划的支持。资源共享是网络化制造的手段和目标，资源共享冲突是网络化制造走向实用化的主要难点问题。因此，必须根据网络化环境下制造资源特征和使用模式的特点，建立一个有效的资源共享管理系统，在存在冲突的资源使用请求和有限的资源之间进行调度和优化重组，并对复杂的资源提供和使用情况进行有效的管理，从而突破共享冲突的难点问题，使网络化制造技术走向实用化。

一、网络化制造系统概述

网络联盟的组建是由市场牵引力触发的，针对市场机遇，以最短的时间、最低的成本、最少的投资向市场推出高附加值的产品。而当市场机遇不存在时，联盟解散，则根据新的市场机遇重新组建新的联盟，因而联盟是动态的。当然，动态网络联盟不排除合作过程中建立相互信任的良好关系，形成相对稳定的合作伙伴关系。网络化制造的概念如图 3-17 所示。

二、动态网络联盟

1. 动态网络联盟概述

1991 年，美国政府为了在世界经济中重振雄风，并在未来全球市场竞争中取得优势地位，由国防部、企业界和学术界联合研究未来制造技术，并完成了《21 世纪制造企业发展

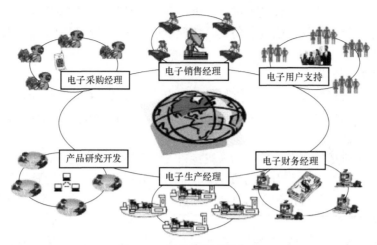

图 3-17　网络化制造的概念

战略报告》。该报告明确提出了动态灵活的虚拟组织机构（Virtual Organization）或动态联盟、先进的柔性生产技术和高素质的人员进行全面的集成，从而使企业能够从容应付快速变化和不可预测的市场需求，获得企业的长期经济效益。其中的动态联盟与虚拟组织结构与虚拟公司（Virtual Company）是相同的概念，其含义是指企业群体为了赢得某一机遇性市场竞争，把一复杂产品迅速开发出来，并推向市场，他们从各自公司中选出开发新产品的优势部分，然后综合成一个单一的经营实体。该动态联盟或虚拟公司的生命周期取决于产品市场机遇，机遇一旦消失，它即行解体。动态联盟的基础是企业联盟网络，联盟网络可以直接建立在 Internet 上，也可以建立在专用网络上。常用的网络联盟的结构如图 3-18 所示。

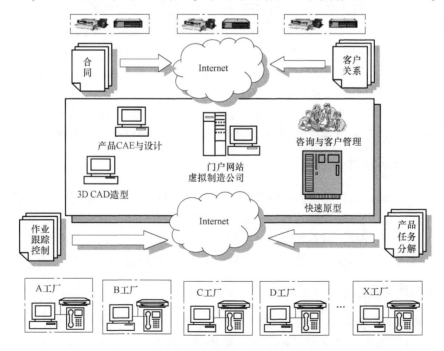

图 3-18　常用的网络联盟的结构

网络联盟企业与传统公司的根本差别如下：

1）传统制造业是一系列业务过程和策略实施的总和；网络联盟企业是产品生命周期所有过程和相关组织的集成。

2）传统制造业按照一个线性的、稳定的、可以预测和控制的路线发展；网络联盟企业是根据市场机遇和竞争能力动态组合而成的。

3）传统制造业的组织结构是多层的金字塔式结构；网络联盟企业的组织结构是非常规的扁平网络。

4）传统制造业的经营策略是"我赢你输"；网络联盟企业的经营策略是"合作伙伴共赢"。

5）传统制造业在企业内部各部门之间以及合作伙伴之间都有明显的界限；网络联盟企业界限是模糊的、信息是透明的，以过程功能链和产品功能链为特征。

6）传统制造业信息是以分工为基础的，在必要时按照优先级进行处理；网络联盟企业信息按照是否有用独立处理，有关人员都可以分享。

7）传统制造业生产计划规定详细的内容，计划部门才有权加以修改，利用库存进行调整；网络联盟企业生产计划并不规定得很细，只有目标和任务，自主管理的制作单元对每个执行的中间结果负责。

2. 动态网络联盟的特点

1）网络联盟企业是若干企业的联盟，同时它把市场中的输入方（供应商）和输出方（顾客）都纳入相互结盟的、共担风险、共享利益的、统一的商务活动之中，形成一个完整的商务概念和网络经营环境，从而使企业的生产管理出现了新模式，为企业向全球化发展奠定基础。

2）Pro/E、UG、MasterCAM 等商品化软件的出现为先进制造特别是数控加工增添了活力，它们可完成产品的三维设计、NC 代码自动生成、代码校验仿真以及有限元分析等工作。但是，购买该类软件费用昂贵，高达几十万甚至上百万。使用网络制造技术实现该类软件各功能模块的网络发布与浏览，不但可使企业节约软件购买费用，还可以使技术工人省去繁琐的数控编程和软材料试切等过程，实现网上 NC 代码生成和网上进给轨迹校验，验证正确性后直接投入生产，从而提高设备的使用率。

3）人员素质在先进制造中起的作用相当大，技术人员可以主观地决定是否使用先进制造设备。所以，提高技术人员素质势在必行。但是培训技术人员，势必需要投入大量资金，而且在短期内还很难见效。实现网络化培训可大大缓解这一矛盾，可使员工在任意时间均可得到技术训练。

4）产品的加工信息、物料流动、经验交流等可公开性资源可以实现网上共享。另外，为先进制造开发的 CAD/CAM/CAE 软件资源也可以集成到网络上，实现多节点、多企业使用，在一定程度上解决资源分配不均的问题。

三、基于 Internet 的产品制造技术

网络化制造要进一步发展和推广，就必须突破以上的瓶颈。出现瓶颈问题的症结是缺乏一个高效率、高信誉的第三方服务运营商搭建计算机存储和计算机服务中心，为用户提供服务。这就是近两年出现的一种新的服务化计算模式——云计算。而这种面向服务的网络化制

造新模式就是云制造。

云制造是一种利用网络和云制造服务平台，按用户需求组织网上制造资源，为用户提供各类按需制造服务的一种网络化制造新模式。

这种制造模式就传统意义上的网络化制造来说，可汇聚分布式资源服务进行集中管理，为多个用户同时提供服务而且在客户需求解决方案上是多变的，不固定，所以动态性能比较好。

就当今发展形势可以看出，未来网络化制造系统的空间范围将不断地发展并逐渐形成一种全球化的网络制造系统，网络化制造系统的集成功能将会得到进一步的发展，而云制造也必将成为未来网络化制造的攻关方向之一。

练习与思考

1. 现代设计技术有什么特点？

2. 简述现代设计技术的主要技术体系。

3. 计算机辅助设计的基本技术主要包括哪些内容？

4. 简述计算机辅助工程分析方法。

5. CAPP 的基础技术包括哪些内容？

6. 什么是计算机辅助制造？

7. 简述计算机辅助制造的七个阶段及工作内容。

8. 什么是优化设计？简述优化设计的一般步骤。

9. 什么是反求工程？简述反求工程的一般步骤。

10. 什么是并行工程？简述并行工程的关键技术。

11. 什么是绿色设计？简述绿色设计的原则。

12. 什么是柔性制造技术？简述柔性制造技术的特点。

13. 简述柔性制造系统的组成。

14. 什么是计算机集成制造系统？

15. 简述计算机集成制造系统的组成。

16. 什么是虚拟制造技术？

17. 虚拟制造关键技术有哪些？

18. 网络联盟企业与传统公司的根本差别是什么？

19. 网络化制造的优点有哪些？

20. 动态网络联盟的特点是什么？

现代生产与控制

[内容导入] 企业的运作过程是社会财富的主要来源，是企业创造价值、从而获取利润的主要环节。现代生产与控制的主要目标是质量、成本、时间、服务、柔性等，是企业竞争力的关键要素。本章将详细介绍现代生产与控制的基本方法。

第一节 企业生产管理概述

一、企业生产计划

企业生产管理是对企业的生产进行计划、组织与控制，它以生产计划为主线，使各种资源按计划所规定的流程、时间和地点进行合理配置与管理。生产计划是企业生产管理的重要组成部分，是指由企业编制的全面安排本企业生产经营活动的计划。企业生产计划对企业生产任务做出统筹安排，是企业组织生产活动的依据，其体系结构如图4-1所示。企业计划管理是企业首要的、最基本的管理活动，其基本任务是通过科学的综合平衡，安排、组织和控制好企业的供应、生产、销售、技术、财务等各环节的工作，充分发挥现有人、财、物的资源优势，避免和减少各种浪费，求得企业的最佳经济效益。

企业生产计划的编制应结合国家的产业政策、市场需求与企业生产技术经济特点进行，要进行深入的调查研究，充分挖掘企业潜力，充分调动全体职工的积极性和创造性，经过科学预测和决策来确定计划指标，使企业计划具有一定的先进性，同时又要留有余地，切实可行。

企业生产计划按时间可分为长期计划、中期计划和短期计划；按管理层次可分为企业生产经营计划、职能部门计划、车间计划、班组计划；按计划内容可分为生产、销售、质量、供应、劳动、财务、新产品开发等计划。下面对企业中常见的一些计划内容进行说明。

1. 长期计划

长期计划的计划期一般为3~5年，主要给出企业战略性的生产发展计划。长期计划是企业的最高层管理部门制订的计划，它涉及产品发展方向、生产发展规模、技术发展水平、新生产设施的建造等。

2. 中期计划

中期计划的计划期一般为1年，主要给出在计划年度内企业要实现的目标。中期计划是企业中层管理部门制订的计划，确定出现有条件下生产经营活动应该达到的目标，如产量、品种、产值、利润等，具体表现为生产计划、能力计划和产品出产进度计划。由于中期计划的计划期通常为 1 年，所以又将其称为年度生产计划。

3. 短期计划

短期计划的计划期一般为 1 个月，有的甚至只有一周或更短的时间。短期计划详细给出了企业各个单位和个人在计划期内的生产任务。短期计划是执行部门编制的计划，确定日常生产经营活动的具体安排，常以物料需求计划、能力需求计划和生产作业计划等来表示。

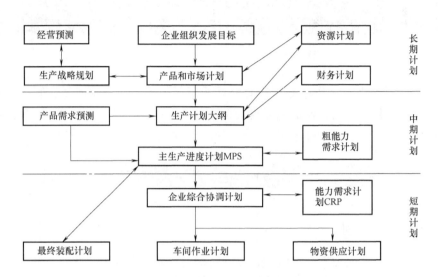

图 4-1　企业生产计划的体系结构

二、现代企业生产计划管理

企业计划管理包括计划的编制、执行、监督、检查和调整的全过程。企业计划管理是一项综合管理工作，涉及企业工作的方方面面。它通过计划工作和所有的专业管理发生直接的重要的业务联系，并将其纳入计划管理中去。通过计划的检查与分析，及时反映各部门计划的执行情况，预测计划的完成情况，分析影响计划完成的原因，采取措施，解决薄弱环节。通过计划完成情况的总结考核，奖优罚劣，总结经验教训，找出规律性，指导工作，使企业的各项工作全部纳入综合计划的管理，把其有机结合起来，在计划管理职能的制约下，建立起正常的生产经营管理秩序。只有这样，才能健全和完善企业的自我约束、自我发展的内部机制，提高企业在市场经济中的竞争能力，为企业的发展奠定基础。另外，企业的计划管理具有约束性。计划一经批准，必须全面地、正确地贯彻执行，不能随意修改，需要修改和调整时应按照一定的程序审批。计划一经计划管理部门综合平衡确定后，专业部门必须按综合平衡调整后的计划认真贯彻执行，决不能私自调整计划，更不允许拒不执行。

近几十年来，随着市场竞争的变化和技术进步，企业计划管理也在不断发展，传统的生产计划编制和管理方法已很难适应企业生产的需求，由此产生了很多生产计划管理的新模式、新概念和新方法。与此同时，随着信息技术在制造工业中应用的不断深入，信息技术支持的现代企业计划管理系统（如 MRP Ⅱ、ERP 等）通过合理、系统地管理企业和生产资源，能够最大限度地发挥企业设备、技术和人员的作用，最大限度地产生经济效益。

在现代企业管理信息系统中，一般将生产计划划分为五个层次，即经营规划、销售与运作规划（生产规划）、主生产计划、物料需求计划、生产作业计划。在五个层次中，经营规划和销售与运作规划带有宏观规划的性质；主生产计划是宏观向微观过渡的层次；物料需求计划是微观计划的开始，是具体的详细计划；而生产作业计划是进入执行或控制阶段的计划。上一层的计划是下一层计划的依据，下层计划要符合上层计划的要求。任何一个计划层次都包括需求和供给两个方面，也就是需求计划和能力计划，要进行不同深度的供需平衡，并根据反馈的信息，运用模拟方法加以调整或修订，使计划既落实可行，又不偏离经营规划的目标。全厂遵循一个统一的计划是 ERP/MRP Ⅱ 计划管理最基本的要求。本章的其他内容主要围绕上述不同层次的生产计划展开。

第二节 经营规划和生产规划

一、经营规划

企业计划是从长远规划开始的，这个战略规划层次在现代企业计划管理系统中称为经营规划，是计划的最高层次。经营规划要确定企业的经营目标和策略，为企业长远发展做出规划，主要有：

1）产品开发方向及市场定位，预期的市场占有率。

2）营业额、销售收入与利润、资金周转次数、销售利润率和资金利润率。

3）长远能力规划、技术改造、企业扩建或基本建设。

4）员工培训及职工队伍建设。

企业经营规划通常以货币或金额来表达，它以收益指标为中心或者利润指标为中心，实行生产成本和经营成本控制，以求效率、效益最优。企业经营规划是企业的总体目标，是企业计划管理系统其他各层计划的依据。所有层次的计划，只是对经营规划的进一步具体细化，不允许偏离经营规划。

二、生产规划

早期的企业管理系统中将生产规划分为销售运作规划与生产规划（或产品规划）两个层次。由于它们之间有不可分割的联系，后来合并为一个层次，称为生产规划。它是指为体现企业经营规划而制订的产品系列生产大纲，用以协调满足经营规划所需要的产量与可用资源之间的差距。它处于企业计划管理系统的第二个计划层次。

生产规划根据市场、制造、工程技术、财务、物料等方面的信息，确定每个产品类的销售、生产、库存的关系，并将所有产品大类汇总，待负荷与能力平衡后，经过调整核实最终形成生产规划。生产规划通常以年度生产大纲（生产计划大纲）的形式出现。

生产规划的作用如下：

1）把经营规划中用货币表达的目标转换为用产品系列的产量来表达。

2）制订一个均衡的月产率，以便均衡地利用资源，保持稳定生产。

3）控制拖欠量或库存量。

4）作为编制主生产计划的依据。

生产规划在企业生产管理中起调节器的作用，它通过调节生产率来调节未来库存量和未完成订单量，通过它所控制的主生产计划来调节将要制造和采购的物料量以及在制品量。由于生产规划是所有活动的调节器，因而它也调节现金流，从而为企业管理者提供高度可信的控制手段。

同生产规划相伴运行的能力计划是资源需求计划（Resource Requirements Planning）。资源需求计划所指的资源是关键资源，可以是关键工作中心的工时、关键原材料（受市场供应能力或供应商生产能力限制）、资金等，用每一种产品系列消耗关键资源的综合平均指标（如工时/台、吨/台或元/台）来计算。计算资源需求量时必须同生产规划采用的时间段一致（如月份），不能按全年笼统计算。只有经过按时段平衡了供应与需求后的生产规划，才能作为下一个计划层次的输入信息。

三、经营规划和生产规划的关系

企业的经营规划和生产规划同属宏观规划范畴，均由企业高层决策者根据市场预测和企业生产能力制订，它们的区别在于生产规划是经营规划的具体化和细化，经营规划是以货币数量表示的，而生产规划以产品数量表示。如果生产规划能够保持切实可行，而且成本核算准确，那么生产规划数据以及产品成本数据应当成为经营规划的依据。

第三节 主生产计划

一、主生产计划的基本概念

主生产计划（Master Production Schedule，MPS）是对企业生产计划大纲的细化，用以协调生产需求与可用资源之间的差距，如图 4-2 所示。主生产计划以生产计划大纲（或生产规划）、预测和客户订单为输入，安排将来各周期中提供的产品种类和数量，是一个详细的进度计划。它必须平衡物料和能力的供求，解决优先度和能力的冲突。MPS 在制造业中广泛应用，驱动了整个生产和库存控制系统，是 MRP 不可缺少的输入。主生产计划不等于预测，而是将生产计划大纲转换为具体的产品计划，说明在可用资源的条件下，企业在一定时间内生产什么、生产多少、什么时候生产。

MPS 按时间分段计划企业应生产的最终产品的数量和交货期。MPS 是一种先期生产计划，它给出了特定的项目或产品在每个计划周期内的生产数量。这是个实际、详细的制造计划。这个计划力图考虑各种可能的制造要求。

进行主生产计划编制是 MRP II 的主要工作内容，以生产计划大纲为依据并结合预测和订单的情况，主生产计划的汇总结果应当体现生产计划大纲乃至销售与运作规划的要求。

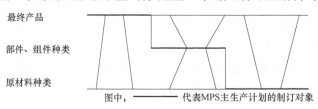

图 4-2　MPS 计划对象

二、主生产计划的编制

主生产计划按照三种时间基准进行计划编制：计划期、时间周期、时区与时界，如图4-3所示。计划期一般为3~18个月。时间周期体现了计划的详细程度，可以按日、周、季或月表示。时区与时界是 MPS 中的参考点，体现 MPS 计划的约束与变更作用的难易程度。在物料需求计划（MRP）系统中，将 MPS 计划期分为三个时区：时区1（需求时区）内表示当前生产的下达制造订单，要求稳定生产，变更代价极大，尽量避免变动；时区2（计划时区）表示企业已安排资源进行生产，订单已确认，需人工干预计划变更，变更代价要视已投入生产准备费用与材料费用而定；时区3（预测时区）表示未来的计划，变动比较方便。时区1和时区2的分界称为需求时界，时区2和时区3的分界称为计划时界。需求时界提醒计划人员，早于该时界的订单已在进行最后的总装，除非有极其特殊的紧急情况，绝对不要轻易变动，需要保持稳定；计划时界提醒计划人员，在这个时界和需求时界之间的计划已经确认，一些采购周期较长的物料订单已经下达，资金已经投入，一般也不要轻易改变。

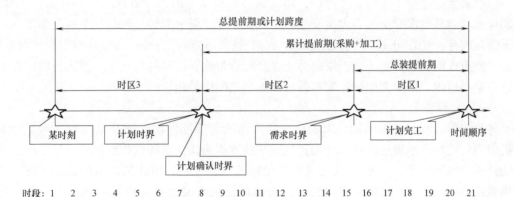

图4-3 产品时区与时界图示

制订 MPS 计划的主要步骤包括根据生产计划大纲（生产规划）编制 MPS 初步计划、制订粗能力需求计划、进行关键能力平衡、确认 MPS 计划等，如图4-4所示。MPS 初步计划主要进行主生产计划计算，它涉及以下方面内容的计算：毛需求量计算，可用库存量计算，计划接受量、计划产出量、计划投入量计算，可供销售量计算等。粗能力计划（RCCP）是对生产中的关键工作中心编制资源清单，计算 MPS 需求资源，比较资源清单与可用资源，进行能力平衡。MPS 确认涉及调整 MPS 或生产能力、异常情况处理、同意初步的 MPS。在制订 MPS 之后，企业将批准和下达主生产计划。

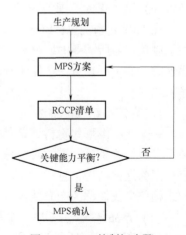

图4-4 MPS 的制订步骤

由于企业处于一种动态的生产环境中，当有了新的订单或某时段的工作任务没有完成时，或产品结构或工艺变动时，都会要求更改主生产计划，以形成切合实际的控制计划。因此主生产计划是一个不断更新的滚动计划，需要及时维护。

同主生产计划相伴运行的能力计划是粗能力计划（RCCP）。粗能力计划是一种计算量较小、比较简单粗略、快速的能力核定方法，通常只考虑关键工作中心及相关的工艺路线。当能力同负荷有了矛盾必须调整时，调整后的 MPS 作为 MRP 运行的依据。做好粗能力计划是运行能力需求计划的先决条件，它会减少大量反复运算能力需求计划的工作。

MPS 由主生产计划员负责编制和控制。主生产计划员应是熟悉产品结构、工艺流程、企业生产资源和计划理论知识等的较高素质的企业管理人员。

第四节 物料需求计划

一、物料需求计划概述

在制造业的生产经营活动中，一方面对原材料、零部件、在制品和半成品进行合理储备，以使得生产连续不断地有序进行，同时满足波动不定的市场需求；另一方面，原材料、零部件和在制品的库存又占有大量资金，为加快企业的资金周转，提高资金的利用率，需要尽量降低库存。MRP 正是为了解决这一矛盾提出的，它既是一种较为精确的生产计划系统，又是一种有效的物料控制系统，用以保证在及时满足物料需求的前提下，使物料的库存水平保持在最小值内，即协调生产的物料需求和库存之间的差距。

（一）物料清单

物料清单（Bill of Material，BOM）是指产品所需零部件明细表及其结构。为了便于计算机识别，把用图示表达的产品结构转化成某种数据格式，这种以数据格式来描述产品结构的文件就是物料清单，即 BOM 是定义产品结构的技术文件，因此又称为产品结构树、产品结构表或 BOM 表。在 MRP Ⅱ 中物料一词有着广泛的含义，它是所有产品、半成品、在制品、原材料、配套件、协作件、易耗品等与生产有关的物料的统称。物料是一个广义的概念，它不仅仅指原材料，而且包含原材料、自制品（零部件）、成品、外购件和服务件（备品备件）这个更大范围的物料。

在 MRP Ⅱ 系统里，BOM 是相当关键的基础数据，它是用来描述产品组成结构的，即描述了制造产品所需要的原材料与零件、部件、总装件之间的从属关系。在介绍 MRP Ⅱ 工作原理时，假定存在着一个能正确、完整地阐明产品结构的 BOM，它是物料需求系统的主要输入之一。

（二）产品结构的描述

一个产品由哪些物料（部件、组件、零件、原材料）组成，这些物料在组成时的结构关系、数量关系及所需的时间是人们关心的问题，也是进行 MRP 运算时首先必须明确的内容，因为这种结构信息对于 MRP 正确地分解总需求量和净需求量是十分重要的。这里所说的结构信息我们称为产品结构。

（1）**产品结构与 BOM** 如图 4-5 所示。

（2）**低位码** 所谓低位码（Low Level Code）是指某个物料在所有产品结构树中所处的最低层数，因此可以通过零部件所在产品结构树中的层次来决定它的低位码。

每个物料有且仅有一个低位码，该码的作用在于各种物料最早使用的时间。在 MRP 运算中，使用低位码能简化运算。具体做法是由 BOM 文件将每一项目的最低层代码找出来，并标识存入 BOM 或库存文件中。在 MRP 展开时，对项目的计算先辨别低位码，然后只在最低层次上进行运算。

（三）物料清单的格式

（1）**单层展开** 又称单层 BOM，单层分解表。

（2）**缩行展开** 又称多层 BOM，完全分解表，内缩式 BOM。

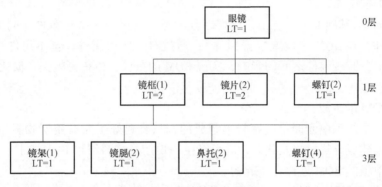

图 4-5　产品结构与 BOM

（3）**汇总展开** 又称综合 BOM，结构分解一览表。

（4）**单层跟踪** 又称单级反查表，单级回归表。

（5）**缩行跟踪** 又称多级反查表，完全回归表。

（6）**汇总跟踪** 又称汇总反查表，回归一览表。

（7）**末项追踪格式** 又称末项反查表。

（四）物料清单的构建

BOM 文件的生成可以按照如下的步骤进行。

1. 描述产品结构树

产品结构树是一种常用的、用图形来描述产品结构的方法。在计算机上进行 MRP 运算时所需的产品结构数据则用 BOM 来描述。由于 BOM 常用来反映产品结构的有关信息，所以也称产品结构文件。

2. 产生零件清单

有了产品结构图，就可按照单层对应关系构造零件清单表。

3. 确定工艺流程

工艺流程就是工序的集合，每道工序对应相应的工作中心。工作中心的设备和人工信息会传递到具体工序上面，首先确定产品的工艺流程，然后描述每个工序（工艺流程的组成部分）上所使用的物料。

4. 基本 BOM 的建立

单层 BOM 的建立首先要辨识反映层次包含关系的基本 BOM。在基本 BOM 中，只列出某个产品（或组件）直接使用的组件（或零件）。

由于生产组织方式的不同，各子物料有相应的生产子工艺流程。同样，每个工序上都存在物料的使用问题，所以必须根据生产工艺流程方式来决定 BOM 的层次结构。

在建立时，先定义母件，然后依次录入母件所属的全部子件，数据结构包含子件编码、子件名称、所属母件编码、母件名称、数量关系等基本信息。

5. 基本 BOM 的扩展

在工艺流程的基础上定义了基本物料清单，再增加有效期、来源、提前期等信息，进一步把物料成本信息带入，加上工作中心所附成本费率和工时等信息，组成了扩展 BOM（制造清单），包含全面的生产和资金信息。

6. BOM 的重构

在基本 BOM 的基础上，结合工艺流程综合考虑，通过对一些过渡件、同类件、零星可选件等临时组件，在 BOM 中设置"虚拟件"；通过对一些通用件、基本组件、可选件建立模块化物料清单，减少零件之间的影响，实现 BOM 的重构，以提高效率，简化 MRP 的编程过程。

7. 多层 BOM 的生成

产品是由多个结构单元即单层物料单组成的，只要建好了所有单层物料单，多层 BOM 就会由系统自动建成。经过格式化处理就可产生一份产品物料清单 BOM 文件。多级 BOM 实际上是用一串单级的 BOM 连接在一起的。

8. 全部产品 BOM 的开发

可按生成单个产品的 BOM 方法，继续建立其他产品的物料清单。也可采用模块化的方法，根据产品的可选特征，进行模块化处理，通过引用通用模块化组件，提高效率。

构造 BOM 应注意以下几个方面。

1）在 BOM 中，每一个项目（零件）必须有一个唯一的编码。对于同一个项目，不管它出现在哪些产品中，都必须具有相同的编码。对于相似的项目，不管它们的差别有多么小，也必须使用不同的编码。只有建立了物料主文件的物料才能用于物料清单。

2）原则上，需要列入计划的一切物料都可以包含在物料清单中。

3）划分产品结构层次的原则是尽量简单，便于维护，便于减少库存事务处理次数和加工订单数量。

4）替代物料及替代原则。在产品结构上的某些物料可以有多种选择，要确定替代原则和方法。软件对一次性替代的物料，应有简化的处理方法。

5）为了管理上的方便，有时可以将同一零件的不同状态视为几个不同的项目，构造在产品的 BOM 中。

6）对于一些过渡件、同类件、零星可选件等临时组件，在 BOM 中设置"虚拟件"，以简化 MRP 的编程和减少零件之间的影响。

7）对于一些通用件、基本组件、可选件，BOM 中可建立模块化物料清单，以减少预测项目数和主生产计划项目数，降低成本，提高录入速度。

8）根据生产实际情况，有时为了强化某些工装和模具的准备工作，还可以将这些工具构造在 BOM 中，这样就可以将一些重要的生产准备工作纳入计划中。有时为了控制某个重要的零件在加工过程中的某些重要环节，比如进行质量检测等，还可将同一个零件的不同加工状态视为不同的零件，构造在 BOM 中。

9）为了满足不同部门获取零件的不同信息，可以灵活地设计 BOM 中每个项目的属性，如计划方面、成本方面、库存方面、订单方面。

二、物料需求计划的编制

物料需求计划 MRP 报表有横式和竖式两种形式。MRP 报表的格式同 MPS 报表。

（一）物料需求计划的报表计算

物料需求计划报表的全部推算步骤如下：

（1）**推算物料毛需求** 考虑相关需求和低层码推算计划期全部的毛需求。

（2）**计算当期可用库存量** 考虑已分配量计算计划初始时刻当期预计库存。

$$当期预计可用库存量 = 现有库存量 - 已分配量$$

（3）**推算 PAB 初值** 考虑毛需求推算特定时段的预计库存量。

$$PAB 初值 = 上期末预计可用库存量 + 计划接受量 - 毛需求量$$

（4）**推算净需求量** 考虑安全库存推算特定时段的净需求。

当 PAB 初值 ≥ 安全库存时，净需求 = 0；

当 PAB 初值 < 安全库存时，净需求 = 安全库存 - PAB 初值。

（5）**推算计划产出量** 考虑批量推算特定时段的计划产出量。

当净需求 > 0 时，计划产出量 = N 批量。

满足：计划产出量 ≥ 净需求 > （N-1）批量。

（6）**推算预计可用库存量** 推算特定时段的预计库存量。

$$预计可用库存量 = 计划产出量 + PAB 初值$$

（7）**递增一个时段** 分别重复进行第（3）~（6）步，循环计算至计划期终止。

（8）**推算计划投入量** 考虑提前期推算计划期全部的计划投入量。

（二）物料需求计划的编制示例

已知 A 产品的产品结构如下，实际需求从第一~八周分别为（单位：个）：50、50、55、45、60、50、55、40。各物料的其他信息见表 4-1，试完成 MRP 计划的编制。

表 4-1 物料需求信息

物料编号	现有库存/个	已分配量/个	安全库存/个	批量/个	提前期/天
A	270	60	20	10	1
B	500	300	40	20	2
C	610	310	30	10	3

解：如图 4-6 所示，从 BOM 结构中可以看到，物料（产品）A 由 B、C 二项物料构成，物料 C 处在物料 A 的不同层次上，因此在进行 MRP 计算之前，应求出物料 C 的底层码，图中 C 的底层码为 2。各物料的 MRP 计算按物料底层码采用从小至大的原则完成计算，即先计算物料 A、再计算物料 B、最后计算物料 C。计算过程采用物料需求计划的报表计算所述的方法进行，详细计算步骤如下。

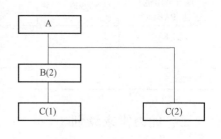

图 4-6 MRP 编制示例

1）物料 A 的需求计划计算见表 4-2。

表 4-2　物料 A 的需求计划计算表

时段	当期	1	2	3	4	5	6	7	8
毛需求（A）/个		50	50	55	45	60	50	55	40
计划接受量/个									
PAB 初值/个	现有库存量：210	160	110	55	10	−40	−30	−35	−15
预计可用库存量（PAB）/个		160	110	55	20	20	20	25	25
净需求/个					10	60	50	55	35
计划产出量/个					10	60	50	60	40
计划投入量/个				10	60	50	60	40	

2）物料 B 的需求计划计算见表 4-3。

表 4-3　物料 B 的需求计划计算表

时段	当期	1	2	3	4	5	6	7	8
毛需求（B）/个				20	120	100	120	80	
计划接受量/个									
PAB 初值/个	现有库存量：200	200	200	180	60	−40	−80	−40	
预计可用库存量（PAB）/个		200	200	180	60	40	40	20	
净需求/个						80	120	60	
计划产出量/个						80	120	60	
计划投入量/个				80	120	60			

3）物料 C 的需求计划计算见表 4-4。

表 4-4　物料 C 的需求计划计算表

时段	当期	1	2	3	4	5	6	7	8
毛需求（C）/个				20 80 100	120 20 240	100 60 160	120 120	80 80	
计划接受量/个									
PAB 初值/个	现有库存量：300	300	300	300	200	60	−100	−90	−50
预计可用库存量（PAB）/个		300	300	200	60	30	30	30	
净需求/个						130	120	80	
计划产出量/个						130	120	80	
计划投入量/个			130	120	80				

三、能力需求计划

能力需求计划是对生产中所需能力进行核算的计划方法，用来确定是否有足够的生产能力来满足生产的需求。能力需求计划将生产需求转换为相应的能力需求，估计可用的能力并确定应采取的措施，以协调生产能力和生产负荷的差距。能力需求计划用于分析和检验生产计划大纲、主生产计划和物料需求计划的可行性。

在能力需求计划中，对于生产计划管理的不同层次，有不同的能力计划方法与之相协调，形成资源需求计划、粗能力需求计划与细能力需求计划，分别对应于生产规划、主生产计划和物料需求计划的不同层次。资源需求计划是在生产规划确定产品系列的生产量时，需要考虑的有效资源的占用量；粗能力需求计划是在确定主生产计划时对生产中所需关键资源的计算和分析，给出能力资源的概貌；细能力需求计划通常也称为能力需求计划，是在确定物料需求计划时对全部物料所需的能力进行核算。对于前两种能力需求计划，其大概内容已在前文涉及。在此，主要讨论细能力需求计划，即通常所说的能力需求计划。

能力需求计划 CRP 主要根据物料需求计划 MRP、工作中心、工艺路线等对企业的生产能力进行详细计划，保证生产计划的可执行性。如图 4-7 所示，能力需求计划把 MRP 的计划下达的生产订单和已下达但尚未完成的生产订单按它们在各自工艺路线中使用的工作中心所需要的负荷小时，按数量及需求时段转换为每个工作中心各时区的能力需求，对比工作中心在该时段的可用能力，生成能力需求报告。

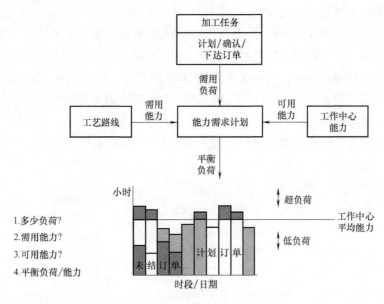

图 4-7　能力需求计划逻辑流程图

能力需求计划的制订方式有两种：无限能力计划和有限能力计划。无限能力计划是指在做物料需求计划时不考虑生产能力的限制，而对各个工作中心的能力与负荷进行计算，得出工作中心的负荷情况，产生能力报告。当负荷大于能力时，对超负荷的工作中心进行负荷调整，采取的措施有加班、转移负荷工作中心、替代工序、外协加工或直接购买。若这些措施都无效，只有延长交货期或取消订单。有限能力计划认为工作中心的能力是不变的，计划的安排按照优先级进行，先把能力分配给优先级高的物料。当工作中心负荷已满时，优先级别低的物料被推迟加工，即订单被推迟。该方法计算出的计划可以不进行负荷与能力平衡。

能力需求计划能帮助企业产生一个切实可行的能力执行计划，进而在企业现有生产能力的基础上，及早发现能力的瓶颈所在，提出切实可行的解决方案，为实现企业的生产任务提供能力方面的保证。

能力需求计划只说明能力需求情况，提供信息，不能直接提供解决方案。处理能力与需求的矛盾，还要靠计划人员的分析与判断，通过模拟功能寻找解决方法。

四、闭环MRP

早期的MRP根据主生产计划、BOM表及提前期来确定物料的需求，也称为基本MRP。它并没有考虑到企业的实际生产能力，难以形成一个结构完整的生产资源计划及执行控制系统。20世纪70年代，在基本MRP的基础上，引进能力需求计划，并进行运作反馈，克服了MRP的不足.形成了闭环MRP。

闭环MRP理论认为主生产计划与物料需求计划（MRP）应该是可行的，即应考虑能力的约束，对能力提出需求计划，在满足能力需求的前提下，才能保证物料需求计划的执行和实现。在这种思想要求下，企业必须对投入与产出进行控制，也就是对企业的能力进行校检、执行和控制。一般地说，MRP与CRP要进行反复调整，使计划可行；当经过MRP/CRP反复运算调整仍无法解决矛盾时，要修改主生产计划MPS。只有经过MRP/CRP运行落实后，才能将生产计划下达给执行层。

闭环MRP系统分为生产计划与计划执行控制两大部分，如图4-8所示。生产计划部分首先根据订货合同、市场预测及其他生产需求，在进行粗能力平衡的基础上，制订一个现实可行的主生产计划MPS；然后，物料需求计划MRP则根据MPS计划、产品结构及物料清单BOM表、库存信息等将生产计划进行展开与细化，编制以相关需求型物料（基本零部件）为对象的计划，提出每一项加工件与采购件的建议计划，如加工件的开工日期与完成日期、采购件的订货日期与入库日期等；最后，能力需求计划CRP根据物料需求计划MRP结果、工作中心、工艺路线等对企业的生产能力进行详细计划，保证生产计划的可执行性。

MRP系统的计划执行控制部分主要包括执行物料计划和执行能力计划。其中，执行物料计划又分为加工与采购两部分。执行MRP计划主要采用调度单或派工单来控制加工的优先级，采用请购单或采购单控制采购的优先级。加工控制一般由车间作业控制功能完成；采购控制一般由采购供应部门完成。执行能力计划时用投入和产出的工时量控制能力和物流。执行控制层可以把生产计划的执行信息及时反馈给计划层，从而形成完整的闭环MRP生产计划与控制系统。

闭环MRP系统实现了以物料为中心的组织生产模式，计划统一可行，实行规范化管理，体现了按需定产的宗旨，并把生产计划的稳定性、灵活性与适应性统一起来，大大提高了企业生产的整体效率与物料合理利用率，也提高了企业对于外部市场环境的适应能力。而过去以设备为中心

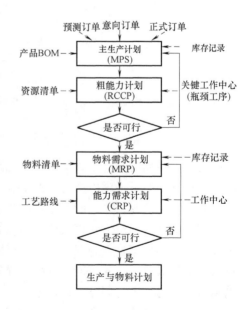

图4-8　闭环MRP逻辑流程图

的组织生产模式是以产定销的思想体现，计划统一性与协调性不好，盲目性较大，比较粗放。

闭环 MRP 的特点如下：

1）主生产计划来源于企业的生产经营规划与市场需求。

2）主生产计划与物料需求计划的执行（或运行）伴随着能力与负荷的运行，从而保证计划是可靠的。

3）采购与生产加工的作业计划与执行是物流加工变化过程，同时又是控制能力的投入与产出过程。

4）能力的执行情况最终反馈到计划的制订层，整个过程是能力的不断执行与调整的过程。

第五节　制造资源计划

一、制造资源计划的概念

闭环 MRP 在生产计划领域中比较先进和适用，生产计划的控制也比较完善，反映了企业生产的物流和信息流，但它没有表达与产品从原材料的投入到成品的产出过程伴随着的企业资金的流动情况。20 世纪 70 年代末和 80 年代初，美国的物料需求计划 MRP 经过进一步发展和扩充逐步形成了制造资源计划的生产管理方式。由于制造资源计划（Manufacturing Resource Planning）与物料需求计划的英文词首都是 MRP，为区别起见，人们用 MRP Ⅱ 来表示制造资源计划。

MRP Ⅱ 是一种以 MRP 为核心的企业生产管理计划系统，它代表了一种新的生产管理模式和组织生产的方式。MRP Ⅱ 的基本思想是：基于企业经营目标制订生产计划，围绕物料转化组织制造资源，实现按需、按时进行生产。从一定意义上讲，MRP Ⅱ 系统实现了物流、信息流与资金流在企业管理方面的集成，并能够有效地对企业各种有限制造资源进行周密计划，合理利用，提高企业的竞争力。

MRP Ⅱ 管理模式的主要特点如下：

（1）**计划的一致性与可行性**　MRP Ⅱ 是一致计划主导型的管理模式，计划层次由宏观到微观，逐步细化，始终保持与企业经营目标的一致性，每个部分都有明确的管理目标。它通过计划的统一制订与闭环执行控制保持生产计划的有效性与可行性。

（2）**管理系统性**　MRP Ⅱ 是一种系统工程，把企业所有与经营生产直接相关的部门连成一个整体，按照科学的处理逻辑组成一个闭环系统。管理人员可以用它对企业进行系统管理。

（3）**数据共享性**　MRP Ⅱ 是一种管理信息系统，实现了企业的数据共享与信息集成，提高了企业信息的"透明度"与准确性，支持企业按照规范化的处理程序进行管理与决策。

（4）**模拟预见性与动态应变性**　MRP Ⅱ 是经营生产管理规律的反映，可以预见计划期内可能发生的问题，并能根据企业内外部环境变化迅速做出响应，动态调整生产计划，保持较短的生产周期。

（5）**物流与资金流的统一性**　MRP Ⅱ 包括了成本会计与财务功能，可以把生产中实物形态的物料流直接转换为价值形态的资金流，保证生产与财务数据的一致，提高企业的整体效益。

由于 MRP Ⅱ 系统能为企业生产经营提供一个完整而详尽的计划，可使企业内各部门的活动协调一致，形成一个整体，从而提高企业的整体效率和效益。

二、制造资源计划的系统流程

制造资源计划的系统有 5 个计划层次：经营规划、生产规划、主生产计划 MPS、物料需求计划 MRP 和生产作业控制（采购、车间作业控制）。MRP Ⅱ 计划层次体现了由宏观到微观、由战略到战术、由粗到细的深化过程。MRP Ⅱ 的逻辑流程如图 4-9 所示。

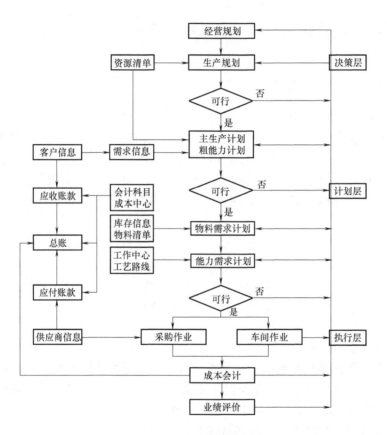

图 4-9 MRP Ⅱ 的逻辑流程

经营规划是企业的战略层规划，包括企业的最高层领导确定的企业经营目标与策略；生产规划（生产计划大纲）是企业的中长期计划，主要考虑经营规划、期末预计库存目标或期末未完成订单目标、市场预测、资源能力限制等；主生产计划 MPS 将生产计划大纲转换成特定的产品或产品部件的计划，它可以被用来编制物料需求计划和能力需求计划，起到从宏观计划向微观计划过渡的作用。MRP Ⅱ 系统的生产计划与执行过程与 MRP 系统相近。物料需求 MRP 计划是 MRP Ⅱ 系统微观计划阶段的开始，它根据主生产计划 MPS 和物料清单 BOM 表等将生产计划按照零件组织生产方式进行展开与细化，并经过能力需求计划 CRP 对企业生产能力的细平衡与详细计划，形成可执行的生产计划。生产计划执行控制包括执行物料计划和执行能力计划，并主要体现在采购和车间作业管理方面。

为保证 MRP Ⅱ 生产计划与控制的顺利进行，物料管理系统是十分必要的。一方面，物料管理集中了支持物流全过程的所有管理功能，包括从采购到生产物料、制品计划与控制，到产成品的入库、发货与分销；另一方面，财务与成本管理是由 MRP 发展为 MRP Ⅱ 的重要标志。成本管理可以在生产计划与控制的各个环节加强对产品成本的计划与控制；财务会计与管理可以控制生产过程中的资金流，并通过账务管理确定企业经营生产的经济效益。这样，MRP Ⅱ 系统能够实现企业的优化管理。此外，MRP Ⅱ 系统还涉及市场预测、产品结构数据与工作中心及设备管理、工艺路线管理等基础数据管理功能。

第六节　企业资源计划

企业资源计划（Enterprise Resource Planning，ERP）是 20 世纪 90 年代初由美国著名咨询公司 Garner Group Inc. 总结 MRP Ⅱ 的发展趋势而提出的一种全面企业管理模式。ERP 是当代制造业企业迎接市场挑战的利器。

企业资源计划 ERP 在 MRP Ⅱ 基础上，融合 JIT、OPT、AM、全面质量管理（TQM）等先进管理思想，功能覆盖企业全面业务，扩展到供销链上的有关合作方，并支持离散制造业和连续流程行业；支持能动的全局监控能力，基于数据仓库和联机分析处理的模拟分析能力和决策支持能力；不断采用开放的、先进的计算机技术。

除了 MRP Ⅱ 的主要功能外，ERP 系统还包括以下主要功能：供应链管理、销售与市场、分销、客户服务、财务管理、制造管理、库存管理、工厂与设备维护、人力资源、报表、制造执行系统（MES）、工作流服务和企业信息系统等。此外，还包括金融投资管理、质量管理、运输管理、项目管理、法规与标准和过程控制等补充功能。

练习与思考

1. 企业常见的生产计划有哪些？各有何作用？
2. 分析说明生产规划和经营规划各自的作用及相互关系。
3. 分析主生产计划时界的控制意义。
4. 试举例简述 MRP 运算基本流程。
5. 闭环 MRP 系统与 MRP 系统的根本区别是什么？
6. MRP Ⅱ 管理模式的主要特点是什么？
7. ERP 在 MRP Ⅱ 的基础上有哪些扩充与发展？

第五章

现代制造物流与控制

[内容导入]　现代物流泛指原材料、产成品从起点至终点及相关信息有效流动的全过程，它将运输、仓储、装卸、加工、整理、配送、信息等方面有机结合，形成完整的供应链，为客户提供多功能、一体化的综合性服务。它以最少的费用、最高的效率、客户最满意的程度，把产品送到客户手里，最终达到为企业降低产品流通费用的目的。

本章系统介绍了现代生产物流设备、现代生产物流管理与决策、现代生产物流的计划与控制以及现代生产物流系统规划。

第一节　现代制造物流概述

一、现代制造物流的产生与发展

物流是为了满足客户需求而对商品、服务及相关信息从原产地到消费地的高效率、高效益的正向和反向流动以及储存进行的计划、实施与控制过程。现代企业物流在当今竞争激烈的市场经济环境下，是企业生产和销售中的重要环节，日益凸显出其重要的地位和作用。加快传统物流向现代物流的转变，是促进企业物流健康有序发展的有效途径。传统物流信息滞后、功能单一、服务封闭、没有连续性，极大地影响了物流的效率。物流的本质是服务，它将运输、仓储、装卸、加工、整理、配送、信息等方面有机结合，形成完整的供应链，为客户提供一体化的综合性服务。

面对激烈的市场竞争，越来越多的企业开始关注客户服务。作为为客户服务的主要构成部分——物流服务，则成为影响企业发展的关键因素之一。特别是随着网络技术的发展，企业间的竞争已突破了地域的限制。加快现代物流产业的发展，消除生产和消费之间沟通的障碍，是企业迅速出击、抢占市场的捷径。物流管理水平影响企业信息的获取。传统物流的信息获取途径单一、滞后，严重制约了物流信息的及时获得和传递。因此，企业为了谋求物流服务的高效率与高质量，必须建立一个能够迅速传递和处理物流信息的管理系统，这是支持物流服务的中枢和保障，使物流全过程的动态协调、控制完全实现从网络前端到终端客户的所有中间过程，这样才能确保企业物流的顺畅通达。

当今，技术进步加速了客户需求的多样化，全球化信息网和全球化市场的形成，正促使生产企业间竞争的加剧，由价格到质量、由缩短交货期到加强售后服务、由对市场做出快速反应到不断开发新产品去占领市场，为适应外部环境的挑战，现代生产企业的管理和技术及其对物流现代化的要求也有重大的变革，具体表现如下：

（1）**适应横向一体化发展模式** 为减少企业投资及丧失市场的风险，企业集中资源、精力、时间去从事企业的产品核心技术和销售，企业的管理模式正逐步由纵向一体化（大而全、小而全）向横向一体化（供应链）发展，制造企业的采购物流和销售物流无论在量上还是质上都有重大的提高，物流管理现代化的重要性日趋显著。

（2）**适应现代制造模式** 现代企业制造过程中的物料流必须与现代制造模式相适应，与准时制生产（JIT）、精益生产（LP）方式相适应，即保证在规定的时间，按规定计量的物料，送达规定的工位，以实现现代化、高节奏的生产。

（3）**适应企业多品种、离散型生产** 为满足客户多样化需求，柔性制造系统（FMS）日益增多，而成组技术和柔性搬运技术是 FMS 的基础，即将那些形状相似、加工工艺相似、尺寸相似的零件，在同一系统里成组加工，并采用柔性的物料搬运系统，有利于提高机床、搬运设备的效率，使搬运和上下料装置的结构大大简化。

（4）**适应企业信息化** 计算机技术和网络技术的高速发展，使物料需求计划（MRP）、企业资源计划（ERP）和计算机集成制造系统（CIMS）等逐步在企业内和企业间推广应用，正有力地推动信息流、工艺流程、物料流的一体化。

（5）**适应企业全面质量管理** 物料搬运作业是企业全面质量管理（TQC）的重要组成部分，对高精度的加工零件，易碰、划、摔伤的物料搬运，已成为影响高质量产品的主要原因。

（6）**实现新的利润源** 降低物流成本、降低库存等成为企业的第三利润源。

此外，条码和自动识别技术、自动化技术、计算机技术的发展，正有力地推动物流设备、物流系统的自动化、网络化，为实现各种全自动的物料搬运系统、无人化车间、无人化工厂等创造了条件。

现代制造技术已呈现出新的发展趋势，即高技术化、信息化、绿色制造。如何将贯穿在现代制造业中的物流技术更好地服务于这一过程中，特别是使现代制造业中的物流系统更加合理化，显得越来越重要。

二、现代制造物流的定义

（一）物流的定义

"物流"这个概念，是从"Physical Distribution"翻译过来的，意思是指物质资料及服务从生产地到消费地的流动过程中伴随的各种活动。日本把这一概念用"物流"来表达，具体包括物料的运输、保管、包装、装卸搬运、流通加工、库存管理、配送等活动。

一般地，物流学（Logistics）是研究对系统的物料流（Material Flow）及有关的信息流（Information Flow）进行规划与管理的科学理论。因此，现代制造物流是指物质资料在生产过程中各个生产阶段之间的流动和从生产地到消费地之间的全部运动过程。物质资料在运动过程中需要通过运输或搬运来解决供需双方在空间位置上的差异，还要通过仓储保管调节双方在时间上的差别。

与加工过程不同的是，物流并不改变物料的尺寸、形状和性质，但物流改变了物料在不同的时间所在的不同地点，从而创造了空间价值和时间价值，在现代制造过程中起着非常重要的作用。

（二）企业物流

企业是为社会提供产品或服务的一个经济实体。一个工厂，要购进原材料，经过若干工序的加工，形成产品销售出去；一个运输公司要按客户要求将货物输送到指定地点。在企业经营范围内由生产或服务活动形成的物流系统，称为企业物流。

企业物流又可划分为以下几种典型的物流活动。

1. 企业生产物流

从原材料进厂，直到成品出厂，这一全过程的物流活动称为生产物流。生产物流是制造企业所特有的物流活动，它和生产流程同步，原材料、半成品等按照产品工艺流程在各个加工地点之间不停顿地移动、流转，保证产品生产过程的正常进行。生产物流合理化对于维护工厂的正常生产秩序、降低生产成本有很大影响。通过企业生产物流的管理和控制，确保生产物流均衡稳定，可以保证在制品的顺畅流转，缩短生产周期，均衡设备负荷，提高生产率。

2. 企业供应物流

企业为保证本身的生产节奏，不断组织原材料、零部件、燃料、辅助材料供应的物流活动，称为供应物流。企业供应物流的目标不仅是保证供应，而且还是在以最低成本、最少消耗、最大的保证来组织供应物流活动。企业物流的流动资金大部分被购入的物料及半成品等所占用，供应物流的严格管理及合理化对于企业加速资金流转、降低成本有重要意义。

3. 企业销售物流

企业为保证本身的经营效益，不断伴随销售活动。将产品所有权转给用户的物流活动，称为销售物流。企业销售物流的特点是通过包装、送货、配送等一系列物流实现销售，这就需要研究送货方式、包装水平、运输路线等并采取诸如少批量、多批次，定时、定量配送等特殊的物流方式来达到目的。通过销售物流，企业才能得以回收资金、进行再生产。销售物流的效果关系到企业的存在价值是否得到社会的承认，销售物流的成本在产品及商品的最终价格中占有一定的比例。因此，在市场经济中为了增强企业的竞争力，销售物流的合理化可以起到立竿见影的效果。

4. 企业回收与废弃物流

企业在生产、供应、销售的活动中总会产生各种边角余料和废料，这些东西回收所伴随的物流活动称为回收物流。对企业排放的无用物进行运输、装卸、处理等的物流活动称为废弃物流。在一个企业中，回收物品处理不当，往往会影响整个生产环境，甚至影响产品质量，还会占用很大空间，造成浪费。可持续发展要求在生产及流通活动中，最大限度地节约可用资源。因此，必须充分考虑构成产品的零部件回收重用的价值、回收处理的流程等问题，从而达到零部件材料资源及制造能源的最大利用。对于在生产和流通过程中产生的废弃物（废料、废气、废水等），也必须妥善处理，以防止破坏生态、污染环境。

企业物流的四个部分中，生产物流是核心，它与生产过程同步进行，容易在企业内部得到管理与控制；而供应物流和销售物流是生产过程物质流的外延，分别是生产物流的上伸与下延，它们受企业外部环境的影响较大。企业是社会物流网络中的一个节点，通过企业生产物流实现节点内部的转换，以供应物流和销售物流实现节点之间的相互连接。如果企业物流中的任何一个环节有问题，必然使整个企业的生产无法正常进行，影响整个社会物流网络正常运转。企业物流的组成如图 5-1 所示。

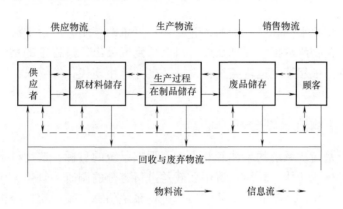

图 5-1　企业物流的组成

三、现代制造物流的战略

对现代物流管理的研究产生了供应链管理的思想，但供应链管理现在已经超越了传统的物流管理，有的学者甚至把它扩展到物流以外的领域，如产品开发。

还有的学者把供应链形象地比喻成一条管道，在这条管道里既有物流，又有商流、资金流和信息流等，因此认为物流管理只是供应链管理的一个方面，完整的供应链管理还应该包括整个供应链的商流、资金流和信息流等的管理。

供应链管理与物流管理都强调对商品从产地至消费地的实体移动的全过程进行管理。供应链管理是物流管理概念在企业外部的延伸。传统的物流管理强调的是单个企业物流系统的优化，对运输、仓储、包装、装卸搬运、流通加工、配送和物流信息实施一体化管理，而供应链管理则认为仅对单个企业的物流活动进行控制是不够的，必须对整个供应链的所有成员或关系较近的成员的物流活动实施一体化管理，也就是说由供应链中的企业共同对供应链的物流活动进行管理和优化。

现代物流在整个企业战略中，将对企业营销活动的成本发生重要影响，是企业成本的重要方面。因而，通过物流合理化、现代化以降低成本，可有效保障营销和采购等活动。所以，现代物流既是企业主要成本的产生点，又是企业降低成本的关注点，科学合理的现代制造物流能有效降低成本。成本和利润是相关的，物流作为主体可以为企业提供大量直接和间接的利润，是形成企业经营利润的主要活动。

现代制造物流，不仅需要降低成本，更需要提高企业对用户的服务水平，以提高企业的市场竞争能力。通过物流的服务保障，企业以其整体能力来降低成本增加利润。现代物流是企业发展的战略，它会影响企业总体的生存和发展。企业应致力于开发和实现一种全面的物流能力，按现实的总成本开支来满足关键客户的期望。现代制造物流应用尽可能低的成本或可能得到的最高质量客户服务来构成期望的物流战略。一个经过良好设计的物流系统，必须具有高度的客户反应能力，同时能控制作业变化和最低限度的库存负担，并能够及时估算所需成本，以形成现代制造企业物流战略，构建企业的核心竞争力。

第二节 现代制造物流系统

物流系统对于企业生产和经营的顺畅有着举足轻重的作用，进行物流系统设计时，必须有效地利用企业有关物流数据。要把从原材料进厂到成品出厂过程中的物流量，作为一贯流动的物流量来看待，依靠缩短运输路线，合理调度并运用现代化等手段，来达到降低总成本的目的。

一、现代制造物流系统分析

物流系统分析是指从系统的整体利益出发，根据系统的目标，选用科学的分析工具和计算方法，对系统目标、功能、环境、费用和效益进行充分的调研、收集、比较、分析和数据处理，并建立若干种拟订方案和必要的模型，进行系统仿真实验、比较分析和实验结果评价等，为决策者提供综合决策资料。

系统分析方法要求的不是从局部去研究复杂的、多层次、运动着的事物，而是把构成这类事物的各项因素，综合地看成一个整体，看成在一定的时间和空间范围内不断运动着的系统，把它的各组成部分（或环节）有机地联系起来进行分析，不仅定性地，而且主要是定量地确定它们之间的相互关系，从而明确目标，选择最优的方案。

进行系统分析的目的是设计或改进，以使物流系统成为最合理、最优化的系统，运用系统工程的基本原理，通过系统分析拟订方案的费用、效益、功能和可靠性等各项技术经济指标，为决策者提供依据；在系统分析的基础上，对各种因素进行优化，协调各组成部分之间的关系，形成各部分有机集成、协调一致的优化物流系统。系统分析是系统设计过程中的关键步骤。

（一）物流系统的分析技术

对于现代企业制造物流，一般运用两种方法进行总成本分析，一种是短期（静态）分析，另一种是长期（动态）分析。

1. 短期（静态）**分析**

以短期的、静态的观点考察物流系统，分析出各项物流活动的成本，在满足企业对物流的约束条件下，选择总成本最小的系统，这种方法称为短期（静态）分析方法。

2. 长期（动态）**分析**

将现代制造物流作为一个大系统，利用有关统计资料，对物流活动的成本做定量分析，包括对物流系统的动态数据整理、各种动态分析指标的计算以及发展趋势研究，以总结过去、把握现在、预测未来。

（二）物流系统的分析步骤

1. 资料收集

（1）**产品的审查** 指对现有制造生产线和新产品发展趋向进行全面的分析。对于每种产品必须收集以下几个方面的信息：年销售量情况、季节性变化情况、产品包装状况、产品运输和仓库信息、现有制造或装配设施状况、投入的原材料状况、产品制造的畅通性、仓储地点情况、可利用的运输方以及区域销售量情况等。

（2）**现有设施的审查** 包括审查生产地点和生产能力、储存仓库和配送中心的地点和能力、订货处理职能部门的地点、运输方式的利用等。

（3）**客户审查** 必须掌握现有客户和潜在客户的位置，客户所需的产品类型、订货时间，客户服务的重要性，客户要求的特殊服务等。客户审查为系统分析提供关键素材，必须重视。

（4）**竞争对手的审查** 对本企业销售所处的竞争环境进行描述，要收集竞争对手订货传递方式，包括订货处理的速度和精度以及运输工具的速度和可靠性等。

根据收集的资料，要进行定性分析和定量计算，建立相应的数学模型，进行分析和评价，最后确定最优物流系统方案。

2. 物流系统分析工具

现代企业制造物流系统分析首先要对老系统进行详细调查，包括调查原有的工作方法、业务流程、物流量以及各业务部门之间的相互联系。必须从时间和空间上对物流的状态做详细调查，在掌握大量资料的基础上分析老系统的优缺点，为设计新系统做准备。物流系统分析工具一般有因果分析法、排列图法、相关分析法以及投入产出分析法等。

物流系统分析应涵盖从系统设计、结构设计到制造安装、运输的全过程，其重点应放在系统设计阶段。进行系统设计应综合考虑制定合理的系统规划方案、生产布局、制造工艺流程、库存管理以及成本控制等多方面因素，应在整个系统分析设计过程中回答 5W1H：①目的（Why？为什么？）；②对象（What？是什么？）；③地点（Where？在何处做？）；④时间（When？何时做？）；⑤人（Who？谁来做？）；⑥方法（How？怎样做？）。

二、现代制造物流系统设计

（一）现代制造系统中的物流

现代制造系统中的物流，是指在制品的流动以及废料余料的回收和处理，即原材料、燃料、外购件投入生产后，经过下料、发料，运送到各加工地点和存储地点，以在制品的形态，借助一定的运输装置，从一个生产单位（车间、工位或仓库）流入另一个生产单位，按照规定的工艺规程要求进行加工、储存，构成了现代企业内部制造物流。

现代制造物流自始至终伴随着生产过程，因此从物流的观点来看，企业的生产系统又是一个物流系统。企业内部的生产过程一般是原材料及外购件入厂、存储在原材料仓库中、各车间根据需要到原材料库领取原材料，然后按工艺要求进行加工，每完成一道工序后，就把被加工零件转到下一道工序，一个零件在一个车间所有工序加工完毕后，根据加工要求转到下个车间继续进行加工，或者转到半成品库存储等待总装；各个加工好的零部件送到总装车间，装配成产品，经检验合格后，进入成品仓库等待销售。在整个生产过程中，物料大部分处于存储、搬运过程中，因此现代制造物流是否合理，对企业的成本、交货期有较大影响。现代制造物流的特点如下：

1）物料按照规定的加工工艺过程流动，其物流路线由产品或零件的加工工艺规程决定，不能任意变动。

2）零件的制造是连续、有节奏、按比例地进行的，所以其物流系统也必须连续、有节奏、按比例地进行，否则就会影响制造过程的正常进行。

3）物料搬运装卸过程要求安全可靠，在运输过程中不能随意碰撞已加工好的成品和半成品，要求按照一定的方式搬运和存储，以免损伤已加工表面，影响零件的精度和表面质量。因此，必须选择合适的物料搬运设备和存储设备。

影响现代制造物流的主要因素有以下几个。

(1) 生产类型的影响 不同的生产类型，其产品品种、结构的复杂程度、加工精度等级、工艺要求、毛坯及原材料准备不尽相同，对现代制造物流要求也不一样。

(2) 生产规模的影响 生产规模是指单位时间内产品的产量，通常以年产量来表示。生产规模越大，物流量也越大；反之，物流量也较小。大批大量的生产方式与多品种单件小批量生产方式下对制造物流的要求差别较大。

(3) 生产的专业化与协作水平 随着现代制造技术的发展，分散化、网络化制造方式的出现，不少企业集团将某些基本的工艺阶段中的半成品，如毛坯、零件、部件等，由企业外的专业协作厂家提供，从而使企业内部的制造过程趋于简化，制造物流缩短。

(二) 现代制造物流设计

从现代制造物流角度讲，厂址选择和工厂布置都是对物流活动进行空间和平面定位须研究的问题，在厂址及占地面积确定之后，就要确定厂区的平面布置，即在选定的厂址和厂区范围内，对工厂的车间、科室、仓库、设施、厂内运输路线等进行合理安排。

工厂总平面布置是指对工厂内建筑物、运输系统、地下设施等的平面位置和竖向高度的布置。

车间布置是指对厂房内工段、班组、单元、工作地、机器设备、通道、存货点、管理部门、生活设施等位置的合理安排，是对工厂总平面布置的补充和具体化。

工厂总平面布置和车间布置一旦确定，整个工厂的物流活动的过程及费用也就基本确定下来了，现代制造物流就是在已布置好的厂区内借助于物料搬运设备和相关工具实现原材料、半成品、成品等物料流转。因此，存在一个工厂总平面布置和车间布置的布局最优化问题，即能否把企业各部门、机器设备、仓库等最佳地安排在一个实体（厂房、车间、仓库等）之中，使它们之间的配合关系为最优。一个优化的工厂平面布置和合理的车间设备配置，可以使现代制造物流更加合理，物流通畅，物料运输路线短，避免运输迂回重复，大大降低企业成本。

1. 工厂总平面布置

工厂总平面布置一般应考虑以下几方面要求。

(1) 满足工艺流程的要求 要求工厂各组成部分的位置安排能保证生产工艺流程的顺畅和便利，有利于缩短生产周期和降低成本，具体表现在以下几方面。

1) 流向单一。厂内各生产点和存放点之间的位置关系，必须适应生产工艺流程的要求，使原材料、半成品和成品等物料，按一个方向流动，否则会出现物流混乱的现象。

2) 物流距离最小。所有物料的移动都必须是必要和直接的，各作业点的安排要尽量紧凑，路程直线化，以避免不必要的迂回、交叉、倒流，减少中间存放时间，以利于物料做短距离的快速移动。

3) 装卸次数最少。充分利用现有的搬运设备，合理安排其工作方式，采用装卸搬运托盘化、集装化等先进物流技术，将装卸次数减到最少。

4) 进出方便。工厂、车间、仓库、工作岗位的进出口、通道要通畅，布局要合理。

(2) 适应厂外运输要求 在考虑厂内运输路线的合理布置的同时，还要考虑与厂外运输的衔接。

（3）**节约用地** 合理划分厂区，布置紧凑，同类加工性质的车间尽量布置在一个厂房内，以节约用地，缩短流程。

（4）**便于企业管理** 将人员、材料、产品、设备等合理安排，使这些部分得到最大的可见性，有利于协调企业的各个组成部分，加强企业管理。

2. 车间布置

车间布置包括机器、设备和人员的工位布置、制造过程以及物料的运送与存放布置等。根据工艺规程，加工顺序、所需机床、刀具、夹具等都已确定，接下来就是对工位的配置，即车间内物流系统的设计。工位配置是按零件加工工艺要求，使零件从一个工位转移到另一个工位时，物料搬运工作量最少，工位之间的搬运设备数量也最少。

（1）**车间布置类型** 车间布置类型可按工艺功能与过程、组成单元进行布置。

1）按设备的工艺功能布置。当产品种类多、数量为中等或少量时，通常将设备按照其工艺功能布置，即按机群式布置，如车床组、铣床组等。这种布置使得工艺路线交叉，物料搬运复杂，是传统中小批量生产企业采用的一种车间布置方法。

2）按产品的工艺过程布置。当产品种类少、数量多、工艺过程较简单时，则可按产品的工艺过程安排各个工位，即按流水线布置。这种布置方法下物料搬运路线固定连续，无交叉。

3）按成组单元布置。在多品种、小批量生产下，可应用成组技术将产品（或零件）按工艺相似性归并成零件组，以零件组为单位组织生产的各个环节，形成成组生产单元，使得零件在成组单元内部能够按照该零件组的工艺过程布置，从而将适用于大批量生产的流水线布置方式应用于中小批量生产。

（2）**车间布置原则** 车间布置应遵循以下原则。

1）最小移动距离原则：保持搬运线上的各项操作之间的最经济距离，物料和人员的流动距离尽量缩短，以节省物流时间，降低物流费用。

2）直线前进原则：按照零件加工或装配过程的顺序布置设备及流程，避免迂回和倒流，尽量按直线形流水线布置。

3）充分利用空间和场地原则：在车间的垂直方向和水平方向上，合理安排机器、人员和物料，在保持机器之间适当空间的同时节约场地。

4）生产均衡原则：维持各种设备和工位生产的均衡进行，必要时设置缓存站以协调各个工位之间的节拍。

5）适应性原则：预留适当的空间，便于机器设备的重新调整和布置。

三、现代制造物流的组织、计划与控制

（一）现代制造物流的组织

1. 按流水线组织设计

在现代企业制造中，以汽车、家电等产业为代表的大量生产方式是一种主要的生产类型，按流水线组织生产能将高度专业化的生产组织和产品的平行移动方式有机地结合起来，是一种被广泛采用的较好的生产组织形式。

在流水线生产组织方式下，产品（或被加工工件）按照规定的工艺路线顺序地通过各个工作地，并按照一定的生产节拍完成各道工序，是一种连续重复的生产组织形式。它能保

持生产过程的节奏性，即按照生产节拍进行生产。它也能保持生产过程的连续性，零件流水般地从一个工序转到下一个工序，最大限度地降低了在制品的积压数量和设备的等待时间。但每一条流水线只能固定生产一种或几种产品，产品在流水线的各个工位之间做单向封闭式的移动。在流水线生产条件下，生产过程的连续性、平行性、节奏性都很高，因此它可以提高工作地的专业化水平，提高劳动生产率，降低制造成本，提高自动化水平。但是，由于设备的高度专业化，它对于产品变化的适应性差，一旦在某处发生故障，就有导致全线停车的危险。

在设计流水线之前，要进行一些必要的准备工作。首先，要对产品零件进行分类。为了明确适合和不适合用流水线生产方式进行生产的产品或零部件，应当应用成组技术按零件结构与工艺的相似性对本企业的产品或零部件进行分类，然后根据其各自的产量以及劳动量加以衡量，以确定其是否适合于组织流水线生产，同时将适合于流水线生产的产品或零部件进一步分类，以确定流水线的组织形式，如单一对象流水线、多对象流水线（成组流水线）等。其次，需要改进产品结构，使之适合于流水线生产。产品的总成和部件均应是独立装配单位，这是零件加工与部件装配的连续性和平行性的需要。产品零部件必须具有良好的互换性，零部件的各结构要素应尽量标准化和通用化，不允许有修配现象，以免影响流水线的节拍。

在连续流水线中，当加工对象的重量、体积、精度、工艺等技术条件允许严格按照节拍生产产品时，应当采用强制节拍，即准确地按照既定节拍生产。此时，一般采用连续输送机进行工序之间的物料搬运。在实现强制节拍有困难时，可不要求严格按节拍生产，允许有波动，这时称自由节拍。在间断流水线中，通常采用自由节拍，此时可采用间歇自由式输送机，允许工序间存储一定数量的在制品，用以调节节拍的摆动。

流水线的平面布置一般有直线形、直角形、U形、S形以及环形等，每一种形状的流水线在工作地的布置上，又有单列与双列之分。单列直线形流水线多用在工序数少、每道工序的工作地也较少的场合。这种平面布置的主要优点是安装和拆卸设备方便，容易供应毛坯和送出成品，工作地同流水线的配合比较简单。当工序与工作地的数量较多而空间长度不够时，可采用双列直线或直角形、U形、S形等布置。

流水线内工作地的排列，应该按照产品的工艺路线进行，流水线的位置以及各条流水线之间的衔接，必须根据零件加工、部件装配、总成装配所要求的顺序安排，尽可能将零件加工的完结处与部件装配的开始处安排在一起，将部件装配的完结处布置在该部件进入总装的开始处，从而使所有流水线布置符合产品生产过程的总流向。

2. 按成组生产单元组织设计

面向订单的多品种中小批量生产，其主要特点是生产的产品种类多、变化快，生产中同时加工的零件种类繁多，生产过程的稳定性差，若按传统的机群式进行生产组织，则生产过程的连续性、平行性差，会给生产组织和计划管理工作带来很大不便，常常导致企业的制造周期长、成本高、在制品多。在现代制造中可应用成组技术，将成组生产单元作为多品种、中小批量生产的生产组织形式。成组生产单元是以一个或几个工艺过程相似的零件组（如盘类、轴类、齿轮、箱体类等）为单位组织生产而形成生产单元，按照零件组的成组工艺过程配备成套的生产设备和工艺装备，能在单元内部完成这些零件组的全部工艺过程。

成组单元以零件组为单位，每一单元内部生产的零件类型是相似的，加工工艺也是相似的，因此可以按专业化原则进行组织，即采用专业化程度较高的机床设备和工艺装备。单元内部按照零件组的成组工艺的顺序进行机床和设备的布置，使物流顺畅；工件在单元内部各工序间的传递采用平行或平行顺序移动方式，以缩短生产周期，减少在制品的数量；各单元可以独立经营核算，易于实现经济责任制，充分发挥单元内全体职工的积极性。一方面，成组单元在单元内部保持了生产过程的连续性、平行性和节奏性，另一方面，多个成组单元又可以柔性地适应多品种的生产，在现代制造中是一种行之有效的生产组织形式。

成组生产单元的设计过程如下：

1）产品零件的分类成组设计首先要按照成组技术的基本原理将所有产品的零件按工艺过程的相似性进行分组，将机床设备、工装及工人进行分类和组织，一般采用流程分析法、聚类分析法等，按零件的工艺路线特征进行分类，在对零件进行分组的基础上产生相应的机床设备组。

2）计算设备的需求量。在确定成组生产单元的规模和设备时，既要使单元内设备的种类齐全，避免跨单元协作生产，又要使每台设备和人员达到较高的负荷。同时，单元的规模必须适当，以便能对单元进行有效的管理和控制。

3）成组生产单元的平面布置。成组生产单元的设备布置有以下几种形式。

一是按生产线形式布置。单元内加工的所有零件的工艺路线基本相同，可将设备按该条路线的顺序排列，在单元内部形成一条流水生产线，零件在生产线上做单向流动，无迂回，运输线路最短，在制品最少。

二是按 U 形流水线布置。单元内加工的零件的工艺路线可以不同。为了便于不同零件在单元内部的迂回、跳序和交叉，可以将设备按 U 形流水线布置，这样可以缩短零件的搬运距离，实现多台机床一人看管。

三是按设备功能布置。单元内所用设备是数控机床和加工中心时，一台数控机床一次装夹就可以完成一个零件的全部或大部分工序，这时可以将功能相同或相近的数控机床布置在一起，而在单元入口或其他位置配备适当的辅助设备，以完成次要表面和辅助工序的加工。

四是分区联合布置。在建立成组生产单元较多的企业，可把成组单元集中起来建立成组生产车间，车间内按单元分区域布置。

在柔性制造系统中，系统工位的平面布置形式有：①直线型：物料呈直线形流动，由输送机、牵引式小车或有轨小车等输送设备载运托盘及工件，沿工件的工艺流程顺序移动，机床设备分布于物料搬运线的两侧，适用于加工零件种类较少、工艺过程比较单一的系统；②环型：由输送设备组成的物料搬运线呈环形布置，允许有一定的分支，适用于零件工艺有一定变化的场合；③随机存取型：工件可以由自动导引小车运到任意一台机床上，适用于零件工艺复杂多样、无法按照某一典型零件的工艺流程布置的系统；④机器人型：以工业机器人为中心，各工位环绕在其周围，各机器人由搬运线连接，适用于采用机器人较多的加工场合。图 5-2 所示为环型柔性制造系统平面布置示意图。

（二）现代制造物流的计划

现代制造物流计划主要是生产作业计划的编制，即根据计划期内规定的主生产计划，结合企业的实际生产条件，将产品及其零部件在各个工艺阶段的生产任务分配到企业（或车间）的各个工位，并协调任务前后的衔接关系。合理的物流计划能有效地保证主生产计划的顺利完成，实现企业的均衡生产，提高设备的利用率和劳动生产率，大大减少在制品及库存，缩短生产周期。

随着生产类型的不同，现代制造物流计划方法和原理也不相同。在大量流水生产方式下，可以制订一系列的流水线标准计划图表来组织和指导生产，流水线上的每道工序按照该标准计划执行即可，不必经常变动和重新编制；在多品种小批量生产方式下，必须根据上级的零件生产订单具体安排零件在车间中的合理流动路线和加工顺序。由于零件种类繁多，工序复杂，因此产生了多个零件多台机床的车间作业计划排序优化问题，即车间调度，这一问题目前还无法用计算机在数学上求得严格的最优解，只能用求近优解的方法来解决。

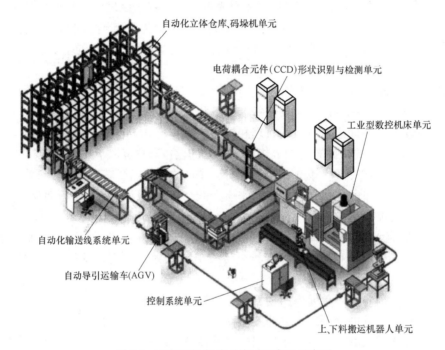

图 5-2　环型柔性制造系统平面布置示意图

（三）现代制造物流的控制

现代制造物流的控制是现代制造物流管理的重要内容。由于实际的制造物流系统受到内外部各种因素的影响，物流计划与实际之间会产生偏差。为了保证计划的顺利完成，必须对物流活动进行有效的控制。生产物流控制的具体内容如下。

1. 进度控制

物流控制的核心是进度控制，即物料在生产过程中的流入、流出控制以及物流量的控制。

2. 在制品管理

在生产过程中对在制品进行静态和动态的管理以及占有量的控制．

3. 偏差的测定和处理

在进行生产作业的过程中，按预定时间及顺序检测执行计划的结果，预测和掌握计划物流量与实际量的差距，根据发生差距的原因、内容和程度，采用不同的处理方法，如动用库存、组织外防、加班加点等。

在现代制造物流系统中，常采用以下两种物流控制方式来协调物流，减少各生产环节和库存水平的变化幅度。

（1）**物流推式控制**　物流推式控制的基本方式是根据最终需求结构，计算出各阶段的物料需求量，在考虑生产各个阶段的生产提前期之后，向各生产阶段发布生产指令量。其特点是集中控制，每阶段的物流活动服从集中控制的指令，无法控制每一生产阶段的局部库存。MRP（物料需求计划）方法是这一物流控制方式的具体体现。

（2）**物流拉式控制**　物流拉式控制是从生产的最后阶段开始，按照外部客户需求，向前一生产阶段提出物流供应需求，前一生产阶段按本阶段的物流需求量再向更前的生产阶段提出要求。依次类推，接受物料需求的阶段重复地向前阶段提出要求。由于各生产阶段各自独立地发布指令，特点是分散控制，因此每阶段的物流活动只满足其自身的局部需求，无法控制总的库存水平。JIT（及时制生产）方法是该方式在生产中的应用。

四、仓库系统的设计

（一）仓库选址

根据现代制造物流的发展要求，运输可以提供一种潜力，它可把地理上分散的制造、仓库、市场营销地点联系到一个综合的系统中。在广泛意义上，物流系统中的设施，由所有管理与储存的原料、制造过程或制成品库存的地点所组成。这样，所有的零售店、制成品仓库、制造厂以及原料储存仓库组成了物流地点。许多不同类型的设施、分销的数目与地点及原料仓库常是物流系统的焦点。

在现代制造物流系统设计中，仓库的合适数目与地理位置是客户、制造点与产品要求所决定的。在物流系统中，仓库可划分为以市场定位、以制造定位或中间定位等。企业要从总体的经营战略出发考虑仓库的类型。

以市场定位的仓库是由零售商、制造商与批发商运作的，仓库邻近被服务的市场，可以以最低成本方法迅速补充库存。以市场定位的仓库通常用来向客户提供库存补充。以市场定位仓库服务的市场区域的地理面积大小，取决于被要求的送货速度、平均订货量多少以及每单位当地发送的成本。以市场定位的仓库，通常用来作为从不同源地和不同供应商那里获取商品并集中装配商品的地点。通常商品分类很广泛，而任何特定商品的需求和进出仓库的总量相比是很少的。一个零售商店通常不会有足够的需求来向批发商或制造商直接订购大量的货物，零售商店的商品是由许多不同的或广泛分散的制造商生产的不同产品的集合。为了以低的物流成本对这样的分类库存进行快速补充，零售商可以选择建立仓库，或者使用批发商的服务。现代食品分销仓库，在地理上通常坐落在接近服务的各超市的中心。

以制造定位的仓库通常邻近生产工厂，以作为装配与集运被生产物件的地点。这些仓库存在的基本原因是便于向客户运输各类产品。物品从专业工厂被转移到仓库，再将全部种类的商品从仓库运往客户处，仓库位置用来支持制造厂。以制造定位的仓库的优点在于它能跨越一个类别的全部产品而提供卓越的服务。如果一个制造商能够以单一的订货单集运的费率将所有交售的商品结合在一起，就能产生竞争优势。

（二）库存成本

控制和保持库存是每个企业所面临的问题。库存的管理与控制是企业物流各职能领域的一个关键领域，对于企业物流整体功能的发挥起着非常重要的作用。由于库存成本在总物流成本中占有相当大的比例，因此在成本的权衡决策中显得尤为重要。

1. 总成本最小

企业物流系统是企业系统的一个子系统，库存系统是物流系统的一个子系统，所谓的存货成本最小，是受企业的总目标约束的，有时会增加存货成本，这是因为追求的最终目标是企业总成本最小。如果适当增加部分存货，能减少其他形式的成本，并且其节约额超过了存货成本的增加额，那么企业就会选择增加存货成本。在企业的生产经营中，产品的需求有旺季和淡季之分，如果企业的设计生产能力可以满足旺季的需求，那么它的投资较大，并且在淡季只发挥了设计生产能力的一小部分，效率不高。因此，企业也倾向于设立库存来解决这种需求的不平衡问题。但是，企业的库存问题很复杂，不仅要考虑库存成本，还要考虑改变订货批量对价格、运价的影响，以及不同客户的不同要求等具体内容。

2. 存货储存成本

存货储存成本是指为保持存货而发生的成本，可以分为固定成本和变动成本。固定成本与存货数量的多少无关，如仓库折旧、仓库职工的固定月工资等；变动成本与存货数量的多少有关，如存货资金的应计利息、存货的破损和变质损失、存货的保险费用等。库存水平增加，年储存成本将随之增加，即储存成本是可变动成本，与平均存货数量或存货平均值成正比。

3. 订货或生产准备成本

订货或生产准备成本，指向外部的供应商发出采购订单的成本或指内部的生产准备成本。订货成本是指企业为了实现一次订货而进行的各种活动的费用，如办公费、差旅费、邮资、电话费等。订货成本中有一部分与订货次数无关，如常设采购机构的基本开支等，称为订货的固定成本；另一部分与订货的次数有关，如差旅费、邮资等，称为订货的变动成本。具体地说，订货成本包括与下列活动相关的费用。

1）检查存货水平。

2）编制并提出订货申请。

3）对多个供应商进行调查比较，选择最佳供应商。

4）填写并发出订货单。

5）填写、核对收货单。

6）验收发来的货物。

7）筹备资金并进行付款。

生产准备成本是指当库存的某些产品不由外部供应而是企业自己生产时，企业为生产一批货物而进行生产准备的成本。其中，更换工艺、工装需要的工时或添置某些专用设备等属于固定成本，与生产产品的数量有关的费用如材料费、加工费等属于变动成本。

若每次订货的成本是固定的，每次生产准备的成本也是固定的，则每年的总订货成本受到一年中订货次数或生产准备次数的影响，也就是受到每次订货规模或每次生产数量的影响。随着订货次数的减少（即订货规模或生产数量增加），年总订货成本会下降。

订货成本和储存成本随着订货次数或订货规模的变化而呈反方向变化。起初随着订货批量的增加，订货成本下降比储存成本的增加要快，即订货成本的边际节约额比储存成本的边际增加额要多，使得总成本下降。当订货批量增加到某一点时，订货成本的边际节约额与储存成本的边际增加额相等，这时总成本最小。此后，随着订货批量的不断增加，订货成本的边际节约额比储存成本的边际增加额要小，导致总成本不断增加。

第三节 物料搬运与存储设备

一、物料搬运方式

企业内部的物料搬运设备主要采用的工作方式见表5-1。其中，前三种是自动化柔性制造系统和单元中主要的物料搬运方法。由于轴类零件或其他回转体零件不易安装到标准的托盘上，所以常采用机器人来装卸工件，可以由机器人将输送机送来的工件直接安装到机床上，也可以将装有工件的标准卡盘安装到机床上，由输送机运送标准卡盘；或者将安装有工件的标准卡盘再安装到标准托盘上，由输送机运输标准托盘。人工搬运方式是企业中最常见的，即使在柔性制造系统中也不排斥人工搬运。

表 5-1 物料搬运设备主要采用的工作方式

搬运方式	装载类型	载重量	速度	路径柔性	成本	通用性
输送机+托盘自动交换装置	箱体/回转	中—高	中	中	低—高	高
配送小车+托盘自动交换装置	箱体/回转	中—高	中—高	低—高	中—高	低—高
输送机+机器人	回转	低—中	中	低	中—高	中
人工	任意	低	低	很高	低	很高

物料或货物平时存放的状态是各种各样的，有的散放在地上，有的装箱置于地面，也有的放在托盘上等。由于存放的状态不同，物料搬运的难易程度也不一样。人们把物料或货物的存放状态对于装卸搬运作业的难易程度，称为物料或货物的搬运活性。在装卸搬运的整个过程中，往往需要进行几次物料的搬运，活性系数越高，所需人工越少，但设备投入越多。装卸搬运的工序和工步必须使得物料或货物搬运活性逐步提高。

合理的搬运设备、最佳的设备组合以及正确的使用方法，能够有效地改善装卸搬运作业的强度、费用及耗时。托盘的出现，使物料具有了较高的搬运活性（置于托盘上的物料，其物料活性大大增加），可以随时准备搬运，装卸方便，使物料流转速度加快。托盘是一种广泛应用于机械化装卸、搬运和存储货物的集装工具，由两层铺板中间夹以纵梁（或垫块）组成。有的托盘只有单层铺板，下设纵梁或垫块、支腿等。托盘最初在工业部门得到推广，是作为叉车的一种附属装卸搬运工具，与叉车配套使用的。货物集中堆放在托盘上，叉车可以方便地将货叉插入托盘的叉孔中，把托盘连同上面的货物一起运走。作为一种物流工具，托盘现在已深入到生产、流通、消费各个领域，贯穿于装卸、搬运、存储、运输等物流的全过程。在柔性自动化生产中，为了进一步提高物料的搬运活性，通常由装卸站的工人通过夹具把工件（一般是箱体类零件）固定在标准尺寸的托盘上，对于轴套类零件则固定在标准卡盘上，这样即使工件的形状、尺寸各不相同，但由于托盘是标准的，物料输送设备可以很容易地将托盘运走，并通过托盘交换装置将工件自动地输送到机床上，经过加工的工件仍然固定在托盘上，和夹具、托盘一起运到下一个加工工位，通过托盘交换送至下一台机床，或者运到装卸站，由工人将工件从托盘上取下。

托盘自动交换装置作为机床与物料输送设备之间的接口，向加工机床输入待加工的工件，输出加工完毕的工件。同时，它也是一种十分重要的存储缓冲装置。在大部分系统中，一个托盘自动交换装置至少应能容纳两个托盘。其中有一个工位始终为空，用来准备接收机床加工完毕的工件托盘，另一个工位安放装有待加工工件的托盘。完成工件托盘交换后，物料搬运控制系统发出控制信号，使托盘自动交换装置从输送设备接收下一个工件托盘，并把加工完毕的工件托盘返回到输送设备上，以便进行下一次托盘交换。这种工作方式可以使物料搬运设备在工件的加工过程中，

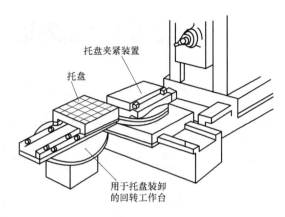

图 5-3　回转式托盘交换装置示意图

及时完成向机床提供新的工件、并将已加工完毕的工件送回物料搬运设备的工作。图 5-3 所示为回转式托盘交换装置示意图。

二、物料搬运设备

1. 起重机

起重机是一种以间歇作业方式对物料进行起升、下降和水平移动的搬运机械。起重机的作用通常带有重复循环的性质。一个完整的作业循环应包括取物、起升、平移、下降、卸载，然后返回原处等环节。经常起动、制动、正向和反向运动是起重机的基本特点。

起重机的种类较多，通常按照主要用途和构造特征对其进行分类。按主要用途可分为通用起重机、建筑起重机、冶金起重机、铁路起重机、造船起重机、甲板起重机等。按构造特征可分为桥式类型起重机、臂架式起重机以及固定式起重机、运行时起重机。运行式起重机又分为轨道式和无轨式两种，如图 5-4 所示。

a)电动葫芦

b)塔式起重机

c)轮式起重机

图 5-4　起重机

2. 搬运车辆

搬运车辆是指企业内部对成件货物进行装卸、堆垛、牵引或推顶，以及短距离运输作业的各种轮式搬运车辆，还包括非铁路干线使用的各种轨道式搬运车辆。搬运车辆作业的目的是改变货物的存放状态和空间位置。工业搬运车辆中的各种无轨式车辆，在国际标准化组织第 110 技术委员会（ISO/TC110）中称为工业车辆。此类车辆主要由用于货物装卸堆垛作业的工作装置、运行装置和动力装置等组成。

由于搬运车辆往往兼有装卸与运输作业功能，并可装设各种可拆换工作属具，故能机动灵活地适应多变的物料搬运作业场合，经济高效地满足各种短距离物料搬运作业的要求。工业车辆已经广泛地用于港口、车站、机场、仓库、货场、工厂车间等处，并可进入船舱、车厢和集装箱内进行件货的装卸搬运作业。搬运车辆可按其作业方式分类，如图5-5所示。

a) 固定平台搬运车

b) 牵引车

c) 推顶车

d) 装载车

图 5-5　搬运车辆

固定平台搬运车，其载货平台或属具不能起升，一般不设有装卸工作装置，主要用于件货的短距离搬运作业。

牵引车，在其后端装有牵引连接装置，用以牵引其他车辆。

推顶车，在其前端或后端装有缓冲板，用于顶推其他车辆。

装载车用于散粒物料的搬运。它利用铲斗铲取、倾倒散料，还可进行一定的平整和挖掘工作。

除此之外，一般还把非动力的手推车也作为搬运车辆，如叉车、托盘搬运车、拣选车等。

3. 叉车

叉车是指以各种叉具作为主要取货装置，依靠液压起升机构升降货物，由轮胎式行驶系统实现货物水平搬运，装卸和搬运功能同时兼得的搬运设备。叉车属具是指附加或替代叉车的货叉装卸装置，也指扩大叉车对特定物料的装卸范围，并提高其装卸效率的叉取装置，如图5-6所示。

叉车的作业可使货物的堆垛高度大大增加（可达4~5m，在立体货架仓库中，甚至还可以达到10m左右），仓库容积利用系数可提高30%~60%。其主要作用有以下几方面。

1）实现装卸、搬运作业机械化，减轻劳动强度，节约大量劳动力，提高工作效率。

2）缩短装卸、搬运、堆码的作业时间，加速物资、车辆周转。

3）提高仓库的利用率，促进库房向多层货架和高层仓库发展。

4）减少货物的破损量，提高作业的安全程度等。

如今叉车主要用于物流中心、配送中心及仓储中心、厂矿企业、各类仓库、车站、港口等场所，对成件、包装件以及托盘等集装件进行装卸、堆码、拆垛、短途运输等作业。叉车的主要工作属具是货叉。在换装其他工作属具后，还可对散堆货物、非包装货物、长大件货物等进行装卸作业以及对其进行短距离运输作业。叉车广泛应用于公路运输、铁路运输、水路运输各部门，在邮政以及军事等部门也有应用。

a) 手动托盘叉车   b) 平衡重式叉车   c) 高货位拣取式叉车

图 5-6 叉车

4. 输送机

输送机有带式输送机、悬挂式输送机和滚道式输送机等。带式输送机主要用来输送散装的物料，悬挂式输送机用于成批大量生产的流水线或车间与车间之间的机械化连续运输，滚道式输送机用来输送独立的工件或其他物料，在现代制造中应用广泛。以物料的输送形式分类，输送机可分为连续输送机和间歇输送机两种。

输送机的结构较为简单，容易设计与制造，广泛应用于需要频繁输送的场合。许多柔性制造系统都采用输送机作为物料搬运设备。在柔性制造系统中作为物料搬运设备的输送机比普通的输送机更具有可控性和智能性。除了一些复杂的输送机采用独立的计算机进行控制外，大多数输送机是由可编程序控制器控制的。这些可编程序控制器一方面可与上级计算机或可编程序控制器进行通信，以实现系统的协调，另一方面可接收安装于输送机两侧数目众多的传感器发送来的信息，以及时辨识所输送的工件数目和位置。图 5-7 所示为输送机实物图。

a) 带式输送机   b) 不锈钢网带输送机   c) 胶带式输送机

图 5-7 输送机实物图

5. 机器人

工业机器人中有一大部分是用来搬运物料的。由于机器人的提升能力有限，所以常用机器人直接抓取工件，安装到机床的夹具上。只有大功率的机器人才能输送托盘。机器人通常由操纵手、计算机控制装置以及动力源组成。操纵手由基座、手臂和各种关节、手爪等组成，并由电力或液压驱动，实现各种抓取工件的动作。计算机控制装置由软件和硬件组成，实现对操纵手各运动的控制。动力源包括电力或液压能源。图 5-8 所示为工业机器人。

用作物料搬运的机器人可以分为基座固定式机器人、基座移动式机器人和门式机器人三类。基座固定式机器人往往只为一两台机床设备服务，功能简单，需要其他的物料搬运设备才能与其他机床进行物料交换。基座移动式机器人的基座可以沿导轨移动，其活动范围比基座固定式机器人的活动范围大，能够完成多台机床之间的物料搬运和交换。门式机器人有四个运动自由度，门架提供 x、y 两个方向的移动自由度，使之能够跨越多台机床，z 轴移动和转动自由度使机器人能达到不同的高度，实现与机床交换托盘以及多机床、多类型工件的交换。

a)　　　　　　　　　　　b)　　　　　　　　　　　c)

图 5-8　工业机器人

三、物料存储设备

（一）托盘

1. 托盘的概念

为了使货物能有效地装卸、运输、保管，将其按一定数量组合放置于一定形状的台面上，这种台面有供叉车从下部叉入并将台面托起的叉入口。以这种结构为基本结构的平台和在这种基本结构上形成的各种形式的集装器具，均可称为托盘。

托盘是一种重要的集装器具，是在物流领域中适应装卸机械化而发展起来的一种常用集装器具。托盘的发展总是与叉车同步，叉车与托盘共同使用形成的有效装卸系统大大地促进了装卸活动的发展，使装卸机械化水平得到大幅度提高，使长期以来在运输过程中的装卸瓶颈得以改善。所以，托盘的出现也有效地促进了全物流过程水平的提高。

2. 托盘的种类

托盘的种类繁多，就目前国内外常见的托盘种类来说，大致可以划分为五大类，如图 5-9 所示。

一般所称之托盘，主要指平托盘，是托盘中使用量最大的一种，可以说是托盘中之通用型托盘。

柱式托盘的基本结构是托盘的四个角有固定式或可卸式的柱子。这种托盘的进一步发展又可从对角的柱子上端用横梁连接，使柱子成门框形。柱式托盘的主要作用有两个：其一是防止托盘上所置货物在运输、装卸等过程中发生塌垛；其二是利用柱子支撑重量，可以将托

a) 平托盘   b) 柱式托盘

c) 箱式托盘   d) 轮式托盘   e) 特种专用托盘

图 5-9　托盘的种类

盘上部的货物悬空载堆，而不用担心压坏下部托盘上的货物。

箱式托盘的基本结构是沿托盘四个边有板式、栅式、网式等栏板和下部平面组成的箱体，有些箱体有顶板，有些箱体上没有顶板。由于四周栏板不同，箱式托盘又有各种叫法，如集装笼。箱式托盘的主要特点有二：其一，防护能力强，可有效防止塌垛，防止货损；其二，由于四周的护板护栏，这种托盘装运范围较大，不但能装运可码垛的整齐形状包装货物，也可装运各种形状不规则的散件。

轮式托盘的基本结构是在柱式、箱式托盘下部装有小型轮子。这种托盘不但具有一般柱式、箱式托盘的优点，而且可利用轮子做短距离运动，可不需搬运机械实现搬运。

由于托盘制作简单、造价低，所以对于某些运输数量较多的货物，可按其特殊要求制造出装载效率高、装运方便的专用托盘。

（二）自动化仓库

自动化仓库以机械化、自动化水平较高的高层货架仓库为代表，它是随着现代制造业的发展，特别是信息技术的应用而发展起来的。高层货架仓库简称高架仓库，由根据存放"物"的高度二维配置的存放架（货架）、自动存取的搬运设备和输入输出站构成。自动存取的搬运设备常采用堆垛式起重机，输入输出站为各类输送机或放物架。这类仓库能充分利用空间进行储存，也称为立体仓库。

目前，这类仓库的最大高度已经超过了 40m，最大库存量可达数万甚至十多万个货物单元，可以按计划自动地完成入库和出库，并且实现计算机的仓库管理。由于自动化立体仓库存储效率高，物流费用低，作业准确、灵活，能在规定时间内完成物料的自动存放和分发，所以大中型的柔性制造系统都把自动化仓库作为坯料或成品的存储场所。图 5-10 所示为双排自动化立体仓库及其布局形式。

自动化立体仓库的具体结构形式虽各不相同，但主要组成部分是相同的，即都有仓库土木建筑、高层货架、仓储机械设备（包括堆垛机、输送机等）、电气控制设备、信息管理系统等。自动化立体仓库的信息管理系统接收上级系统的库存控制计划，根据库存管理要求，

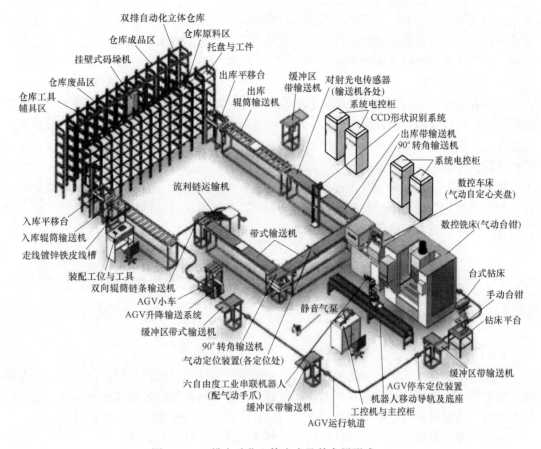

图 5-10 双排自动化立体仓库及其布局形式

发出出入库指令，并给出存取货架的位置，指示堆垛机完成相应的存储、提取物料的操作。输送机负责物料的进出库输送。在处理物料时，常把一个托盘作为一个集装单元，用托盘进行出入库作业，并通过物料识别装置处理多品种物料。自动化立体仓库可实现仓库可管理自动化和出入库作业自动化。仓库管理自动化包括对账目、货箱、货位及其他信息的计算机管理。出入库作业自动化包括货箱零件的自动识别、自动认址、货格状态的自动检测以及堆垛机各种动作的自动控制等。

1. 货物的自动识别与存取

货物的自动识别是自动化仓库运行的关键。货物的自动识别通常采用编码技术，对货格进行编码，或对货箱（托盘）进行编码，或同时对货格和货箱进行编码，通过扫描器阅读条码并译码。信息的存储方式常采用光信号或磁信号。条码阅读装置由扫描器和译码器组成。当扫描器扫描条码时，从条和空得到不同的光强反射信号，经光敏元件转换成电模拟量，经整形放大输出并经译码器转换成计算机可以识别的信号。条码具有很高的信息容量，抗干扰能力强，工作可靠，保密性好，成本低。条码贴在货箱或托盘的适当部位，当货箱通过入库传送滚道时，用条码扫描器自动扫描条码，将货箱零件的有关信息自动录入计算机。

2. 计算机管理

自动化仓库的计算机管理包括物资管理、账目管理、货位管理和信息管理。入库时将货箱合理分配到各个巷道作业区，出库时按"先进先出"原则，或其他排队原则。系统可定期或不定期地打印报表，并可随时查询某一零件存放在何处。当系统出现故障时，通过总控台进行运行中的动态改账及信息修正，并判断出发生故障的巷道，及时封锁发生机电故障的巷道，暂停该巷道的出入库作业。

3. 计算机控制

自动化仓库的控制主要是对堆垛起重机的控制。堆垛起重机的主要工作是入库、搬库和出库。从控制计算机得到作业命令后，屏幕上显示作业的目的地址、运行地址、移动方向和速度等，并显示伸叉方向及堆垛机的运行状态，控制堆垛机的移动位置和速度，以合理的速度快速接近目的地，然后慢速到位，以保证定位精度在±10mm范围内。控制系统具有货叉占位报警、取箱无货报警、存货占位报警等功能。如发生存货占位报警，可将货叉上的货箱改存到另外指定的货格中。系统还有暂停功能，以备堆垛机或其他机电设备发生短时故障时暂时停止工作，待故障排除后，系统继续运行。

第四节 供应链管理

一、供应链管理概述

（一）供应链的概念

供应链的概念经历了一个发展过程。早期的观点不认为供应链是制造企业的一个内部过程，它是指将采购的原材料和收到的零部件通过生产的转换和销售等过程传递到企业用户的一个过程。传统的供应链概念局限于企业的内部操作，注重企业的自身利益目标。

随着企业经营的进一步发展，供应链的概念范围扩大到了与其他企业的联系，扩大到供应链的外部环境，偏向于定义它为一个通过链中不同企业的制造、组装、分销、零售等过程将原材料转换成产品到最终客户的转换过程，这是更大范围、更为系统的概念。美国的史迪文斯（Stevens）认为："通过增值过程和分销渠道控制从供应商的供应商到客户的流就是供应链，它开始于供应的源点，结束于消费的终点。"这种定义注意了供应链的完整性，考虑了供应链中所有成员操作的一致性。

现代供应链的概念更加注重围绕核心企业的网链关系。如核心企业与供应商、供应商的供应商乃至与一切前向的关系，与客户、客户的客户及一切后向的关系。此时的供应链的概念形成一个网链的概念，像丰田、耐克、尼桑和麦当劳等公司的供应链管理都是从网链的角度来实施的。

中国2016年发布实施的《物流术语》国家标准（GB/T 18354—2016）中对供应链的定义是：生产及流通过程中，涉及将产品或服务提供给最终客户活动的上游及下游企业所形成的网链结构。而供应链管理定义为：利用计算机网络技术全面规划供应链中的商流、物流、信息流、资金流等，并进行计划、组织、协调与控制。

美国供应链协会认为：供应链，目前国际上广泛使用的一个术语，涉及从供应商的供应商到客户的最终产品生产与交付的一切努力。供应链管理包括贯穿于整个渠道来管理供应与需求、材料与零部件采购、制造与装配、仓储与存货跟踪、订单录入与管理、分销，以及向客户交货。

因此，供应链是围绕核心企业，通过对信息流、物流、资金流的控制，从采购原材料开始，制成中间产品以及最终产品，最后由销售网络把产品送到消费者手中的将供应商、制造商、分销商、零售商、直到最终客户连成一个整体的网链结构和模式。它是一个范围更广的企业结构模式，它包含所有加盟的节点企业，从原材料的供应开始，经过链中不同企业的制造加工、组装、分销等过程直到最终客户。这个概念强调了供应链的战略伙伴关系，从形式上看，客户是在购买商品，但实质上客户是在购买能带来效益的价位。各种物料在供应链上移动，是一个不断采用高新技术增加其技术含量或附加值的增值过程。因此，供应链不仅是一条连接供应商到客户的物料链、信息链、资金链，而且是一条增值链。物料在供应链上因加工、包装、运输等关系而增加其价值，给相关企业都带来收益。

根据上述定义，供应链的结构可以用图 5-11 来表示。

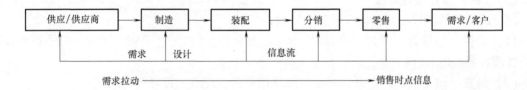

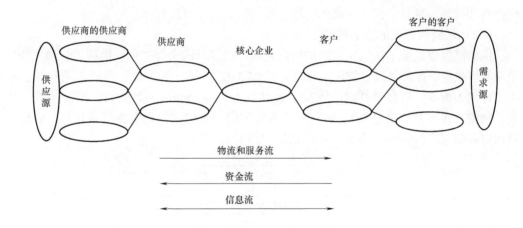

图 5-11　供应链的网链结构模型

从图 5-11 可以看出，供应链由所有加盟的节点企业组成，其中一般有一个核心企业（可以是产品制造企业，也可以是大型零售企业，如美国的沃尔玛）。节点企业在需求信息的驱动下和信息共享的基础上，通过供应链的职能分工与合作（生产、分销、零售等），以资金流、物流或/和服务流为媒介实现整个供应链的不断增值。

（二）供应链管理的概念

供应链管理是一种集成的管理思想和方法，执行供应链中从供应商到最终客户的物流的计划和控制等职能。我国《物流术语》国家标准是这样定义的："对供应链涉及的全部活动进行计划、组织、协调与控制。"从单一的企业角度来看，是指企业通过改善上、下游供应链关系，整合和优化供应链中的信息流、物流、资金流，以获得企业的竞争优势。

供应链管理是企业的有效性管理，表现了企业在战略和战术上对企业整个作业流程的优化，整合并优化了供应商、制造商、零售商的业务效率，使商品以正确的数量、正确的品质、在正确的地点、以正确的时间、最佳的成本进行生产和销售。

供应链管理不仅是一种新型的管理模式，更是一种全新的管理思想。供应链管理作为一种全新的管理思想，强调通过供应链各节点企业间的合作和协调，建立战略伙伴关系，将企业内部的供应链与企业外部的供应链有机地集成起来进行管理，达到全局动态最优目标，最终实现"共赢"的目的。供应链管理着重强调三种思想："系统"思想、"合作"思想和"共赢"思想。这是贯穿供应链管理始终的三个核心思想，也是其区别于传统管理模式的根本所在。

二、供应链管理的内容

（一）供应链管理的流程

供应链管理的流程主要包括以下三个阶段。

（1）**交付** 包括订单管理、仓储/执行、定制化/延迟、交付设施、运输、电子商务交付、管理客户/客户伙伴关系、售后技术支持、客户数据管理；

（2）**退货** 包括收货和仓储、运输、修理和翻新、沟通、管理客户预期；

（3）**执行** 包括战略和领导、竞争力标杆、产品/服务创新、产品/服务数据管理、流程存在和控制、测量、技术、商务管理、质量、安全、行业标准。

（二）供应链管理的主要内容

供应链管理覆盖了从供应商的供应商到客户的客户的全部过程。供应链管理主要涉及四个领域：供应、生产计划、物流、需求。由图 5-12 可见，供应链管理是以同步化、集成化生产计划为指导，以各种技术为支持，尤其以 Internet/Intranet 为依托，围绕供应、生产计划、物流（主要指制造过程）、满足需求来实施的。供应链管理主要包括计划、合作、控制从供应商到客户的物料（零部件和成品等）和信息。

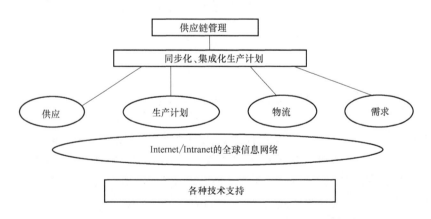

图 5-12 供应链管理涉及的领域

供应链管理的主要内容如下：

1）战略性供应商和客户合作伙伴的关系管理。

2）供应链产品需求预测和计划。

3）供应链的设计（全球节点企业、资源、设备等的评价、选择和定位）。

4）企业内部与企业之间物料供应与需求管理。

5）基于供应链管理的产品设计与制造管理、生产集成化计划、跟踪和控制。

6）企业间资金流管理（汇率、成本）。

7）基于供应链的客户服务与物流（运输、库存、包装等）管理。

8）基于 Internet/Intranet 的供应链交互信息管理等。供应链管理的目标在于提高客户服务水平和降低总的交易成本，并且寻求两者之间的平衡。

（三）供应链管理的目标

供应链管理的目标是在满足客户需要的前提下，对整个供应链（从供货商、制造商、分销商到消费者）的各个环节进行综合管理，例如对从采购、物料管理、生产、配送、营销到消费者的整个供应链的货物流、信息流和资金流进行管理，把物流与库存成本降到最小。

供应链管理就是指对整个供应链系统进行计划、协调、操作、控制和优化的各种活动和过程，其目标是要将客户所需的正确的产品（Right Product）、能够在正确的时间（Right Time）、按照正确的数量（Right Quantity）、正确的质量（Right Quality）和正确的状态（Right Status）送到正确的地点（Right Place），并使总成本达到最佳化。

一个公司采用供应链管理的最终目的有三个。

1）提升客户的最大满意度（提高交货的可靠性和灵活性）。

2）降低公司的成本（降低库存，减少生产及分销的费用）。

3）企业整体"流程品质"最优化（流程重组及结构调整等）。

（四）供应链管理的原则

1）以客户为中心。

2）相关企业间共享信息、共享利益、共担风险。

3）应用信息技术，实现管理目标。

（五）供应链管理的特点

1. 供应链与传统模式的区别

供应链管理与传统管理模式有着明显的区别，主要体现在以下几个方面。

1）供应链管理把供应链中所有节点企业看作一个整体，供应链管理涵盖整个物流过程，包括从供应商到最终客户的采购、制造、分销、零售等职能领域。

2）供应链管理强调和依赖战略管理，它影响和决定了整个供应链的成本和市场占有份额。

3）供应链管理的关键是需要采用集成的思想和方法，而不仅是节点企业资源的简单连接。

4）供应链管理具有更高的目标，通过协调合作关系达到高水平的服务。

2. 供应链管理的特征

（1）**管理目标多元化和管理视域拓宽**　传统管理目标往往寻求针对现有问题，设计的管理行为着力最终解决问题，目标较为单一。供应链管理目标多元化在于不仅强调问题的最终解决，而且关注解决问题的方式，即以最快的速度、最低的成本、最佳途径解决问题。凸显出管理目标上既有时间方面的要求，又有成本方面的要求，还有效果上的追求，使供应链管理目标呈现出多元化。供应链管理的视域打破过去只限于围绕某个企业、企业内部某个部门或某个行业的点、线以及面的管理区域。供应链管理的触角由一个企业延伸到另一个企业，从企业内一个部门延伸到另一个部门，从本部门扩展到其他相关的行业。供应链管理的视野是全方位、立体状的。

(2) **管理要素增多和管理系统的复杂程度增加**　供应链管理要素的种类和范围比以往有较大的扩展，不仅包含过去传统中的人、财、物，而且扩展到信息、知识、策略等，管理对象无所不含，几乎涉及所有的软、硬件资源要素，因而使管理者有较大的选择余地，同时管理难度进一步加大。尤其需要注意的是，软件要素在供应链管理中的作用日显重要，在许多情况下，如信息、策略和科技等软件要素常常是决定供应链管理成败的关键，故要引起管理者的注意。供应链系统涉及宏观与微观、纵向与横向、外部环境与内部条件等部分的交互作用，彼此之间又交织形成一个密切相关的、动态的、开放的有机整体。各部分之间织成相互依赖、相互促进、相互制约的关系链，从而使得供应链的组成极其复杂，管理难度增大，需要运用非常规的分析方法才能把握供应链管理系统的内在本质。

(3) **管理过程的战略化和流程的集成化**　供应链上涉及供应商、制造商、销售商以及联系三者的物流、信息流、资金流等多个环节，往往各自的职能目标产生冲突，只有通过认识供应链管理重要性和整体性的高管层从战略的角度出发，运用战略管理才能有效实现供应链管理目标。为实现整体目标最优，供应链管理需要一种纵横的、一体化的集成管理模式，以流程为基础，以价值链为核心，强化供应链整体的集成与协调，通过信息共享、技术交流和合作、资源优化配置等手段，实现供应链一体化管理。

(4) **新的库存管理观和以客户为中心的管理思想**　供应链新的库存管理观改变了过去库存管理只是"保护"（使生产、流通、销售免受供需双方的影响）的管理方法，而是实施加快通向市场的速度，缩短从供应商到消费者的通道长度；把过去视供应者为竞争对手变为合作伙伴，从而促使企业能更快捷、经济地反映市场需求，大幅降低总体库存水平。

供应链类型、供应链长短都是由客户需求所决定的，供应链上的企业创造的价值只能通过客户的满意度以及产生的利润来衡量。因此客户取得成功，供应链才能得以生存和发展。所以供应链管理必须以客户为中心，把为客户服务、满足客户需求作为供应链管理的出发点，并贯穿管理的全过程，不断提高客户服务质量，实现客户满意度，把促成客户成功作为创造竞争优势的根本手段。

三、供应链管理的实现

企业实施供应链管理，应该面对或解决许多与供应链管理有关的问题，比如高成本的供应链、高库存、职能部门之间的冲突、目标不明确、难以预料的市场、价格和汇率的影响等。要实现供应链管理，必须面对和解决这一系列问题，为此企业需要进行下列变革：①从供应链系统出发，优化企业内部的结构；②放弃"小而全、大而全"的思想，从"橄榄形"企业向"哑铃形"企业转变；③建立集成的供应链管理信息系统，实现信息化；④打破部门之间的障碍，实现组织结构扁平化，建立协同工作团队；⑤建立利益共存、风险共担的企业联合体。

实现供应链的管理模式不同于实现传统企业管理模式，必须按照供应链的组织结构、管理核心、计划控制方式、信息技术平台等方面具体实现核心企业供应链管理。企业实施供应链管理，可分为以下几个阶段。

1. 企业内部供应链建设

这个阶段的工作就是对企业供应链的现状进行分析、总结，找出企业内部影响供应链管理的不利和有利之处，同时对企业所处市场环境的特征和不确定性做出分析，为实现企业扩展供应链做准备。传统企业职能部门分散，并独立地控制着供应链中的不同业务，企业组织结构比较松散，此时的供应链管理特征是：①关注企业的产品质量；②关注部门局部利益；③部门间不协调。这种环境下的供应链系统效率低下，企业对供需变化产生的影响比较敏感。必须逐一解决这些问题，才能有效实施供应链管理。

2. 管理职能集成

职能集成阶段需要对企业的业务流程进行改造，使企业管理面向业务流程，各职能部门通过业务流程实现横向集成，加强职能部门之间的合作，打破部门利益本位主义。

3. 内部供应链的集成

这一阶段的核心是在合理调配企业资源的基础上，高质量、低成本、快速地满足客户的需求，提高企业内部供应链管理的效率，这对于多品种、小批量生产企业以及提供多种服务的企业来说具有更大的意义。企业新的业务流程管理逐步取代传统的职能管理，以客户需求和高质量的预测信息驱动整个企业供应链的运作，而满足客户需求所导致的高服务成本则是此阶段的管理问题。这个阶段可以 MRP Ⅱ、JIT 和 ERP 系统来实现企业集成，实现企业内部供应链与外部供应链中供应商和客户管理部分的集成。有效的供应链计划可以集成企业所有的主要计划和决策业务，包括需求预测、库存计划、资源配置、设备管理、渠道优化、基于能力约束的生产计划和作业计划、能力计划、采购计划等。

4. 外部供应链集成

这一阶段企业要特别注重战略伙伴关系的管理。管理的焦点要从面向产品转向面向供应商和客户，加强与主要供应商和客户的联系，增进彼此之间各方面的了解，实现信息共享。建立战略伙伴关系是供应链管理战略实施的支持条件之一。从历史上看，企业关系发展大致经过了三个阶段：传统的企业关系阶段（1960~1970 年）、物流关系阶段（1970~1980 年）、合作伙伴关系阶段（1990 年至今）。在传统的观念中，企业之间的关系是"买—卖"关系。企业的管理理念就是以生产为中心，企业间很少沟通与合作，更谈不上企业间的战略联盟与合作。在 JIT 和 TQM 等思想的推动下，从传统的以生产为中心的企业关系模式开始向物流关系模式转化。为了达到生产的均衡化和物流同步化，企业的各部门间以及企业之间开始合作与沟通。但这种基于物流关系的合作，仅仅处于运作层或技术层。随着科技的飞速发展和市场竞争的日益激烈，企业物流合作关系已不能适应发展需要。企业需要从战略的高度来考虑企业之间的合作，于是产生了战略伙伴关系的企业模型。

供应链管理战略强调供应链企业之间的密切合作，这与传统的买方与卖方的对手关系不同。有两个原因推动战略伙伴关系的产生：一是全球化，尽管供应链战略伙伴关系并不是万能的，但它在重塑全球范围内的业务伙伴的知识、原料以及市场资源方面的能力可以使企业更容易地进入未来的市场，如产品的设计者、生产者、分销者和营销者通过信息技术和通信技术可以建立门到门的网络系统，形成全球化的联盟；二是信息化，信息基础设施的不断增长，促进了全球范围内市场的形成，信息技术的广泛应用，增加了人们对以时间为基础的竞争战略的注意力，迫使企业不得不形成联盟，通过重塑供应链中的核心能力获得并保持市场优势，以减少与产品开发、生产和销售等有关的风险。

5. 建立供应链动态联盟

供应链管理需要不断地培养企业的核心竞争能力，强调根据企业的自身特点，专门从事某一领域、某一专门业务，在某一点形成自己的核心竞争能力。这必然要求企业将其他非核心竞争力业务外包给其他企业，即所谓的业务外包。传统"垂直一体化"模式已经不能适应目前技术更新快、投资成本高、竞争全球化的市场环境。现代企业应更注重于高价值生产模式，更强调速度、专门知识、灵活性与创新。与传统的"垂直一体化"控制和完成所有业务的做法相比，实行业务外包的企业强调集中企业资源于经过仔细挑选的少数具有竞争力的核心业务，也就是集中在那些使它们真正区别于竞争对手的技能和知识上，而把其他一些虽然重要但不是核心的业务职能，外包给世界范围内的"专家"企业，并与这些企业保持紧密合作的关系，从而使企业本身的整个运作提高到世界级水平，而所需要的费用则与目前的开支相等或减少，甚至还可以省去一些巨额投资。更重要的是，实行业务外包的公司出现财务风险的可能性仅为没有实行业务外包公司的1/3。把多家公司的优秀人才集中起来为我所用的要领，正是业务外包的核心，其结果是使现代商业机构发生根本的变化。企业内向配置的核心业务与外向配置的业务紧密相连，形成供应链，企业运作与管理也由"控制导向"转为"关系导向"。

企业实施供应链管理战略的成功与否不再由"垂直一体化"的程度高低来衡量，而是由企业积聚和使用的知识为产品或服务增值的程度来衡量。企业在集中资源于核心业务的同时，通过利用其他企业的资源来弥补自身的不足，从而变得更具竞争优势。今天的市场是一个变化快、竞争性强、客户需求个性化的市场。为了占领市场主导地位，必须建立一个动态的供应联盟，以适应市场变化、竞争和个性化的特征。供应链应该是一个能快速重构的动态组织结构，即供应链动态联盟。这种企业动态联盟通过网络信息技术和管理软件系统等技术工具集成在一起，以满足客户的需求。一旦客户的需求消失，连接它们的纽带也由此消失，企业联盟也将随之解体，除非当另一需求出现时，新的企业动态联盟又由新的企业重新动态地组成。因此，企业要在这样的环境中生存、发展，就必须时刻准备进入企业动态联盟。

四、供应链管理典型案例

案例：青岛啤酒的供应链管理

6月的青岛，天气异常闷热。此时，青岛啤酒销售分公司的吕大海手忙脚乱地接着电话，应付着销售终端传来的一个又一个坏消息。

"车坏了？要过几天才能回来？""货拉错地点了？要隔一天才能送到？""没有空闲的车辆来运货了？"……当时身为物流经理的吕大海每天都把精力花在处理运输的麻烦事上，对于终端的销售支持简直就是有心无力。

都说到了炎炎夏季，正是啤酒巨头较劲的开始。而那时的青岛啤酒，却因为自己内部混乱的物流网络而先输一着。

——混乱的运输，高库存量的"保鲜"之痛。

"当时我们在运输的环节上，简直可以用'失控'来形容。由于缺乏有效管理，送货需要走多长时间我们弄不清楚，司机超期回来我们也管不了。最要命的是，本应送到甲地的货物被送到了乙地，这一耽误又是好几天……"

随着啤酒市场的逐渐扩大，在青岛啤酒想发力的时候，混乱的物流网络成了瓶颈。

吕大海举了例子说，由于运输的灰色收入比较多，司机出去好几天拉别的客户青岛啤酒也不知道。经常是司机一句"车坏了"，然后过了几天，运货的车辆才迟迟归来。在旺季时间前方需要大量供货的时候，不能及时调配车辆可谓是青岛啤酒心头之痛。

而运输的混乱，使啤酒的新鲜度受到了极大的考验。

可以说，新鲜是啤酒品牌的竞争利器，注重口感的消费者如果碰上了过期酒，品牌忠诚度绝对会大打折扣。而在青岛啤酒原产地青岛，由于缺乏严格的管理监控，外地卖不掉的啤酒竟流回了青岛，结果不新鲜的酒充斥市场，使青岛啤酒的美誉度急剧下跌，销量自然上不去。北京商业管理干部学院副院长杨谦说，"整个物流网络的规划和设计，与快速消费品销售的顺利进行密切相关。青岛啤酒在运输上的混乱，肯定会带来串货、损耗过多等一系列问题"。

而事实验证了杨谦的说法，青岛啤酒不仅内耗严重，对市场终端的管控也力不从心。这样的结果是对销售计划的预估极其不准确，使安全库存数据的可信度几乎为零。

"当时对仓储的管理都是人为管理，没有信息化。有时候仓库里明明没有货了，还要签条子发货。而到了旺季，管理人员更是不知道仓库里还有没有货……"一位曾经参与过仓储管理的员工说。

那位员工这样描述当时的仓库：陈旧、设备设施非常落后。不仅总部有仓库，各个分公司也有仓库。高居不下的库存成本占压了相当大的流动资金。有时局部仓库爆满、局部仓库空闲，同时没有办法完全实现先进先出，这使一部分啤酒储存期过长，新鲜度下降甚至变质的情况自然会出现。就这样，青岛啤酒人坐不住了。如果没有合适的解决办法，青岛啤酒制订的"新鲜度战略"根本实施不下去。而此时，供应链管理（SCM）的概念被引入到青岛啤酒，这个百年企业的变革也随之开始。

"我们辞退了青岛啤酒的两个物流操作方面的经理，招商物流那边也换过人。"

——供应链管理不是简单地调整物流配送网络。

青岛啤酒销售分公司总经理陆文金回忆说，"自己接触供应链管理的概念是在1997年。当时由于同日本的朝日啤酒有合作关系，青岛啤酒便组织大家去参观学习"。

陆文金在参观以后可谓感触颇深，他感慨地说，"朝日啤酒的'鲜度管理'，不仅实现了生产8天内送到客户手里的目标，库存还控制在1.5~1.6天，供应链管理让他们的啤酒保持了最新鲜的口感，当时的我们，只能望其项背啊！"

而陆文金的供应链管理情结延伸到2001年，才从构想落到了实处——青岛啤酒提出要实施自己的供应链管理了。

2001年，青岛啤酒面向全国进行销售物流规划方案的招标，最终招商局下属的物流集团胜出，与青岛啤酒同征战场。

形容这次的结盟，吕大海用了"结婚"这个词，形容双方都是诚心诚意地"过日子"。因为他们知道，"供应链管理"在当时还被视为一件新鲜事，迎接他们的必然是荆棘重重的障碍，要实施成功，他们必须密切合作。

"当时很多人不理解也不支持，为此我们还辞退了青岛啤酒的两个物流操作方面的经理，招商物流那边也换过人。"吕大海回顾起当时的情景，不禁有些感慨。

在3年跌跌撞撞的摸索中，青岛啤酒意识到，供应链管理给予企业的影响是巨大的。它不是简单地调整物流配送网络那么简单，在没实施之前，大家都认为只要拥有以 MRP（Material Requirement Planning，物料需求计划）为核心的 ERP 系统就足够解决问题。

不少制造业的企业都认为，ERP 等软件能解决以下的问题：制造什么样的产品？生产这些产品需要什么？需要什么原料？什么时候需要？还需要什么资源和具备什么生产能力？何时需要它们？

而这些问题解决完了，制造商们似乎就可以高枕无忧了。

"但供应链管理的意义，并不是一个软件、一个操作系统就能涵盖的。而我们这 3 年在苦心操作的，也不过是整条供应链里的营销供应链一环而已。"吕大海解释说。

可以说，从原材料和零部件采购、运输、加工制造、分销直至最终将产品送到客户手中的这一过程被看成是一个环环相扣的链条。供应链管理是对从原始供应商到终端客户之间的流程进行集成，从而为客户和其他所有流程参与者增值。

在整个供应链中，良好的供应链系统必须能快速准确地回答以下问题。

1）什么时候发货？

2）哪些订单可能被延误？

3）为什么造成这种延误？

4）安全库存要补充至多少？

5）进度安排下一步还存在什么问题？

6）现在能够执行的最佳进度计划是什么？

上面的问题几乎个个都切中了青岛啤酒的要害。可以说在以前，一想起何时能发货，仓库里还有多少货，管理人员不由得"头皮发麻"，因为他们对这些都不能做到心中有数。但现在，情况在逐渐好转。

"每个环节我们都希望能改进，如果从采购—生产—营销，都能全部改革，形成一个完整的供应链，这当然是最佳的。但在研究后发现，营销供应链是当时我们最短的一块'短板'，所以由运输和库存为主的变革迫在眉睫。"操刀这次变革的陆文金和吕大海，对供应链管理的认识也在摸索中逐渐清晰。

"可以说我们以前 80% 的精力都花在处理物流的问题上，但现在我们可以把精力完全放到营销上了。"

——"物"与"流"的相辅相成产生了明显效果。

从变革一开始，青岛啤酒就狠心在服务商和经销商上"动刀子"。

"在严格的评估后，只在山东一个省，我们几乎把运输方面的服务商全部换掉，区域的经销商则换掉了一半。这些改变可谓牵一发而动全身"。

吕大海解释说，"虽然青岛啤酒自己拥有进口大型运输车辆 46 台，但实际上是远远不够用的，必须拥有大批的运输服务商来解决运力问题。而以前这些服务商都由青岛啤酒自己管理，精力有限。现在评估筛选以后，青岛啤酒挑选了最优质的服务商，然后交给招商物流来运作"。

由于有严格的监控，现在每段路线都规划了具体的时间，从甲地到乙地，不仅有准确的时间表，而且可以按一定的条件、客户、路线、重量、体积，自动给出车辆配载方案，提高配车效率和配载率，这都是之前不能做到的。

而对于区域经销商的要求，则是要有自己的仓库。青岛啤酒由于将各销售分公司改制为办事处，取消了原有的仓库及物流职能，形成统一规划的 CDC—RDC 仓库布局。

所谓 CDC—RDC 仓库布局，可以说是重新规划了青岛啤酒在全国的仓库结构。

青岛啤酒的员工解释说，"青岛啤酒原本在各地设立了大量的销售分公司，而每家分公司都租有一定规模的仓库并配备车辆、人员、设备来负责当地的物流配送"。

让人感到不可思议的是，这些仓库的管理方式仍是传统的人工记账，所以出错率高，更无法保证执行基本的 "FIFO" 先进先出原则。这样直接导致的结果就是总部对分公司仓库的情况无法进行监控，成为管理盲点。

而 CDC—RDC，则是先设立了 CDC（中央分发中心，Distribution Center Built by Catalogue Saler）、RDC（多个区域物流中心，Region Distribution Center）和 FDC（前端物流中心，Front Distribution Center），一改以前仓库分散且混乱的局面。

这样，青岛啤酒从原有的总部和分公司都有仓库的情况，变成了由中央分发中心至区域物流中心，再到直供商，形成了 "中央仓—区域仓—客户" 的配送网络体系，对原来的仓库进行了重新整合。

吕大海说，"全国设置了 4 个 RDC，分别在北京、宁波、济南和大连。在地理上重新规划企业的供销厂家分布，以充分满足客户需要，并降低经营成本"。

而 FDC 方面的选择则是考虑了供应和销售厂家的合理布局，能快速准确地满足客户的需求，加强企业与供应和销售厂家的沟通与协作，降低运输及储存费用。

不仅仓储发生了变化，库存管理中还采用信息化管理，提供商品的移仓、盘点、报警和存量管理功能，并为货主提供各种分析统计报表，如有进出存报表、库存异常表、商品进出明细查询、货卡查询和跟踪等。

对比以前，分公司不仅要做市场管理和拓展工作，还要负责所在范围内的物流运作。

由于将全部的精力投入到市场终端，销售人员对终端的情况能及时掌控，所以缺货的要求能步步紧跟，青岛啤酒的销量也就慢慢往上走了。吕大海对此表示欣慰："'物'与'流'的相辅相成在实施供应链管理后明显产生了效果。"

在供应链管理里面，有一个难题来自于市场方面需求的不确定因素。匹配供应与需求如何达到平衡，是每个快速消费品企业都深感头痛的问题。而且到了销售旺季，供应链中库存和缺货的波动也比较大。

但由于终端的有效维护，青岛啤酒能较为准确地做好每月的销售计划，然后报给招商物流。而对方根据销售计划安排安全库存，这样也就减少了库存过高的危险。

可以说，从运输到仓储，青岛啤酒逐步理清头绪，并通过青岛啤酒的 ERP 系统和招商物流的 SAP 物流管理系统的自动对接，借助信息化改造对订单流程进行全面改造，"新鲜度管理" 的战略正在有条不紊地实施。

"要像送鲜花一样送啤酒"。

可以说，在供应链中存在大量削减成本的机会。大量企业通过有效供应链管理大幅增加收入或降低成本，而青岛啤酒就是一个很好的例子。

在一系列的整合后，青岛啤酒的每年过千万元亏损的车队转变成一个高效诚信的运输企业。而且就运送成本来说，由 0.4 元/km 降到了 0.29 元/km，每个月成本下降了 100 万元。

在青岛啤酒运往外地的速度上，也比以往提高了 30% 以上。据称，山东省内 300km 以内区域的消费者都能喝到当天的啤酒。而在其他地区，如东北的啤酒一出厂，直接用大头车上集装箱，运到大连时还是热乎乎的。

由于在快速消费品行业里，当商品的成本已压至最低时，利润的最大化则要从物流成本去体现。而且就案例探讨的啤酒行业来说，啤酒易腐，产品保质期短，储存条件要求高，也不易多次搬运。由于这些产品特性的限制，必须采取较短的分销途径，把啤酒尽快送到消费者手中。所以，青岛啤酒开始将目光从管理企业内部生产过程转向产品全生命周期中的供应环节和整个供应链系统。

练习与思考

1. 物流作业涉及哪些主要的业务活动？

2. 物流的概念是什么？它是如何传入中国的？

3. 物流的发展过程大致经历了哪几个阶段？

4. 什么是物流的三要素？

参 考 文 献

[1] 王先逵. 现代制造技术及其发展趋向 [J]. 现代制造工程, 2008 (1)：1-8.

[2] 张华, 夏显明, 孟令启, 等. 计算机辅助技术在现代制造技术中的地位和应用研究 [J]. 装备制造技术, 2013
     (12)：222-224.

[3] 崔月峰. 现代制造技术的主要内容及其发展趋向 [J]. 中外企业家, 2013 (25)：41-42.

[4] 李晓明, 齐忠军. 现代制造技术在农业机械制造业中的应用 [J]. 农业科技与装备, 2014 (11)：65-66.

[5] 郑蒙蒙. 现代制造技术对我国制造业发展的推动作用 [J]. 科技风, 2016 (7)：90.

[6] 田登卫. 现代制造技术及其发展趋势探究 [J]. 山东工业技术, 2016 (1)：220.

[7] 孙晓辉, 聂小春, 汪菊英. 工业4.0先进制造技术及装备 [J]. 装备制造技术, 2015 (7)：237-239.

[8] 桑露萍. 先进制造技术发展与展望 [J]. 中国新技术新产品, 2013 (9)：243.

[9] 柳百成. 中国制造业现状及国际先进制造技术发展趋势 [J]. 世界制造技术与装备市场, 2015 (4)：42-43.

[10] 周佳军, 姚锡凡. 先进制造技术与新工业革命 [J]. 计算机集成制造系统, 2015, 21 (8)：1963-1978.

[11] 源泉. 先进制造技术发展战略和我国制造业转型升级 [J]. 木工机床, 2015 (1)：35.

[12] 郭金明, 袁立科, 杨起全, 等. 先进制造技术发展趋势的深度辨析 [J]. 科技管理研究, 2015 (13)：1-4.

[13] 胡元庆, 曾新明. 汽车制造物流与供应链管理 [M]. 北京：机械工业出版社, 2015.

[14] 颜伟. 现代制造及其优化技术 [M]. 成都：西南交通大学出版社, 2011.

[15] 李更新. 现代机械制造技术 [M]. 天津：天津大学出版社, 2009.

[16] 王细洋. 现代制造技术 [M]. 北京：国防工业出版社, 2010.

[17] 吉卫喜. 现代制造技术与装备 [M]. 北京：高等教育出版社, 2010.

[18] 吴礼军. 现代汽车制造技术 [M]. 北京：国防工业出版社, 2013.

[19] 苏君. 现代模具制造技术 [M]. 北京：机械工业出版社, 2015.

[20] 王隆太. 先进制造技术 [M]. 北京：机械工业出版社, 2015.

[21] 陈中中, 王一工. 先进制造技术 [M]. 北京：化学工业出版社, 2016.

[22] 王贵成. 精密与特种加工 [M]. 北京：机械工业出版社, 2013.

[23] Mark J Jackson. 微米加工与纳米制造 [M]. 张月霞, 译. 北京：机械工业出版社, 2015.

[24] 徐人平. 快速原型技术与快速设计开发 [M]. 北京：化学工业出版社, 2008.

[25] 杜宝江. 虚拟制造 [M]. 上海：上海世纪出版集团, 2012.

[26] 秦四成. 现代工程机械设计技术及应用 [M]. 北京：化学工业出版社, 2014.

[27] 武文革, 辛志杰, 成云平, 等. 现代数控机床 [M]. 北京：国防工业出版社, 2016.

[28] 徐宏海. 数控机床刀具及其应用 [M]. 北京：化学工业出版社, 2010.

[29] 马履中, 周建忠. 机器人与柔性制造系统 [M]. 北京：化学工业出版社, 2007.

[30] 沈向东. 柔性制造技术 [M]. 北京：机械工业出版社, 2013.

[31] 郭洪红. 工业机器人技术 [M]. 西安：西安电子科技大学出版社, 2016.

[32] 郭佳, 彭雷清. 面向订单生产环境下的混合生产计划与控制 [M]. 大连：东北财经大学出版社, 2016.

[33] 潘尔顺. 生产计划与控制 [M]. 上海：上海交通大学出版社, 2015.

[34] 宋志兰, 冉文学. 物流工程 [M]. 武汉：华中科技大学出版社, 2016.